# 원자력
# 상식사전

# 원자력상식사전


| | |
|---|---|
| **발행일** | 2016년 3월 25일 |
| **저 자** | 원자력상식사전 편찬위원회 |
| **펴낸이** | 박 용 |
| **펴낸곳** | (주)박문각출판 |
| **표지디자인** | 이옥진 |
| **디자인** | 이현숙 |
| **일러스트** | 박 하 |
| **인포그래픽** | 박지호, 박세연 |
| **등 록** | 2015. 4. 29. 제2015-000104호 |
| **주 소** | 06654 서울시 서초구 효령로 283, 서경빌딩 |
| **전 화** | 02. 3489. 9400 |
| **홈페이지** | www.pmgbooks.co.kr |





ISBN 979-11-7023-426-5
정가 16,000원

# 원자력 상식사전

우리는 원자력에 대해 얼마나 알고 있을까?
그 해답을 알기 쉽게 풀어준 원자력 이야기

원자력상식사전 편찬위원회 저
한국원자력학회 감수

## 책을 펴내며

우리의 생활을 편리하게 해 주는 전기! 이 전기 에너지의 30%는 원자력에서 만듭니다. 원자력은 석탄, 가스와 함께 우리나라 3대 발전원입니다. 하지만 일본의 후쿠시마 원전 사고 이후 원자력의 효율성보다는 안전성을 더욱 요구받는 시대가 되었습니다.

사실 세계의 에너지 환경은 급변하고 있습니다. 국제사회는 지구온난화로 인해 온실가스 감축의 책임과 의무를 부여받는 신기후체제로 빠르게 전환하고 있습니다. 우리나라가 앞으로 국제사회에서의 환경적 책임에 대한 부담을 최소화하기 위해서는 저탄소 에너지 수급 구조로의 전환이 필요합니다.

이제 온실가스 감축을 위해서는 에너지 다소비 산업 구조를 갖춘 우리나라에서 가장 합리적인 에너지원이 무엇인지 잘 생각해봐야 합니다. 원자력은 바로 새로운 기후변화체제에서 가장 경쟁력 있는 에너지가 될 것입니다. 원자력의 안전성을 보장하기 위해 어떤 노력을 하고 있는지 제대로 아는 것이 중요합니다. 원자력에 대한 정확한 정보가 그 어느 때보다 필요한 시기입니다.

원자력
# 상식사전

이 책은 안전성을 포함한 원자력의 모든 것을 담았습니다. 원자력이란 전문적 분야를 일반인들도 쉽게 이해할 수 있도록 차근차근 설명하였습니다. 아무쪼록 이 책이 원자력에 대한 이해의 폭을 넓히는 데 좋은 안내서 역할을 하였으면 하는 바람입니다.

원자력상식사전 편찬위원회

# 차 례

## 1장 기후변화협약과 에너지 패러다임



## 2장 에너지의 섬, 대한민국에서 원자력이란



## 3장 원자력발전



## 4장 원자력과 안전성

## 5장 방사성폐기물이 궁금하다



## 6장 방사선 이야기



## 7장 원자력 기술과 미래

원자력
상식사전

# 기후변화협약과 에너지 패러다임

산업혁명과 함께 찾아온 화석연료 기반의 시대는
대기 중 온실가스 농도의 급격한 상승을 가져왔다.
특히 화석연료의 연소 및 산업 공정 과정에서 대부분 배출되는 이산화탄소가
상대적으로 지구온난화에 대한 영향력이 가장 크다.

# 기후변화와 에너지



## 기후변화 현상

지구의 온도가 유례없는 속도로 상승 중이다. 기후변화에 관한 정부 간 패널IPCC: Intergovernmental Panel on Climate Change의 제5차 평가보고서에 의하면 그 어떤 시기보다도 최근 30년간 기온의 상승이 지속적이며 뚜렷하게 나타나고 있다. 2015년에는 '슈퍼 엘니뇨'의 영향으로 해양 온도가 상승함에 따라 세계 곳곳에서 이상 고온이나 폭우 등의 기상이변이 나타났다. 미국 국립해양대기청NOAA에 따르면 2015년 9월의 세계 평균 기온이 섭씨 15.9°C로, 1880년 기상관측이 시작된 이후 9월 기온으로는 역대 최고치를 경신하였으며, 2015년 1~9월 동안 평균 기온은 역사상 가장 높았다. 우리나라도 그 영향으로 경기와 충남 지방의 가뭄으로 인한 단수, 한강의 녹조 등 수자원 관리에 심각한 영향을 받았다. 또한 최근 10년간 지속적인 기온의 상승은 제주도와 일부 전남 지역에서 열대 수종인 망고의 재배를 가능하게 하거나, 사과 재배 북방한계선을 상승하게 하는 등 재배수종의 변화도 가져오고 있다.

**기후변화의 원인**

온실효과를 일으키는 대기 중 대표적인 기체로 수증기, 이산화탄소, 메탄, 아산화질소 등이 있으며, 이러한 기체를 '온실가스Greenhouse Gas'라고 한다. 온실가스는 대기를 구성하는 기체 중 적은 비중을 차지하고 있지만, 지표면 온도의 항상성을 유지하는 데 중요한 역할을 한다.

기후변화의 원인은 자연적 요인보다 인위적 요인이 큰 영향을 미치고 있으며, 그 이전의 수준과 비교하였을 때 확연히 빠르고 급격한 변화를 일으키고 있는 것을 확인할 수 있다. 산업혁명과 함께 찾아온 화석연료 기반의 시대는 대기 중 온실가스 농도의 급격한 상승을 가져왔다. 더불어 생산 활동의 증가는 대기 중 미세먼지의 양도 증가시켜 기후를 빠른 속도로 변화시키는 결과를 초래하였다. 산업혁명 이후 지난 50년간 배출된 이산화탄소 양은 지난 수백 년간 배출된 이산화탄소의 양과 거의 동일하며, 현재 대기 중 이산화탄소 양은 산업화 이전과 비교하였을 때 두 배에 달하고 있다.❶

**기상이변과 자연재해 증가**

인위적이고 급격한 기후변화는 자연현상을 통해 유지해 온 균형을 와해시켜 대기 순환에 변화를 발생시킴으로써, 기온과 강수량에 영향을 미치고 기후로 인한 불확실성을 증가시키고 있다. 실제 기상이변에 따른 자연재해 발생 빈도 및 그 피해 규모가 매년 증가하는 추세로, 1950년대 대비 1990년대 자연재난 발생 빈도가 4배 가까이 증가하였으며 그에 따른 경제적 피해 규모는 15배 증가하였다.

❶ UNEP, http://www.unep.or.kr/sub/sub05_01.php/mNum=5&sNum=1&boardid=planet&mode=view&idx=1060

최근 미국 캘리포니아대와 스탠퍼드대 연구진이 발표한 결과에 따르면 지금과 같은 추세로 지구온난화가 지속될 경우 온난화가 발생하지 않는다고 가정할 때보다 세계 평균소득이 약 23% 감소할 것으로 보이며, 이는 이전 예측치보다 경제 손실 규모가 10배 증가한 것이다.❷

급격한 기후변화를 초래하는 원인인 온실가스의 배출은 지역적으로 발생하지만 그 영향력은 전 지구적인 성격을 지닌다. 또한 기후변화로 인한 피해가 발생하는 지역이 기후변화의 원인을 제공하는 지역과 일치하지 않아 단기적인 비용과 산업 경쟁력 약화를 감수하면서까지 자발적인 온실가스 감축에 동참하는 노력이 부족하였던 것이 사실이다. 그러나 새로운 기후변화 대응체제 구축, 즉 2020년 이후의 신기후체제에 대한 논의가 빠르게 진행되고 있는 현재 상황에서는 산업 및 에너지 소비 구조와 기후변화 대응 방안에 대한 심도 있는 고찰이 필요하다.

화석연료를 기반으로 하는 시대는 대기 중 온실가스 농도의 급격한 상승을 가져왔다. 사진은 중국에 위치한 한 화력발전소 ©연합뉴스

지구온난화의 영향으로 남극의 빙하가 녹는 등 세계 곳곳에서 기상이변 현상이 나타나고 있고, 자연재해 또한 증가하고 있다. ©연합뉴스

❷ Nature, http://news.naver.com/main/read.nhn/mode=LPOD&mid=sec&oid=001&aid=0007935709&isYeonhapFlash=Y

**온실가스 배출량**

기후변화협약에서는 이산화탄소$CO_2$, 메탄$CH_4$, 아산화질소$N_2O$, 과불화탄소PFCs, 육불화황$SF_6$, 수불화탄소HFCs 등 6가지의 온실가스를 감축 대상으로 규정하고 있다. 이 중 특히 화석연료의 연소 및 산업 공정 과정에서 대부분 배출되는 이산화탄소가 상대적으로 지구온난화에 대한 영향력이 가장 높다. 한편 온실가스는 에너지, 산업 공정, 농축산업, 폐기물 등 다양한 배출원을 통해 배출되는데, 특히 에너지 사용으로 인한 온실가스 배출량이 가장 높은 비중을 차지하고 있다.

■ 우리나라의 온실가스 배출 현황(2012년)

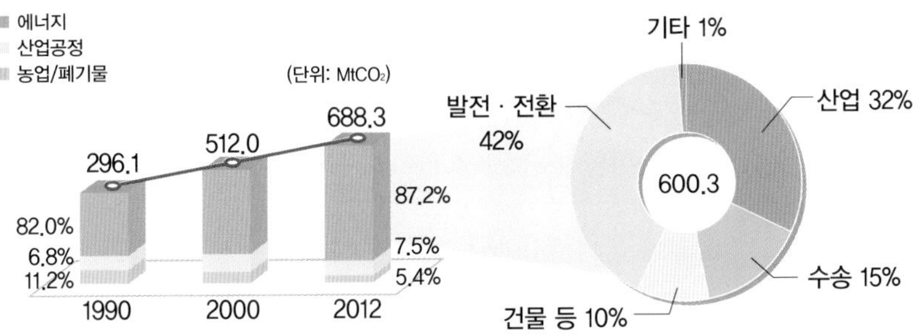


**우리나라 온실가스 배출량**

우리나라의 2012년 온실가스 배출량은 약 688.3백만 톤$CO_2$eq.를 기록하였는데, 에너지 부문(탈루배출 포함)에서의 배출량이 87.2%에 이르며, 산업 공정을 통한 배출량도 약 7.5%를 차지하였다. 따라서 우리나라의 온실가스 배출량 관리는 에너지 부문과 산업 공정에서의 배출량을 어떻게 관리하느냐가 관건이다. 한편, 에너지 부문에서 배출되는 배출량의 약 42%가 발전 등 전환 부문에서 가장 많으며, 산업 부문32%, 수송 부문15%, 건물 부문10%의 순서로 온실가스가 배출되었다.

또한 우리나라의 온실가스 배출량은 1990년에 236.1백만 톤에서 연평균 3.9%의 높은 증가세를 통해 2012년에는 688.3백만 톤을 기록하였다. 그러나 배출원단위배출량/국내총생산는 꾸준히 개선되는 추세에 있다.

■ 우리나라의 온실가스 배출량 변화 추세(단위: 백만 톤$CO_2$eq.)

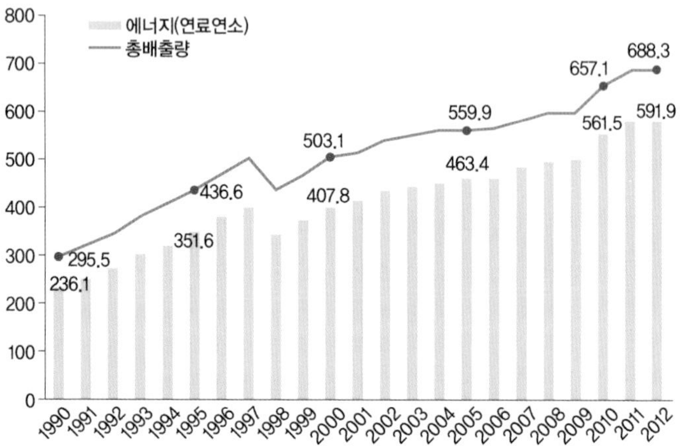


자료: 에너지경제연구원

우리나라의 온실가스 총배출량을 살펴보면, 2012년 이산화탄소의 비중이 91% 이상으로 부동의 1위를 기록하였다. 다음으로 연료 연소 과정 외에 농업 및 폐기물 부문에서도 배출되는 메탄이 1990년 약 11%에서 2012년 약 4%로 비중이 줄기는 하였으나 2위를 차지하였다. 그 외에 아산화질소와 산업 공정에서 발생하는 불소 계열 온실가스가 있으나 비중이 적은 편이다. 대부분의 이산화탄소는 에너지 부문에서 화석연료의 연소 과정에서 발생한다는 점을 고려할 때, 우리나라 온실가스의 대부분은 에너지 부문에서 화석연료의 연소를 통한 이산화탄소 배출이 차지함을 알 수 있다.

■ 에너지 부문의 화석연료 연소에 의한 온실가스 배출량 변화(단위: 백만 톤$CO_2$eq.)

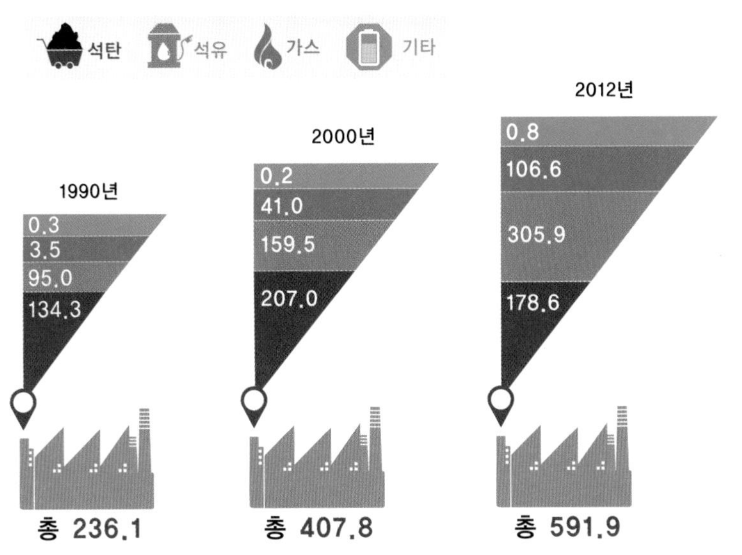


자료: 에너지경제연구원

우리나라의 총 온실가스 배출량 중에서 에너지 부문의 화석연료 연소에 의해 발생하는 배출량은 2012년에 약 591.9백만 톤으로 국가 총배출량의 약 86.0%에 해당한다. 이 중에서 전통적인 에너지원인 석유의 연소를 통한 배출량이 1990년 이후 지속적으로 증가하여 2012년에 305.9백만 톤으로 51.7%를 차지하였다. 가스 연소를 통한 배출량도 빠르게 증가하였으나, 석탄에서 배출되는 온실가스 배출량은 2000년대 초반 이후 감소세를 기록하고 있다.

## 기후변화 대응 해법, 완화와 적응

기후변화에 대응하는 방법은 크게 온실가스 배출을 현저히 줄여 대기 중 온실가스의 농도를 안정화시키고 기후변화 속도를 늦추는 완화Mitigation와 급격하게 변화하는 기후 여건으로 발생하는 여러 가지 영향에 대해 대응책을 마련하여 시행하는 적응Adaptation 등 크게 두 가지로 구분할 수 있다. 그런데 이미 배출된 온실가스로 인해 기후변화는 지속적으로 발생하므로, 기후변화로 인한 영향과 피해를 줄이기 위해서는 완화와 적응을 위한 조치가 동시에 시행될 필요가 있다.

기후변화 완화Mitigation는 발전, 산업, 수송, 건물, 농업, 폐기물 등에서 배출되는 온실가스 배출량 감축을 통해 현실화될 수 있는데, 특히 가장 비중이 큰 에너지 부문의 화석연료 연소를 통한 온실가스 배출 감축이 중요시되고 있다. 이를 위해서는 에너지의 이용 효율을 우선적으로 높이는 한편, 산업 공정에서 발생하는 폐열과 폐기물을 적극적으로 재활용하는 방안을 모색해야 한다.

기후변화 적응Adaptation은 실제 혹은 예측되는 기후변화로 인한 생태계의 변화, 산업의 변화, 재난 발생 증가 등과 같은 위험을 최소화하고 새로운 발전의 기회를 최대화하려는 전략을 의미한다. 따라서 기후변화로 인한 영향을 예측하고 취약성을 평가하여 통합적인 평가를 한 후, 이를 토대로 한 적응 대책을 마련할 때 잘못된 적응으로 인한 비용을 절감할 수 있다.❸

❸ 국가기후변화적응센터(http://ccas.kei.re.kr/main2014/main.do)

**화석연료 대체에너지의 필요성**

온실가스 감축뿐만 아니라 안정적인 에너지 공급을 위해서도 화석연료에 의존적인 기존의 에너지 수급 구조에서 탈피해야 하며, 신재생에너지 등 저탄소 에너지원의 역할이 확대되는 새로운 에너지 공급 체계의 구축이 필요하다.

우리나라는 2015년 6월 국제사회의 온실가스 감축 및 기후변화 대응에 대한 공동 노력에 동참하기 위해 2030년 BAU배출전망치 대비 37%를 감축한다는 목표를 발표하였다. 지금까지의 화석연료 중심의 에너지 공급 구조에서 탈피하여 저탄소 에너지 중심의 지속가능한 에너지 시스템을 구축할 때 우리의 온실가스 감축 목표는 차질없이 이행될 수 있다. 이를 통해 기후변화 대응을 위한 국제사회의 노력에 동참하는 것이야말로 가장 현명하며 지속가능한 방안이 될 것이다.

후쿠시마 사고 이후
기존 원전 정책을 유지하는 원전 가동국,
최초 호기를 건설 중이거나 도입을 검토하는 국가도 원전이
온실가스 감축의 대응 수단이라는 것을 보여 주고 있다.

# 신기후체제, 대체에너지와 원자력



### 기후변화 대응을 위한 '기후변화협약'

1992년 브라질 리우에서 최초로 국제사회가 기후변화에 대응하기 위한 '기후변화협약UNFCCC: United Nations Framework Convention on Climate Change'을 출범시킨 이후, 세계는 이 문제를 해결하기 위해 협력과 반목을 거듭하며 발전해 왔다.

기후변화협약은 공동의 차별화된 책임Common But Differentiated Responsibility이라는 원칙을 기초로 인류를 위협하는 기후변화가 일어나지 않는 수준의 대기 중 온실가스 감축을 위해 모든 국가가 지속가능한 개발을 가능하게 하는 범위 내에서 공동 협력을 추구하고 있다. 기후변화에 대한 선진국의 역사적 책임과 개발도상국의 경제성장 및 빈곤 퇴치 등을 고려하여, 기후변화협약은 선진국과 개도국에 차별화된 의무와 역할을 부여하고 있다.

기후변화협약상 부속서 I 국가로 분류되는 선진국의 경우 온실가스 감축은 물론이고 개도국의 기후변화 대응을 위한 경제 및 기술적 지원 등의 역할을 요구받고 있으며, 개도국의 경우 자국의 여건을 반영하여 기후변화 대응을 위한 자발적인 노력을 주문받고 있다.

**교토의정서** | 1997년 기후변화협약 제3차 당사국 총회에서 합의한 '교토의정서Kyoto Protocol'를 통해 기후변화협약의 기본 원칙과 목적에 근거하여 선진국과 개도국의 역할 분담을 명확히 하고 2000년 이후의 기후변화 대응을 위한 국제적인 노력을 구체화하는 계기를 마련하였다.

교토의정서에서는 2008~2012년까지 선진국의 온실가스 배출량을 1990년 배출량 대비 5.2% 감축하는 의무를 부여하였으며, 감축과 관련한 통계 작성과 보고 및 검증 의무도 부과하여 감축 행동의 투명성을 제고하고자 하였다.

그러나 교토의정서에서 부여한 선진국들에 대한 온실가스 감축 의무가 큰 부담으로 작용하여 복잡한 행정적 절차와 국내 법적 비준이 늦어지는 결과를 초래하여 수년이 지난 2005년에 이르러 교토의정서가 발효되었다.

기후변화협약 및 교토의정서 등은 경제성장 논리와 충돌하여 지난 20년간 실질적인 성과를 거두지 못하였다. 공동의 차별화된 책임 원칙은 빠른 경제성장에도 불구하고 신흥 개도국들을 온실가스 감축 의무에서 자유롭게 한 반면 일부 선진국들의 경우에는 예상치 못한 변화로 인해 감축 의무 이행이 어려운 상황에 직면하였다.

선진국과 개도국의 이분법적인 구분 체계는 초기 기후변화협약이 출범할 당시에 많은 국가의 참여를 독려하는 차원에서 필수적인 요소였다. 하지만 그 경직성 탓에 장기적으로 지속가능하지 못한 구조적인 한계점을 가지고 있었다. 이런 이유로 감축 의무를 부여받은 선진국들이 의회 비준을 이행하지 않거나 제2차 공약 기간인 2013~2020년 중에 이탈하는 국가도 나왔다.

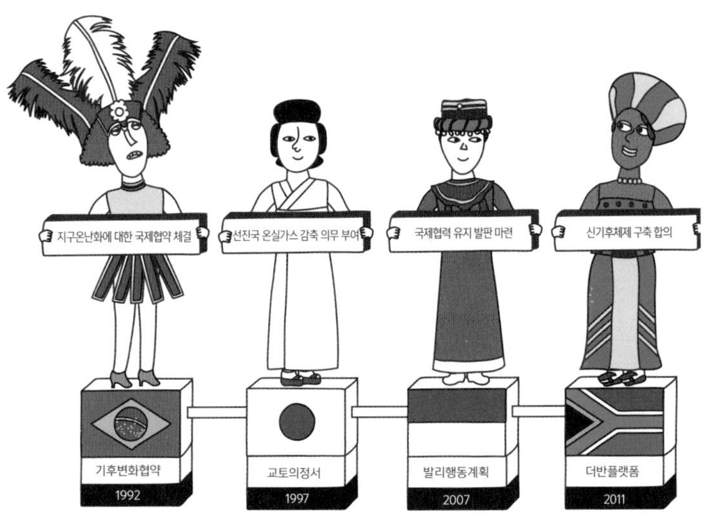

**교토의정서 체제의 한계**

2007년 인도네시아 발리에서 개최된 제13차 기후변화협약 당사국총회에서 개도국들은 Post-2012 체제 구축에 대한 발리행동계획Bali Roadmap을 통해 자발적인 참여를 약속하였다. 이로써 기후변화협약이 출범할 때부터 지속되어 왔던 선진국과 개도국 간의 입장 차이를 좁히고 기후변화 대응을 위한 국제적 협력을 계속 유지할 수 있는 발판을 마련하게 되었다.

그러나 이러한 노력에도 불구하고 발리행동계획을 통해 계획되었던 2009년 제15차 당사국총회에서는 Post-2012 체제의 합의 도출에 실패하였다. 이후 2012년 종료된 기후변화협약을 대체하기 위한 새로운 체제에 대한 논의는 선진국과 개도국, 혹은 개별 국가간의 입장차이만 거듭 확인하였다. 기후변화협약 당사국들은 논의 과정을 거치면서 기존의 접근법만으로는 기후변화에 효과적인 대응책을 도출할 수 없음을 깨닫고, 기후변화 대응을 위한 2020년 이후의 국제협력체제 구축에 대한 논의를 시작하였다.



**신기후체제의 도래**

2011년의 제17차 당사국총회에서는 교토의정서 체제 이후, 즉 2020년 이후의 기후변화 대응체제 구축을 위한 더반플랫폼Durban Platform을 채택함으로써, 기존 선진국 주도의 교토의정서 체제와는 달리 모든 당사국에 적용되는 새로운 체제, 즉 신新기후체제의 구축에 합의하였다. 이러한 새로운 체제에는 기존의 개도국과 선진국의 이분법적인 구분을 벗어나 모든 국가가 기후변화 대응에 책임과 의무를 다하고자 하는 변화가 깔려 있다. 특히 그동안의 경제성장과 함께 전 세계 온실가스 배출에 상당 부분 기여하고 있는 개발도상국들의 참여를 도모하여, 협약의 효력을 높이는 것도 새로운 체제의 중요한 과제이다.

신기후체제는 개도국의 참여를 독려하되 경제적 부담은 줄이고 온실가스 배출과 감축에 있어서 형평을 도모하여 선진국이 개도국의 감축과 적응 부문에 있어 기술적·재정적 지원을 강화하여 심화된 협력의 형태로 나아가는 것을 목표로 하고 있다. 이러한 신기후체제의 중심에는 2013년 제19차 당사국총회에서 합의한 각 당사국의 자발적 기여INDC: Intended Nationally Determined Contribution가 있으며, 이와 관련된 논의가 2014년 한 해 동안 활발히 진행되어 2015년 유엔 회원국은 관련 공약을 유엔UN에 제출하였다.

| 파리에서 개최된 '2015 파리 유엔기후변화협약 당사국총회'에서는 당사국들이 제출한 INDC의 내용과 수준을 바탕으로 2020년 이후의 신기후체제 최종합의문을 채택하였다. ©연합뉴스

국제사회는 지난 2015년 12월 파리에서 개최된 제21차 당사국총회에서 당사국들이 제출한 INDC의 내용과 수준을 바탕으로 2020년 이후 적용될 새로운 기후변화체제의 최종합의문을 채택하였다. 이러한 신기후체제는 기존 체제의 경직성을 보완하고 지난 30년간의 경험을 바탕으로 앞으로의 30년을 준비한다는 데 의미가 있다.

## 발전 부문 온실가스 감축 목표

우리나라는 2015년 6월, 2020년 이후의 온실가스 자발적 감축 공약INDC을 발표하였다. 온실가스 배출 감축 목표는 2030년 배출전망치BAU 대비 37%이다. 감축 목표의 25.7%는 국내에서 감축하고 11.3%를 해외에서 청정개발체제CDM: Clean Development Mechanism 또는 배출권거래 방식에 의해 감축한다는 계획이다. 발전 부문도 적지 않은 온실가스 감축 의무가 부과될 것으로 예상된다.

2020년 발전 부문 온실가스 감축 방안의 주요 수단은 발전 믹스Mix의 개선과 이산화탄소 포집·저장CCS: Carbon Capture and Storage, 스마트그리드Smart Grid 도입이다. 발전 부문 감축 목표 26.7% 중 발전 믹스 개선 효과가 22%로 가장 크다.

■ 2020년 발전 부문 온실가스 감축 방안

| 내용 | 감축률 | 계 |
|---|---|---|
| ① 전력 Mix 개선 효과(2007년 → 2020년)<br>원자력발전(34.9% → 41.3%), 신재생(1.0% → 4.8%) | 19.1% | 26.7% |
| ② 신재생에너지 비율 6.7%로 확대 | 2.9% | |
| ③ 스마트그리드(1천만 톤) | 3.9% | |
| ④ CCS 도입(2백만 톤) | 0.8% | |

**발전 부문 온실가스 저감 수단**

발전 부문의 온실가스 저감 수단은 수요관리, CCS를 포함한 발전 부문의 신기술, 송배전손실 저감 그리고 신재생발전과 원자력발전을 확대하는 발전 구성의 변화 등이 있다. 이 중 실효성 있는 수단은 불과 2~3개에 불과하다. 그 이유는 BAU에 대한 정의와 수단별 평가 결과에서 찾아볼 수 있다.

■ BAU의 정의

기후변화 분야에서 BAU는 기존 정책이 미래에 지속된다는 전제하에 예상되는 온실가스 배출량을 의미한다. 2015년 INDC 수립 시 발전 부문의 BAU는 2013년 2월 확정된 제6차 전력수급기본계획 내용이 된다. 예를 들어, 제6차 전력수급계획의 최종 연도인 2027년의 원전 발전 비중이 BAU가 되고 그보다 비중이 확대된다면 늘어난 부분(순증분)만이 신정책으로 구분되어 온실가스 저감량 산정에 반영된다. 이는 전력수급계획에 포함되어 있는 신재생발전 목표, 발전 부문의 신기술 등에서 동일하게 적용된다. 따라서 신정책의 시행으로 순증분이 없다면 발전 부문의 온실가스 저감 수단이 될 수 없다.

■ 발전 부문 온실가스 저감 수단별 평가

- **전력 수요관리**: 효율 개선과 부하관리 등 수요관리 방안은 에너지를 소비하는 부문별 수요관리에 반영되므로 발전 부문의 온실가스 저감 수단에는 적용할 수 없다.
- **송배전손실 개선**: 고압송전, 송배전 기술의 발전에 따라서 수송과정의 손실이 감소하는 부분이다. 국내 송배전손실률 실적은

2010~2014년 기간 중 매년 4% 이하인데, 현재의 기술로 손실률을 더 낮추는 것은 한계에 도달한 것으로 평가된다.

- **발전 부문 신기술:** 초초임계발전USC, 유동층연소FBC, 석탄가스화복합발전IGCC: Integrated Gasification Combined Cycle, 이산화탄소 포집·저장CCS 등이다. 기존의 기력발전을 신기술이 대체할 때 온실가스 감축률은 가압유동층복합화력발전PFBC 27.2%, USC 9.1%, IGCC 10.7%, CCS 74~90% 등이다. BAU인 제6차 전력수급계획에서 2024년까지 30기, 8.1GW의 폐지 계획이 반영되었지만 이를 FBC, IGCC로 대체하는 설비는 없다. 또한 대체건설을 포함한 신규 석탄발전소는 모두 USC 방식으로 건설될 예정으로 USC는 BAU에 이미 포함되어 있다. 그러나 CCS의 경우 2020년까지 플랜트 상용화 100만 톤급 포집-수송-저장 통합 실증을 목표로 연구가 진행 중에 있다. 따라서 실행계획 성격인 전력수급계획에 반영되지는 않았지만 향후 보급계획이 있다면 반영될 수 있다.
- **신재생에너지발전:** 온실가스 배출이 없는 풍력, 태양광, 조력 외에도 IGCC, 바이오발전, 폐기물, 부생가스, 연료전지 등이 포함되어 있다. 신재생발전 확대가 예상되는 경우에도 온실가스 감축량 계산 시에는 신재생발전의 원별 구성 변화를 면밀히 분석할 필요가 있다.
- **스마트그리드:** 스마트그리드의 주요 내용은 발전량의 감소보다는 부하율의 제고를 지향하는 것이다. 따라서 스마트그리드의 보급 내지 확산을 통한 발전량의 감소량은 미미하여 온실가스 증감과는 무관하다.

■ 발전 부문 온실가스 감축 수단

| 수단 | 개요 |
| --- | --- |
| 수요절감 | 수요관리를 통하여 발전량 감소 |
| 신재생발전 | 신재생에너지기본계획의 기준안 대비 목표안의 신재생 증가 |
| 원자력발전 | 기존 전력수급기본계획 대비 추가 원전 도입 |
| CCS | 신규 석탄발전소 건설 시 CCS 설비 구축 |
| 송배전손실 | 송배전손실 축소 여력 존재 시 발전량 감소 |
| 신기술 | 신기술(USC, FBC 등) 적용 가능 신규 화력발전에 적용 |
| 발전 설비 구성 변화❶ | 석탄발전 축소, 가스발전 확대 |

이렇게 볼 때 유효한 발전 부문의 온실가스 저감 수단은 신재생에너지발전, 원자력발전, CCS로 압축된다. 신재생에너지발전은 매 5년마다 수립되는 신재생에너지기본계획을 이용한다. 2014년 수립된 제4차 신재생에너지기본계획의 기준안과 목표안의 증가분을 온실가스 배출 감축량으로 환산한 값이 적용된다.

신재생발전의 경우 기준안 대비 목표안의 발전량이 더 높게 설정되고 이 발전량은 화력발전량을 대체할 것이므로 온실가스 감축 수단이 될 수 있다. 그러나 지난 3년간2012~2014년의 신재생에너지 의무할당제RPS: Renewable Portfolio Standard 시행 결과는 목표에 비해 만족할 수준이 아니다.❷ 따라서 온실가스 감축을 위해 신재생에너지기본계획의 목표 신재생발전량보다 많은 발전량을 감축 수단으로 설정하는 것은 무리가 있다.

CCS의 경우 가장 빠른 도입 시기가 2023년 이후로 예상되고 있으며 급속한 보급은 쉽지 않다는 것이 전문가들의 평가이다. 이렇게

❶ 발전 설비 구성 변화에 의한 온실가스 저감은 비용이 너무 높아 마지막 수단으로 고려한다. 제6차 전력수급계획의 입력자료를 기준으로 가스가 석탄발전을 대체하는 비용은 $CO_2$ 톤당 13만 원을 상회한다.

❷ 2014년 신재생발전 실적은 RPS 2014년 목표의 80% 정도로 평가되며, 3년간 실적 중 가장 높다.

본다면 발전 부문에서 확대가 가능하고 가장 유력한 온실가스 감축 수단은 원자력이 된다.

**발전 부문 온실가스 배출**

원자력과 신재생발전은 운전 중 온실가스 배출이 적다. 가스, 석유, 석탄발전은 1kWh의 전기를 생산할 때 각각 0.36, 0.70, 0.82kg의 온실가스를 배출한다.[3]

동일한 양을 발전할 때 가스는 석탄발전의 44%의 온실가스를 배출한다. 원자력과 신재생발전의 확대가 어려울 때 가스발전이 석탄발전을 대체발전 구성 변화하는 것이 비용은 고가이지만 마지막 온실가스 저감 수단으로 고려되는 이유이다.



■ 발전 부문 온실가스 배출계수(단위: kg-$CO_2$e/kWh)

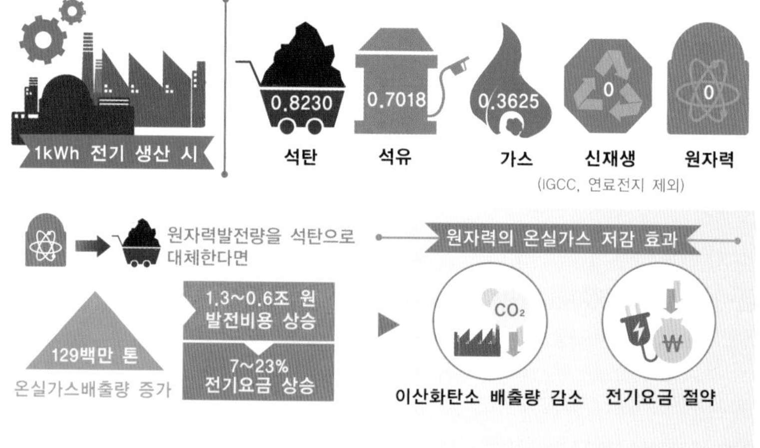


자료: 산업통상자원부, 「제2차 에너지기본계획」, 2014.

[3] 발전원의 열소비율(kcal/kWh)에 의해 계산된다. 발전 전 주기에서 발생하는 온실가스 배출량(g-$CO_2$/kWh)은 석탄 991, 석유 782, LNG 549, 태양광 54, 원자력 10이다(국제원자력기구, 2006).

원자력이 발전 부문 온실가스 저감에 어느 정도 기여하고 있는가는 원자력발전량을 화력발전이 대체한다고 가정하고, 온실가스 배출량을 계산하면 그 효과를 알 수 있다. 2014년 원전은 전체 발전량의 30%인 156.4TWh의 발전을 하였다. 원별 발전량과 앞선 배출계수를 이용하여 계산한 동년도 발전 부문 온실가스 배출량은 약 2억 3천 7백만 톤 $CO_2$ 수준이다. 원자력발전량을 석탄이 대체한다면 온실가스 배출량은 1억 2천 9백만 톤이 증가하여 3억 6천 6백만 톤으로, 가스가 대체하면 5천 7백만 톤이 증가하여 2억 9천 4백만 톤으로 늘어난다. 이 경우 발전비용[4] 차이에 의해 2.3~11.7조 원의 추가적인 부담이 발생하며, 온실가스 배출비용을 1만 원/$CO_2$ 톤[5]으로 계산하여 1.3~0.6조 원[6]을 더하면 2014년도 전기소비자가 부담했어야 하는 추가 비용은 3.6조 원 내지 12.3조 원에 달하게 된다. 2014년도 전력 판매액이 53.1조 원이므로 대략 7%에서 23%의 전기요금 인상 요인이 발생하였을 것이다.

향후 설비 구성과 전력부하곡선을 고려하여 전력시스템을 모의로 구성[7]하면, 앞으로 건설될 1500MW급 APR+ 1기를 기준으로 연간 7백만 톤의 $CO_2$ 배출을 억제하는 효과가 있는 것으로 분석되었다. 만일 동일한 규모의 원전을 2028~2030년에 매년 1기씩 건설한다고 가정하는 경우에는 2천 2백만 톤의 $CO_2$ 배출이 저감되는 것으로 나타났다. 제7차 전력수급계획에서는 2028년, 2029년에 각각 원전 1기씩을 신규 준공하는 것을 포함하고 있다. 이 계산을 기준으로 원전의 증설로 BAU 대비 약 1천 5백만 톤 내외의 온실가스 배출이 저감될 수 있을 것으로 보인다.

④ 발전비용(원/kWh)은 원자력 45원, 석탄 60원, 가스 120원 적용

⑤ 현재 시범 사업 성격인 배출권거래제의 상한가격이지만 실제의 가격은 더 높아질 가능성이 있다.

⑥ 앞의 금액은 원전을 석탄이, 뒤의 금액은 가스가 대체하는 경우이다.

⑦ WASP(Wien Automatic System Planning Package) 모형을 이용: 기존 설비의 폐지와 전원믹스를 고려하고 후보 발전원의 경제적, 기술적 특성과 신뢰도 등 주어진 제약 조건 아래에서 최적 발전설비확장계획을 도출하는 모형. 원별 발전량 및 $CO_2$ 배출량 계산이 가능하다.

### 온실가스 저감 에너지, 원자력

2015년 발표된 제7차 전력수급기본계획은 '온실가스 감축 목표 대응을 위한 저탄소 전원 구성'을 4개 기본 방향 중 하나로 적시하고 있다. 수립된 계획은 6차의 전원 구성에 비하여 원전 용량을 35.9GW 2027년에서 38.3GW 2029년로 확대하여 원전 비중을 2014년에 비해 약 6%p 확대하는 전원믹스 정책, 원전 정책을 담고 있다. 반면, 제6차 계획에 반영되었던 4기의 석탄화력은 계획에서 제외하였다. 석탄화력이 제외된 여러 가지 원인 중의 하나는 온실가스 감축 대응을 그 이유로 들 수 있다.

온실가스 저감의 관점에서 원자력이 유력한 감축 수단이 될 수 있다는 점은 다른 나라의 정책에서도 찾을 수 있다. 2011년 일본이 교토의정서 2차 공약 기간 참여를 거부하였던 이유도 후쿠시마 사고 이후 원전 제로 사태에 따른 화석연료 사용 급증과 온실가스 배출 증가가 주요 원인 중 하나였다고 한다. 일본 정부는 2015년의 자발적 감축 공약에서 2030년의 온실가스 배출량을 2013년 대비 26% 감축하겠다는 목표를 설정하였다. 이것은 일본의 원전 발전 비중 목표 20~22%를 전제로 하는 것이며, 원전 제로 상태로는 달성하기 불가능한 것이다. 후쿠시마 사고 이후 기존 원전 정책을 유지하는 원전 가동국, 처음 원전을 건설 중이거나 도입을 검토하는 국가도 원전이 온실가스 감축의 대응 수단이라는 것을 보여 주고 있다.

신기후체제 시대에 적합한 대체에너지로서의 우선 조건은 온실가스를 저감할 수 있어야 한다는 것이다. 세계 각국은 온실가스 감축 목표를 이행하기 위해서 신기후체제 시대에 걸맞은 저탄소 에너지로의 전환을 요구받고 있으며 우리나라 또한 환경적 책무에서 자유롭지 못한 상황이다. 각국이 처한 에너지 수급 상황을 바탕으로 온실가스 감축을 위해 가장 적정한 에너지 정책으로의 대처가 시급한 이유이기도 하다.

**신기후체제 시대에 적합한 온실가스를 적게 배출하는 에너지는?**

국제사회는 교토의정서가 종료되는 2020년 이후 기후변화 대응을 위해 UN 회원국 195개국이 참여한 COP21(21차 당사국 총회)에서 자발적 감축목표(INDC · Intended Nationally Determined Contribution)에 합의하였다.
우리나라는 온실가스 배출량 세계 7위로 파리기후협약에 따라 2030년까지 배출될 것으로 예상되는 온실가스 배출량(BAU: Business As Usual) 대비 37%를 감축하여야 한다.
온실가스 감축을 위해선 화력발전의 비중을 낮추고, 대체에너지의 비중을 높여야 하는데, 화석연료를 대체할 수 있는 온실가스 저감의 주요 수단으로 신재생에너지발전, 원자력발전, CCS(Carbon Capture & Storage, 이산화탄소 포집 및 저장기술) 등을 들 수 있다.
온실가스에는 이산화탄소의 비중이 80%로 가장 높다. 발전 주기 전체를 보면 석탄(991), 석유(782), LNG(549), 태양광(54)에 비해 원자력(10g/kWh)은 온실가스 배출이 적은 편이다. 원전의 이산화탄소 배출량은 석탄발전의 약 100분의 1로, 이 또한 발전소 건설 과정이나 연료 폐기 등의 기타 과정에서 발생하는 것으로 원전발전에서는 이산화탄소 배출이 거의 없는 편이다.
신재생발전의 경우 현재의 기술력으로는 화석연료를 대체할 만큼의 안정적인 에너지 수급이 어렵고, CCS의 경우도 2023년 이후로 도입이 예상되고 있어 발전부문에서 온실가스 감축 수단으로 온실가스를 최소화하면서도 안정적으로 에너지를 공급할 수 있는 가장 현실적인 에너지로 원자력이 떠오르고 있다.

## 에너지 사용과 기후변화

기후변화의 원인 : 자연적 요인보다 인위적 요인이 큰 영향
화석연료의 시대 ▶ 온실가스 증가
온실효과로 인한 기온상승 ▶ 기상이변, 자연재해

## 화석연료의 온실가스 배출

에너지 부문 화석연료 온실가스 배출량
▶ 우리나라 총 배출량의 86%
온실가스 감축과 화석연료에 의존적인 에너지 수급 구조 탈피
▶ 저탄소 에너지 필요

## 신기후체제

교토의정서가 만료되는 2020년 이후 적용, 새로운 기후변화체제의 최종합의문 채택 ▶ 파리협약
유엔회원국, 자발적 온실가스 감축안 제출, 온실가스 감축의무에 동참 및 합의 ▶ 신기후체제 시대

## 2030년 우리나라 온실가스 감축 목표

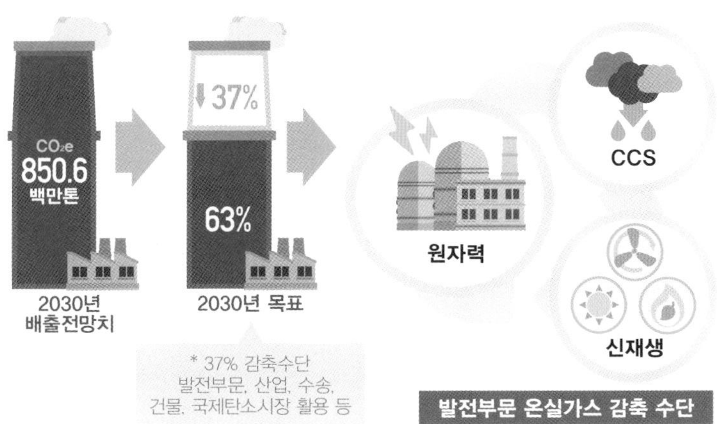

원자력
**상식사전**

# 에너지의 섬, 대한민국에서 원자력이란

1. 에너지 자립도
2. 원자력발전의 경제성
3. 블랙아웃 대비
4. 원자력의 전원 비중
5. 신재생에너지와 원자력
6. 미래 에너지로서의 원자력
7. 원자력발전소 건설

저탄소 경제 구현과 에너지 안보라는
두 가지 과제를 전원 구성 측면에서
동시에 이행할 수 있는 방안은
우리 실정에 맞게 에너지원을 확충하는 것이다.

# 에너지 자립도



우리나라는 1960년대 이후부터 지속된 급속한 경제성장과 함께 에너지 소비가 계속 증가하여 현재 세계 9위의 에너지 소비국이 되었다. 이러한 소비 증가에 부응하여 우리나라의 에너지 정책은 안정적인 도입선 확보, 석유 및 전력 설비의 확충, 가스 공급망 건설 등 국내 에너지 공급 인프라 구축에 집중되어 왔다. 그 결과 안정적인 에너지 공급 기반이 구축되었지만 에너지 해외의존도는 계속 증가하여 1990년대 중반 이후부터는 95%를 넘고 있다.

우리나라는 석유, 가스, 전력 등 주요 에너지의 공급망이 주변국과 연계되어 있지 않아 소위 '에너지 섬'이라 불린다. 이는 에너지 수급 문제를 우리가 독자적으로 해결할 수밖에 없고, 에너지 안보를 위해 비상시 대응 능력을 별도로 갖추어야 함을 의미한다. 반면, 북미나 유럽에서는 가스, 전력 등의 국제적 공급망이 구비되어 필요시 국가 간 에너지의 이동이 원활하게 이루어지고 있다. 이는 21세기 들어 에너지의 국가 간 수출입을 통한 안정 공급 체계 확보는 물론 위기 대응과 협력 증진 등을 위해 국제적 공급망 연계의 필요성이 높아진 결과이다.

그렇지만 우리나라와 같은 에너지 섬 국가에서는 에너지 공급의 불확실성과 가격 변동에 따른 경제적 충격을 완화하기 위해 에너지 자립도를 높일 필요가 있다. 에너지 자립에는 에너지 수요 절감과 아울러 화석연료 사용을 줄이는 것이 관건이 된다. 화석연료 사용 감축은 신기후체제 Post-2020에 대비하여 온실가스 배출을 줄이기 위한 방안으로 저탄소 에너지원의 비중을 높이기 위해서도 필요하다.

**우리나라 에너지 상황과 문제점**

우리나라는 에너지 자원 빈국으로서 무연탄, 수력과 신재생에너지를 일부 활용하고 있을 뿐 대부분의 에너지를 해외에서 수입하고 있다. 그래서 2014년의 에너지 자립도는 4.3%에 불과하다. 그런데 원자력은 연료를 전량 해외에서 수입하기 때문에 에너지 자립도 수치에 기여하지 못하지만, 실제로는 소량으로 필요한 연료를 수입하여 국내 기술과 자본으로 건설한 원자력발전소에서 다량의 전력을 생산하므로 기술 기반의 에너지로서 준국산 에너지로 분류한다. 원자력을 국내 에너지에 포함할 경우 에너지 자립도는 16% 수준이 된다. 그럼에도 불구하고 우리나라 에너지의 84%는 수입에 의존하고 있는 실정이다.

에너지 자립도와 석유 수입의존도는 각국의 에너지 자원 부존 여건과 소비 구조의 차이로 인해 국가별로 많은 차이를 보인다. 원자력을 포함할 경우 에너지 자립도는 미국이 83%이며, 프랑스와 영국은 50% 내외이고, 석탄 생산 세계 8위로서 신재생에너지 발전이 활발한 독일은 37%이다. 반면 에너지 부존자원이 취약한 일본은 우리나라와 같이 에너지 자립도가 매우 낮다. 특히 일본에서는 후쿠시마 원전 사고 이후 원전 가동이 전면 중단되면서 2012년 에너지 자립도가 10% 미만으로 떨어졌다.



■ 주요국의 에너지 자립도*(2012년)

| | 독일 | 프랑스 | 영국 | 미국 | 일본 | 한국 |
|---|---|---|---|---|---|---|
| 1차 에너지 공급 (백만toe) | 317.1 | 245.3 | 201.6 | 220.8 | 478 | 270.9 |
| 에너지 순수입 (백만toe) | 199.6 | 124.1 | 86.9 | 374.9 | 435.3 | 228.6 |
| 에너지 자립도 (%) | 37.1 | 49.4 | 56.9 | 83.0 | 8.9 | 15.6 |

자료: 에너지경제연구원, 「2014 에너지통계연보」에서 계산

* 에너지 자립도 = (1차 에너지 공급 – 에너지 순수입)/1차 에너지 공급(원자력 포함)

우리나라의 에너지 소비증가율은 경제협력개발기구OECD 국가 중 가장 높다. 2000년대 들어서는 에너지 소비가 연평균 2.7%의 증가세를 보인다. 비록 과거에 비해 에너지 증가율이 크게 둔화되고 2013년 이후 소폭의 증가에 그치고 있지만 2015년 에너지 수요는 전년 대비 2.5% 증가한 2억 8,900만 톤toe[1]에 이를 것으로 전망된다.

특히 전력소비 증가율이 매우 높게 나타나고 있어 2001년 이후 발전량이 연평균 4.8%의 높은 증가세를 보이고 있다. 영국, 독일, 프랑스 등 유럽 선진국들에서 전력소비가 정체 혹은 감소하고 있는 것과는 대조적이다. 1차 에너지의 약 40%가 전력 생산에 투입되고 그 전력 비중이 점차 높아지고 있는 점을 고려하면 에너지 자립도 제고와 온실가스 감축을 위해 전력소비 절약과 아울러 저탄소 발전원의 확충이 시급함을 알 수 있다.

■ 우리나라 주요 에너지 지표

| 지표 | 1981 | 1991 | 2001 | 2014 | 연평균 증가율(%) | | |
|---|---|---|---|---|---|---|---|
| | | | | | 1981~1991 | 1991~2001 | 2001~2014 |
| 1차 에너지 소비 (백만toe) | 45.7 | 103.6 | 198.4 | 281.9 | 8.5% | 6.7% | 2.7% |
| 에너지 수입(억 $) | 77.6 | 127.5 | 338.9 | 1,734 | 5.1% | 10.3% | 13.4% |
| 발전량(TWh) | 44.1 | 118.6 | 285.2 | 521.4 | 11.6% | 9.2% | 4.8% |

자료: 에너지경제연구원, 「에너지통계연보(각 연도)」 및 「에너지통계월보」

[1] 에너지경제연구원, 「2015 에너지수요전망」, 2015. 3.

우리나라의 에너지 흐름에서 주목할 사항은 전체 에너지 중 전환 손실이 24.1%에 이르는데 그 손실이 주로 전력 부문에서 발생한다는 것이다. 이는 발전 열효율이 석탄발전의 경우 40% 내외에 불과하고, 가스복합도 최신 설비를 제외하면 대부분 50%에 미치지 못하기 때문이다. 여기에다 송배전 손실률이 3.7%이고 발전소 내 소비량도 적지 않다는 점을 고려하면 전력이 더 소중해지고 그만큼 수요관리가 중요함을 알 수 있다.

한편 산업용 에너지 소비가 64%에 이르고 그중 납사, 유연탄 등 산업원료로 사용되는 에너지원의 비중이 25%에 달하는 점도 특징적이다. 이렇게 높은 산업에너지 소비는 석유화학, 철강 등 에너지 다소비 산업의 비중이 높은 우리나라의 산업 구조에 기인하는 것으로 에너지 자립도를 높이기 위해서는 산업 구조의 개선도 절실하다.

■ 우리나라 에너지 밸런스 흐름도(2014년)

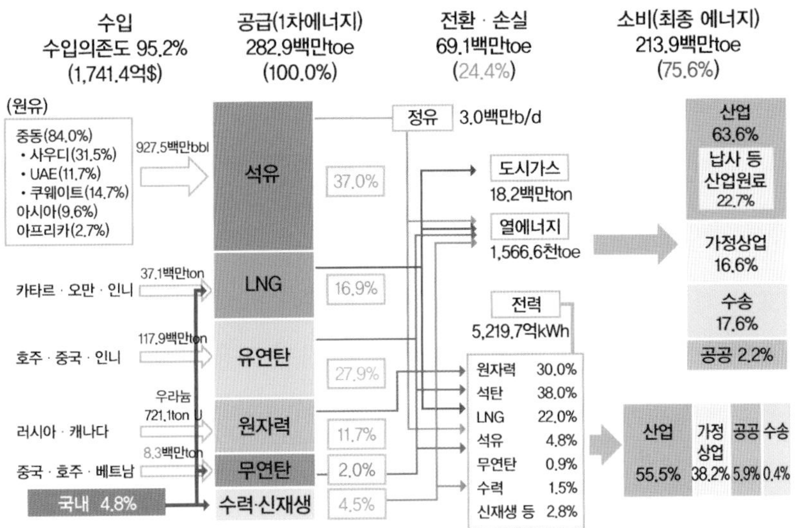


자료: 에너지경제연구원

## 주요 선진국의 에너지 안보 전략

에너지 안보는 국제 에너지 여건의 급격한 변화와 충격으로부터 국내 에너지 공급 체계를 얼마나 잘 보호할 수 있느냐를 의미한다. 높은 수준의 에너지 안보를 달성하려면 산유국의 전쟁, 재난, 수출 제한 등으로 원유 공급이 어려워졌을 때도 에너지를 안정적으로 확보할 뿐 아니라 유가 급등에 따른 국민경제 충격을 최소화할 수 있도록 에너지 시스템을 구축하고 위험 관리 방안을 마련해야 한다. 에너지 안보 수준을 높이기 위해서는 첫째 물량 위험, 즉 공급 위험을 줄여야 하고, 둘째는 가격 위험을 줄여야 한다.

에너지 안보는 주요 선진국들이 가장 비중을 두고 있는 정책 목표로서 각기 자국의 에너지 여건에 부합하는 중장기계획을 수립하여 전략적으로 추진하고 있다. 이는 에너지의 안정적 공급이 국가경제뿐 아니라 국민생활에 지대한 영향을 미치기 때문이다. 우리나라도 에너지 안보 확보를 최우선 정책 목표로 설정하여 국내 에너지 설비를 확충하고 에너지 다원화, 수입선 다변화, 해외자원 개발 등을 추진해 왔다.

얼마 전만 해도 세계 경제 구조는 자원을 가진 국가와 그렇지 못한 국가로 나뉘어 양극화가 심화되었고, 자원을 둘러싼 국가 간 경쟁과 전략적 협력이 복잡한 양상을 보였다. 하지만 이제 새로운 지구적 목표와 가치가 부각되면서 자원 전쟁의 핵심이 변화하고 있다. 단순히 자원의 양적 확보가 아니라 지속가능한 자원 이용의 확대가 새로운 글로벌 이슈가 되면서 에너지 안보의 개념을 변화시키고 있다.[2]



[2] 김진우, 「신기후체제하의 최적 전원구성」, 환경TV뉴스 그린리더스 칼럼, 2015. 10. 26.

미국의 에너지 정책은 에너지의 환경 측면을 고려하여 에너지 자급을 최우선으로 하되, 에너지 효율과 재생에너지 확대, 탄소세 부과를 통한 온실가스 감축 등의 기후변화 대책을 포함하고 있다. 2005년에는 '에너지정책법Energy Policy Act'을 통해 석유 및 천연가스 개발과 함께 청정석탄 등 모든 자원을 활용하는 '전방위 에너지전략All-Out, All-of-the-Above Strategy'을 채택하였고, 재생에너지 세제 지원 등을 위해 2012년에 '청정에너지기준법Clean Energy Standard Act'을 제정하였다.

중국은 경제성장에 따른 에너지 수요 급증에 대비하고 외부 불안 요인에 대응하기 위해 비전통 가스 및 재생에너지 개발, 원전 건설 등 국내 공급 능력 제고와 수입 다변화에 집중하고 있다.

원전에 대해서는 특히 독일이 가장 빠르게 탈원전을 목표로 에너지 전환 정책을 추진하고 있으나 정책의 성공 여부는 아직 평가하기 이르다. 프랑스는 기존의 원전 위주 전원 구성을 일부 완화하는 방침에 대한 국민 대토론회를 열었으며, 영국은 기존의 원전 확대 정책을 유지하는 입장이지만 노후 화석연료 발전소의 폐지가 임박해 전력 공급의 안정성을 보완하는 대책을 마련 중이다. 일본은 아베 정권 집권 후 원전 재가동을 추진하고 있으며, 규슈전력의 센다이 원전 1·2호기의 재가동에 이어 이카타 원전 3호기 등도 가동 준비에 들어갔다.

이러한 주요국의 에너지 전략과 역학 관계는 향후 세계 에너지시장의 변화에 몇 가지 시사점을 주고 있다.[3] 첫째, 에너지 안보의 중요성이 더욱 증대할 것이다. 이는 중국, 인도 등 신흥국의 지속적인 에너지 소비 증가, 수송 요충지의 물동량 증가, 아시아에서의 G2 대립,

❸ 김진우, 「주요국의 에너지안보 및 에너지믹스 정책과 시사점」, 원자력문화재단 블로그 참조

지역 내 해양영토 분쟁 등으로 에너지 안보 위협이 커질 것으로 보이기 때문이다. 둘째, 아시아 가스거래시장 형성에 대비할 필요가 있다. 우리나라는 아시아 지역의 가스허브 기능을 위해 대륙과의 가스 파이프라인 연계, 저장설비 증설 등 인프라 투자는 물론 가스현물시장 운영을 위한 전문 인력 양성과 가스트레이딩 역량을 확충해 나가야 한다. 셋째, 그린 드라이브를 지속하는 것이 중요하다. 신재생에너지 산업의 육성·보급을 확대하고, 수요관리, 효율 향상 등 에너지 절약 정책을 대폭 강화함으로써 온실가스 감축 목표를 달성하고 신성장 동력을 창출해 나가야 할 것이다.



**에너지믹스 정책**

세계 에너지시장의 흐름과 각국의 대응 전략을 고려할 때 우리나라에서도 에너지 안보 확보와 최적 에너지믹스 달성을 위한 중장기 전략과 현실적인 정책 수립이 필요하다. 최적 에너지믹스는 각국의 에너지 여건에 따라 다를 수밖에 없다. 에너지의 국내 부존 상황과 수입 여건이 다르고, 경제 발전 정도와 산업 구조도 다르기 때문이다.

정부는 국내외 에너지시장 변화를 반영하여 매 5년마다 에너지기본계획을 수립하고, 이에 기반을 두어 전력수급기본계획 등 여러 분야별 하위 계획을 수립한다. 에너지기본계획은 중장기 에너지 수요 전망, 정책 목표와 중점 과제 등 우리의 에너지 여건에 맞는 에너지 정책의 기본 방향을 제시한다. 매 2년마다 수립되는 전력수급기본계획은 예측된 전력 수요를 안정적으로 공급할 수 있도록 에너지 안보, 경제성, 온실가스 배출, 전력부하, 입지 여건 등을 종합적으로 고려하여 향후 15년간의 전원별 적정 비중과 추진 계획을 제시한다.

우리나라 발전 현황은 석탄의 발전 비중이 39.3%로 가장 높으며 원자력은 30.0%로 2위의 발전원이다. 가스발전의 경우 설비용량은 가장 크지만 첨두 전력을 담당하는 역할 때문에 이용률이 낮아 발전 비중은 24.5%를 나타내고 있다. 수력 등 신재생에너지 발전량은 아직 전체의 4.7%에 불과하다.

세계의 발전 비중2011년은 수력·기타가 20%로서 우리에 비해 월등히 높은 반면 원자력은 12%를 차지하고 있다. 국제에너지기구IEA: International Energy Agency는 2011년 41%였던 세계 석탄발전의 비중이 2035

| 우리나라 3대 발전원인 석탄·원자력·가스발전 우리나라 발전 현황은 석탄의 발전 비중이 39.3%로 가장 높으며, 원자력은 30.0%로서 2위, 가스는 24.5%를 나타내고 있다. 사진은 좌측 위부터 시계 방향으로 우리나라의 석탄화력발전소, 원자력발전소, 가스발전소 전경 순 ©연합뉴스

년에 33%로 크게 축소될 것으로 전망하고 있다. 신재생에너지 발전은 풍력, 태양광, 바이오를 중심으로 급성장하여 2035년에 전체 발전량의 32%를 차지할 것으로 보고 있다. 원자력은 2035년까지 현재의 발전 비중인 12% 수준을 유지할 것으로 전망하고 있다. 하지만 IEA에 따르면 원전 정책은 주요국의 에너지 전략의 핵심적 부분이며, 일부 국가는 미래 대안으로 인식하고 있다.

■ 우리나라 전원별 발전량 및 설비용량(2014년)

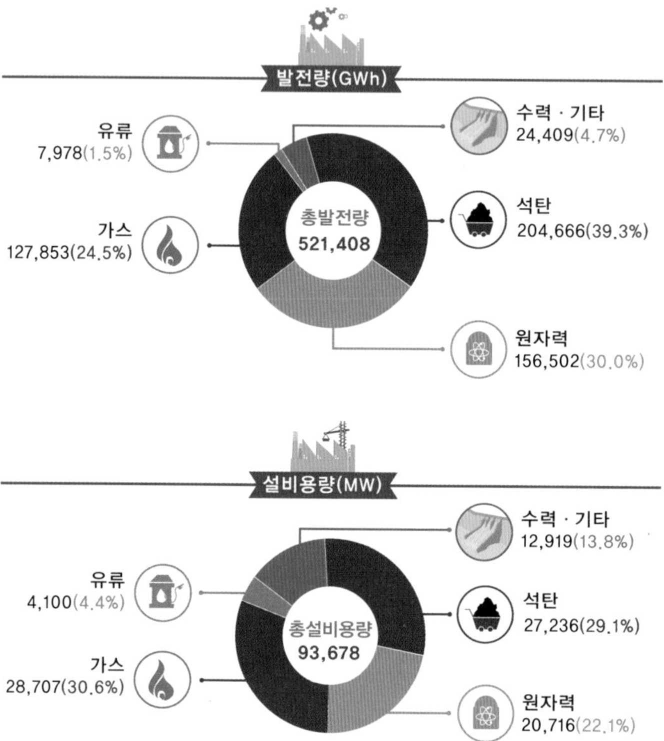


자료: 전력거래소, 「2014년도 전력시장통계」 및 「2014년 전력계통운영실적」

■ 세계 발전원별 발전량 비중과 전망

| | | 석탄 | 원자력 | 가스 | 유류 | 수력·기타 | 합계 |
|---|---|---|---|---|---|---|---|
| 2011년 실적 | 발전량(TWh) | 9,139 | 2,584 | 4,847 | 1,062 | 4,481 | 22,113 |
| | 비중(%) | 41 | 12 | 22 | 5 | 20 | 100.0 |
| 2035년 전망 | 발전량(TWh) | 12,312 | 4,294 | 8,313 | 556 | 11,612 | 37,087 |
| | 비중(%) | 33 | 12 | 22 | 1 | 32 | 100.0 |

자료: IEA, 「World Energy Outlook 2013」

**에너지 자립과 원자력의 역할**

우리는 주요 선진국과 달리 전력 수요가 증가 추세에 있고, 주변국과 송전망이 연계되어 있지 않으며, 좁은 국토 면적 등 재생에너지 잠재력이 상대적으로 낮다는 점을 전원 구성에 반영해야 한다. 이러한 우리의 에너지 여건을 감안하면 일정 수준의 원전을 유지하는 것이 불가피하며, 현재의 원전을 대체할 마땅한 대안도 없는 것이 현실이다. 이는 석탄 화력은 온실가스 배출 문제가 있고, 신재생에너지는 주력 발전원이 되기에는 아직 기술적·경제적 한계가 있기 때문이다. 가스발전은 발전비용이 매우 높은데다 $CO_2$를 석탄발전의 44% 정도 배출하기 때문에 적정 수준을 고심해서 결정해야 한다.

원전은 다른 발전원에 비해 여러 가지 장점을 가지고 있다. 원전은 기저부하를 담당하는 대용량 발전원으로서 안정적 전력 수급에 기여하는 바가 매우 크다. 우리나라는 전력 부하율[4]이 77% 수준으로서 다른 나라에 비해 안정적인 전력 부하 패턴을 가지고 있기 때문에 기저설비의 확충이 안정적 전력 공급과 발전원가 절감을 위해 바

❹ 연간 최대전력에 대한 평균전력의 비율(백분율)

람직하다. 또한 원전은 연료의 공급 위험과 가격 위험이 매우 낮은 발전원이다. 원전을 운영하는 데 필요한 연료의 양은 같은 용량의 다른 전원과 비교가 되지 않을 정도로 적다. 예를 들어 1,000MW 발전소를 가동하는 데 필요한 연간 연료량은 천연가스 110만 톤, 석유 150만 톤, 유연탄 220만 톤인 데 비해 원전은 20톤이다. 또한 원전의 연료는 보통 18~24개월 분이 비축되어 있어 만약 연료 공급에 차질이 있다 해도 수급이 안정적이다.

원전은 연료 가격 변화에 따른 발전원가 영향도 적다. 원전의 발전원가 중 연료비가 차지하는 비중은 10% 정도이다. 따라서 우라늄 정광 가격이 2배로 급등하더라도 원전연료 가격은 45%, 이에 따른 발전원가 상승 요인은 4%에 불과하다.[5] 그러나 가스발전은 연료비 비중이 80~90%, 유연탄발전은 60~70%에 이르기 때문에 연료비 변동에 따른 발전원가 영향이 높아서 국제 에너지 가격 변동에 따른 전기요금 불안 요인을 안고 있다.



특정 발전원에 과도하게 의존하면 전원 구성을 왜곡시켜 에너지 안보를 해칠 수 있다. 우리가 궁극적으로 추구하는 가치는 '지속가능한 발전'이다. 따라서 전원 간 상호 보완 발전이라는 기조하에 에너지시장 상황과 미래 전망에 따라 상대적 비중을 조정하는 것이 필요하다. 예를 들어 원전 이용에 따른 발전원가 절감, $CO_2$ 감축 등 사회적 편익을 환류하는 방안을 검토할 수 있다. 즉, 이러한 편익을 신재생에너지 개발에 활용할 수 있는 적절한 방법과 절차를 마련함으로써 상생협력 구조를 만들어 나갈 필요가 있다. 또한 석탄·가스·수력 등 다른 발전원도 각기 운전 특성과 장점이 있고, 계통 운영과 수급 안정에 기여하고 있음을 간과할 수 없다.

[5] 김진우, 「원자력의 국민경제적 가치와 주요 정책 이슈」, 「원자력정책콘서트 2013」, 한길아카데미, p. 8

**에너지 자립 기반 강화**

세계 각국은 기후변화 대응을 위해 에너지 다양화, 에너지 효율 개선, 재생에너지 확대, 에너지 전환을 위한 투자 재원 확보 등을 추진하고 있다. 장기적인 핵심 과제는 '저탄소 경제로의 전환'과 '안정적인 에너지 공급'이라고 할 수 있다. 최근 세계 에너지시장이 다소 안정세를 보이고 있지만 향후 수급 여건이 어떻게 변화할지 불확실하고, 국민경제의 안정적 성장을 위해 에너지 안보는 여전히 중요한 정책 과제이다. 또 에너지 수급 구조, 즉 에너지믹스를 어떤 방향으로 이끌어 갈 것인가도 매우 중요하다. 세계 에너지시장의 변화와 기후변화에 효과적으로 대응하기 위해서는 화석연료의 비중을 낮추는 것이 관건이라 할 수 있다.[6]

또한 세계 각국은 수요관리에 역점을 두고 기술 개발과 제도 개선에 박차를 가하고 있다. 우리도 에너지의 경제적 부담과 공급설비의 입지, 환경 문제 등을 고려하여 공급 중심에서 수요관리 정책으로 기조를 바꾸었다. 특히 전환손실이 큰 전력 부문의 수요관리를 강화하여 온실가스 감축 기반을 시급히 조성해야 한다는 데 공감대가 형성되고 있다.

저탄소 경제 구현과 에너지 안보라는 두 가지 과제를 전원 구성 측면에서 동시에 이행할 수 있는 방안은 우리 실정에 맞게 저탄소 에너지원을 확충하는 것이다. 안전을 전제로 원전을 일정 비율 활용할 수밖에 없는 현실을 반영하고, 신재생에너지를 가능한 한 확대하도록 우리의 역량을 집중할 필요가 있다. 이는 화석연료의 수입을 감소시킴으로써 에너지 자립도를 높일 수 있는 매우 효과적인 방안이기도 하다.

[6] 김진우, 「우리나라의 주요 에너지 정책 이슈와 방향」, 원자력문화재단 블로그 Energy Talk 참조

원자력발전은 초기 투자비가 많이 드는 반면에
운영 중 발생하는 비용인 운전유지비와 연료비가 적게 드는 특징이 있고
해체와 관련된 비용의 지출이 먼 미래에 발생한다. 또한 사회적 차원에서 수행하는
경제성 분석에서는 사회적 비용을 고려하는 것이 바람직하다.

# 원자력발전의 경제성



**발전원의 경제성 평가 방법**

일반적으로 어떤 사업의 경제성은 그 사업의 수행과 관련해서 발생하는 비용과 편익의 크기에 좌우된다. 편익이 비용보다 크면 경제성이 있고 그렇지 않으면 경제성이 없는 것이다. 사업 수행에 필요한 자원은 한정되어 있으므로 이 한정된 자원을 활용하여 최대한의 편익을 올릴 수 있는 대안이 있는지를 분석해야 한다. 따라서 어떤 사업의 경제성 평가는 그 사업의 수행과 관련해서 발생하는 비용과 편익뿐만 아니라 대안 사업의 비용과 편익도 동시에 평가하여 종합적으로 분석해야 한다.

이와 같이 경제성 분석에서 비용과 편익의 추정은 매우 중요하다. 그런데 경제성 평가의 범위 및 목적에 따라 비용과 편익의 크기가 달라질 수 있음에 유의해야 한다.

원자력발전 사업을 예로 들면, 생산자가 누리는 편익은 발전시장에서의 가격과 발전량을 곱해서 결정된다. 그런데 우리나라의 경우

발전시장에서의 전력 판매 가격이 발전원별로 서로 다르게 설계되어 있다. 2013년의 경우 원자력의 전력시장 정산단가는 39.1원/kWh로 다른 발전원에 비하여 매우 낮은 수준이다.

이는 전기요금을 일정 수준에서 유지하고자 하는 정부의 규제가 작용하고 있기 때문이다. 따라서 발전시장에서의 원자력발전 정산단가는 원자력발전의 가치를 올바로 평가하는 것으로 볼 수 없다. 원자력발전 정산단가에 의한 편익 추정은 생산자인 한국수력원자력(주)의 경제성, 즉 수익성 평가에는 유용하지만 우리나라 전체의 관점에서 주어진 자원의 효율적 활용이라는 측면에서의 경제성 평가에는 적절하지 않음을 알 수 있다.



비용의 경우에도 생산자가 부담하는 비용과 사회가 부담하는 비용이 차이가 나는 것이 일반적이다. 생산 과정에서 공해를 유발시키면서도 공해로 인한 비용을 생산자가 부담하지 않는다면 생산자가 부담하는 비용은 사회가 부담하는 비용을 올바로 반영하지 못한다.

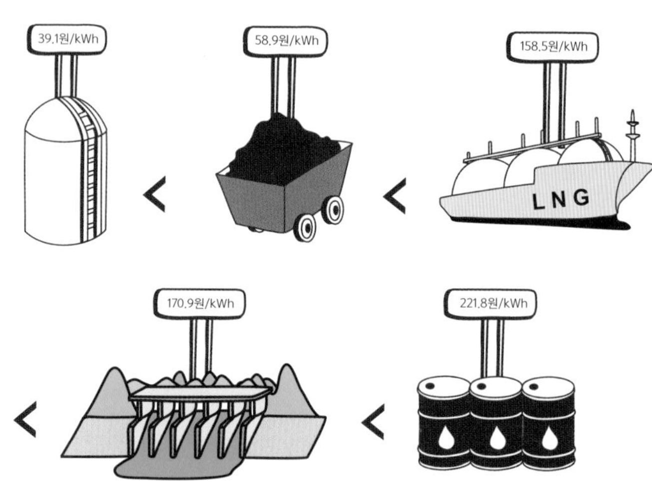

이와 같이 경제성 분석의 범위 및 목적에 따라 비용과 편익의 인식이 달라지므로 경제성 분석에 앞서 그 범위 및 목적을 분명히 할 필요가 있다. 생산자의 관점이 아니라 사회적 관점에서 원자력발전의 경제성에 대하여 살펴보자. 이는 우리나라의 발전원 구성이 전력수급기본계획에 의해 결정되고 이 계획이 국가 및 사회적 관점에서 수행되고 있기 때문이다.

### 경제성 평가 척도–균등화 발전단가

경제성 평가를 위해서는 적절한 평가 척도를 사용해야 한다. 그런데 경제성 평가의 범위 및 목적에 따라서 평가의 척도 또한 달라져야 한다. 사회적 관점에서 원자력발전의 경제성을 분석하기 위해서는 어떤 평가 척도가 적절한지 살펴보자. 발전원의 경제성 평가에서 가장 많이 활용되고 있는 평가의 척도에는 순현재가치NPV: Net Present Value와 균등화 발전단가LCOE: Levelized Cost of Electricity가 있다. 순현재가치는 사업 수행으로 인하여 발생하는 예상 편익에서 비용을 차감해 주는 것으로 이 경우 화폐의 시간적 가치[1]를 고려해야 하며 이를 위해 모든 편익과 비용을 주어진 할인율로 현가화해야 한다.

순현재가치를 원자력발전 경제성 평가의 척도로 활용할 경우 예상되는 문제점으로는 편익의 과소추정을 들 수 있다. 우리나라의 발전시장은 정부의 규제하에서 운영되고 있으며 일정 수준의 전기요금을 유지하기 위하여 발전원별 전력시장 정산가격을 규제하고 있다.[2]

[1] 명목적으로 동일한 금액이라고 하더라도 현재의 금액이 미래의 금액보다 더 가치가 있다. 이는 현재의 일정한 금액을 금융기관에 예치하면 이자수입이 발생하고 어떤 사업에 투자하면 이윤이 발생할 수 있기 때문이다. 즉, 화폐는 수익력을 가지고 있기 때문에 화폐의 시간적 가치가 발생한다.

[2] 우리나라의 발전시장에서의 전력 가격은 발전원가를 고려하여 결정하고 있다. 발전원가가 낮은 발전원의 전력 가격은 낮게 설정하고 높은 발전원은 높게 설정하고 있다.

원자력의 정산 가격은 매우 낮은 수준으로 설정되어 있어서 원자력 발전의 사회적 가치를 올바로 반영하지 못하고 있다. 그리고 원자력 발전의 사회적 가치를 객관적으로 추정하기도 쉽지 않고, 그런 정산 가격의 크기가 경제성을 좌우하는 결정적 역할을 하기 때문에 순현재가치를 경제성 평가의 척도로 활용하는 것은 적절하지 않다고 볼 수 있다.

한편 균등화 발전단가❸는 발전소의 건설 및 운영에 소요되는 총비용과 수명 기간 동안 발전으로 인한 총편익이 일치하도록 하는 발전단가이다. 발전의 사회적 가치 추정에 따른 불확실성을 배제하므로 우리나라와 같은 규제하의 발전시장에서는 비교적 적절한 경제성 평가 척도라고 할 수 있다. 이러한 점을 고려하여 여기서는 원자력발전의 경제성 평가 척도로 균등화 발전단가를 활용하도록 한다.



## 할인율과 원자력 발전의 경제성

원자력발전의 비용 지출 스케줄의 한 예를 들어 보자. 원전의 비용은 장기간에 걸쳐서 발생하기 때문에 경제성 분석에서 특히 화폐의 시간적 가치에 주의해야 한다. 다른 발전원의 경제성 분석에서도 화폐의 시간적 가치는 반드시 고려되어야 한다.

모든 비용은 화폐 단위로 표현되는데 이는 화폐가 가치 척도의 기능을 가지고 있기 때문이다. 화폐 단위로 표현된 서로 다른 시점의 비용을 경제성 평가의 척도로 전환하기 위해서는 화폐가 시간적 가치를 갖는다는 점에 주의해야 한다.

❸ 균등화 발전단가 = $\frac{\sum_{t=1}^{T} \frac{C_t}{(1+r)^t}}{\sum_{t=1}^{T} \frac{E_t}{(1+r)^t}}$, 여기서 C는 비용, E는 발전량, r은 할인율이다.

■ 원자력발전의 비용 흐름

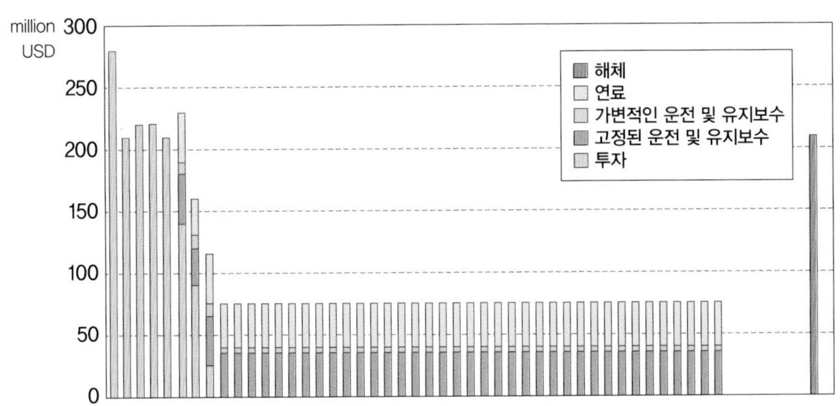


자료: Steve Kidd, Nuclear Economics, WNU Summer Institute, WNA July 13 2006



화폐의 시간적 가치는 화폐의 수익력이 시간의 경과와 함께 증가한다는 것으로 이를 경제성 평가 척도로 전환하기 위해서 할인율을 적용한다.❹ 그런데 화폐의 시간적 가치를 고려하기 전에 연도별 화폐의 구매력의 변화를 먼저 고려해야 한다. 화폐의 구매력은 인플레이션 혹은 디플레이션에 의해 연도별로 그 크기가 변한다. 오늘날은 인플레이션이 일반적인 현상인데 이 경우 화폐의 구매력은 시간이 경과함에 따라 하락하게 된다. 경제성 분석에서 화폐의 가치 척도로서의 기능을 보전하기 위해서는 인플레이션으로 인한 화폐의 구매력의 변화를 반영해야 한다.❺

'원자력발전의 비용 흐름'에서의 비용은 인플레이션으로 인한 화폐의 구매력 변화가 반영된 것으로 이해된다. 원자력발전은 초기 투자비가 큰 반면에 운영 중 발생하는 비용인 운전유지비와 연료비가 적

❹ 일례로, 현재의 1,000만 원은 할인율 10%하에서 4년 후의 1,464만 원과 등가이다. 즉, $1000 = \frac{1464}{(1+0.10)^4}$

❺ 과거의 서로 다른 연도의 실적 자료를 사용할 경우 당시의 화폐구매력으로 표현된 비용을 당시의 인플레이션율로 디플레이트(deflate)해 주어, 연도별 화폐의 구매력의 차이를 보정해 준다. 미래에 대한 비용을 평가할 경우는 일반적으로 인플레이션율을 고려하지 않음으로 특정 연도의 불변 가격으로 평가하는 것이 일반적이다.

다는 특징이 있다. 또한 해체와 관련된 비용의 지출이 먼 미래에 발생한다.

원자력과 경쟁 관계에 있는 발전원으로는 석탄화력과 LNG 복합화력을 들 수 있다. 그런데 이들 발전원의 비용 지출 스케줄은 원자력발전과 큰 차이가 있다. 초기 투자비는 원자력, 석탄, LNG 복합화력의 순으로 원자력이 가장 많지만, 발전소 운영 중 발생하는 비용운전유지비, 연료비은 LNG 복합화력, 석탄, 원자력 순으로 LNG 복합화력이 가장 높다. 따라서 이들 발전원의 균등화 발전단가는 비용 및 발전량뿐만 아니라, 할인율에 의해서도 크게 영향을 받음을 알 수 있다. 화폐의 시간적 가치를 고려하기 위해서 할인율을 도입해야 한다고 하였는데, 높은 할인율을 적용한다는 것은 그 사회가 단기적인 관점으로 발전원의 경제적 타당성을 평가하겠다는 것을 내포하는 것이다.

단기적인 관점에서는 초기 투자비가 적고 편익이 단기에 많이 발생하는 사업이 선호된다. 반면 낮은 할인율을 적용하면 그 사회는 장기적 시각으로 발전원의 경제성을 평가하며 비록 초기 투자비가 많더라도 편익이 장기에 많이 발생하는 사업이 선호된다. 따라서 높은 할인율하에서는 LNG 복합화력의 경제성이 유리해지고 낮은 할인율하에서는 원자력발전의 경제성이 유리해지는 경향이 있다. 공공투자의 경우 선진국의 할인율은 낮은 반면 개발도상국의 할인율은 높은 것이 일반적인 현상이다. 우리나라의 전력수급기본계획에서는 1990년대에 8%의 할인율을 사용해 왔었는데 2000년대 들어서면서 점차 낮아지다가 최근의 제7차 전력수급기본계획에서는 5.5%의 할인율을 적용하고 있다. 최근의 OECD 보고서에 따르면 적정 할인율로 안정적인 수익률을 보장받는 정부 소유의 발전회사의 경우

3%, 이와 달리 수익률이 시장의 리스크에 노출되어 있는 투자자의 경우 10%를 적정 할인율로 제시하고 있다.⑥

## 발전원별 발전단가 비교

발전비용은 크게 건설비, 운전유지비, 연료비로 구성된다. 건설비는 순건설비⑦와 건설 중 이자로 구성된다. 이를 세부적으로 살펴보면 건설비는 직접비(기자재비, 시공비)와 간접비(설계기술용역비, 외자조작비, 사업주비, 용지비, 예비비)로 이루어진다. 운전유지비는 발전소 운전유지와 관련한 인건비, 수선유지비, 경비, 일반 관리비 이외에도 원전 해체, 중·저준위폐기물, 사용후핵연료 처분비 등의 원전 사후처리비를 포함하고 있다.⑧ 원전의 연료비는 일반적으로 핵연료주기비Nuclear Fuel Cycle Cost라고 알려져 있다. 핵연료주기비에는 핵연료의 원자로 장전과 인출을 기준으로 장전 이전에 발생하는 비용인 선행 핵연료주기비와 인출 이후에 발생하는 비용인 후행 핵연료주기비⑨가 있다. 우리나라의 경우 원전의 연료비는 선행 핵연료주기비만을 의미하며 후행 핵연료주기비는 운전유지비에 포함되어 있다.

발전원별 발전단가를 산정하기 위해서는 주요 발전원별로 건설비, 운전유지비, 연료비 산정을 위한 구체적인 자료가 필요하다. 이러한 발전원별 경제성 자료는 적정 전원 구성을 결정하는 중요한 역할을 한다. 우리나라는 전력수급기본계획 수립 과정에서 발전원별 경제성 자료를 활용하고 있다. 여기서는 OECD에서 최근에 발간한 출판

⑥ OECD, Projected Cost of Generating Electricity, 2015.
⑦ 영어로는 Overnight Cost로 표현하며, 발전소의 건설이 '하룻밤 사이'에 이루어질 경우의 가상적인 건설비를 말한다.
⑧ 운전유지비의 범위는 나라마다 차이가 나는데 우리나라의 경우 원전 사후처리비가 운전유지비에 포함되어 있다.
⑨ 선행 핵연료주기비는 정광, 변환, 농축, 성형가공 과정에서 발생하는 비용을 말한다.

물[10] 에 수록된 우리나라 발전원의 경제성 자료를 원용하고 합리적인 가정하에 주요 발전원의 발전단가를 산출하여 비교하고자 한다.

■ 전원별 발전단가 산정 결과

전원별 발전단가 산정 입력 자료

| 구분 | 원자력 | 석탄 | LNG복합 |
|---|---|---|---|
| 용량(MW) | 1400 | 1000 | 800 |
| 순건설비 (천 원/kW) | 2,173 | 1,310 | 937 |
| 건설 공기(년) | 7 | 4 | 2 |
| 수명 기간(년) | 60 | 40 | 30 |
| 운전유지비 (천 원/kW · 년) | 130 | 39 | 28 |
| 연료비 (원/Gcal) | 1,798 | 18,326 | 76,585 |
| 소내전력 소비율(%) | 4 | 4 | 1 |
| 이용률(%) | 85 | | |
| 할인율(%) | 5.5 | | |

전원별 발전단가 산정 결과(단위: 원/kWh)

원자력 43.2 석탄 55.6 LNG복합 132.0

| | 원자력 | 석탄 | LNG복합 |
|---|---|---|---|
| 투자비 | 20.6 | 12.4 | 9.0 |
| 운전유지비 | 18.2 | 5.5 | 3.8 |
| 연료비 | 4.4 | 37.7 | 119.2 |
| 온실가스 배출 비용 고려 시 (25,000원/tCO$_2$) | 43.2 | 74.9 | 141.2 |



주요 입력 자료 중에서 순건설비, 건설 공기, 수명 기간, 이용률은 OECD 출간물[11]의 한국 자료를 참조하였다.[12] 운전유지비는 편의상 순건설비 총액의 일정 비율을 적용하였는데 원자력 6%, 석탄 및 LNG 복합화력은 3%를 각각 적용하였다. 이렇게 산정한 운전유지비는 전력수급기본계획에서 고려하고 있는 수치와 비슷한 수준이라고 여겨진다. 원자력의 운전유지비 적용 비율이 타 발전원보다 2배 높은 것은 원전 사후처리비(원전 해체비, 중·저준위폐기물, 사용후핵연료 처분비)가 포함되었기 때문이다. 연료비는 전력통계정보시스

[10][11] OECD, 「Projected Cost of Generating Electricity」, 2015.
[12] 달러당 환율은 1,120원을 적용하였다.

템[13]의 2012~2014년 평균치를 활용하였다. 할인율은 최근의 제7차 전력수급기본계획에서 적용한 5.5%를 적용하였다.

발전원별 발전단가는 원자력 43.2원/kWh, 석탄 55.6원/kWh, LNG 복합화력 132.0원/kWh으로 산출됨으로써 원자력이 가장 저렴한 발전원으로 나타났다.

여기서는 온실가스 배출비용을 고려하지 않았는데 온실가스 배출비용을 고려하면 석탄 및 LNG 복합화력의 발전단가가 상승한다. 제7차 전력수급기본계획에서 적용하고 있는 온실가스 배출비용 25,000원/$tCO_2$을 발전단가로 환산하면 석탄발전의 경우 19.3원/kWh, LNG 복합화력의 경우 9.2원/kWh의 온실가스 배출비용이 추가되어 원자력발전의 상대적 경제성은 더욱 향상된다.

현재의 기술하에서 신재생발전원인 풍력과 태양광발전의 경제성은 아직 확보되지 않았다고 본다. OECD 보고서[14]의 한국 자료에 의하면 풍력의 발전단가는 111.64~326.88달러/MWh이며 태양광의 경우는 122.56~268.76달러/MWh로 원자력발전에 비하여 매우 높은 것으로 나타났다. 또한 신재생발전은 자연 조건에 따라 출력이 변동되는 비급전 설비이므로 전력시스템 운영 차원에서 수급 균형에 기여하는 데 한계가 있어, 전력시스템을 원활히 운영하기 위해서는 타 발전원의 도움이 필요하다.

원자력의 발전단가에 가장 큰 영향을 미치는 매개 변수는 이용률과 할인율이다. 이용률과 할인율에 대한 발전단가 민감도 분석 결과는 발전원별로 다음과 같다.

[13] https://epsis.kpx.or.kr
[14] OECD, 「Projected Cost of Generating Electricity」, 2015.

■ 할인율과 발전단가의 관계도

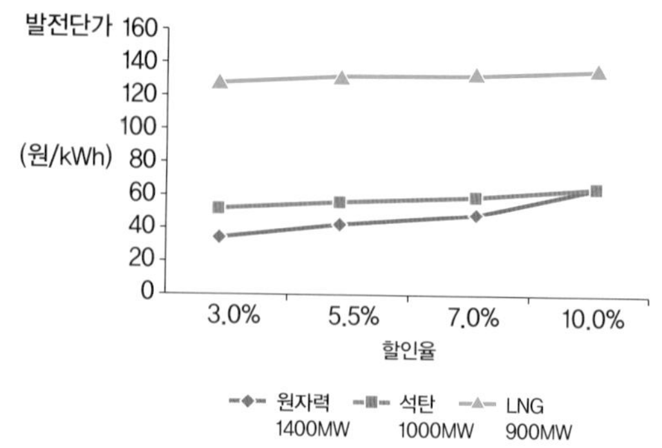


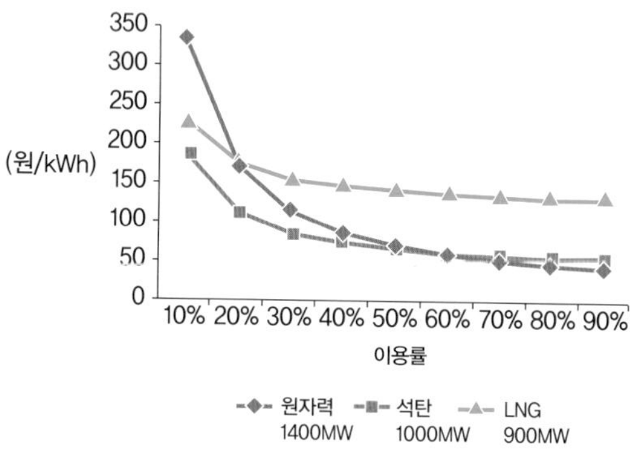




한편, 할인율에 대한 발전원가의 민감도를 보면, 할인율의 상승은 모든 발전원의 발전단가 상승으로 이어진다. 상승폭은 원자력이 가장 높고, 그 다음이 석탄, LNG 복합화력의 순이다. 원자력의 발전단가가 모든 할인율에서 가장 낮지만 할인율이 올라갈수록 원자력의 발전단가가 석탄화력의 발전단가에 근접하는 것을 알 수 있다.

**원자력발전의 사회적 비용**

사회적 비용은 생산자가 부담하는 비용에 외부 효과를 더하여 결정된다. 외부 효과는 부정적 외부 효과와 긍정적 외부 효과로 구성된다.

발전비용 중에서 생산자가 부담하지 않는 비용이 있다면 이러한 비용은 부정적 외부 효과에 속하고, 생산 과정에서 발생하는 편익 중에서 생산자에게 귀속되지 않고 사회에 귀속되는 부분이 있을 수 있는데 이것을 긍정적 외부 효과라고 한다. 국가 및 사회적 차원에서 수행하는 경제성 분석에서는 사회적 비용을 고려하는 것이 바람직하다.

후쿠시마 원전 사고 이후 원전의 사회적 비용에 대한 관심이 고조되면서 주로 부정적 외부 효과가 언급되고 있다. 부정적 외부 효과는 적절한 비용 추정을 통하여 생산자에게 전가하여 내부화시키는 것이 바람직하다. 원전과 관련하여 일반적으로 논의되고 있는 부정적 외부 효과로는 사고위험비용[15], 입지갈등비용, 정책비용, 미래세대비용(원전 사후처리비 등)이 있다. 사고위험비용은 주어진 사고 발생 확률과 피해 금액하에서 사고 위험의 기댓값을 산출하는 방식으로 추정하는 것이 일반적인데 원전 사고 발생 확률과 피해 금액의 크기에 따라 사고위험비용이 크게 차이가 나므로 이에 대한 면밀한 선행 연구를 전제로 한다. 원전 사고 발생 확률과 피해 금액은 나라마다 크게 차이가 나서 일반화된 모형을 개발하기 어렵고, 또한 외국의 사례를 단순히 인용할 수 없기 때문에 사고 위험 비용의 해석 및 적용에 세심한 주의가 필요하다.



⑮ 허가형, 「원자력 발전 비용의 쟁점과 과제」, 국회예산정책처, 2014. 3.

에너지경제연구원의 원전사고비용 추정 결과를 보면 3.8~4.3원/kWh[16]으로 제7차 전력수급기본계획의 원전사고대응비용 5.72원/kWh보다 낮은 수준이다. 입지갈등비용은 사회적 갈등 비용으로써 원전 부지, 방사성폐기물 처분장 선정 등과 같이 원자력 발전 관련 시설의 입지 선정 과정에서 발생한다. 정책 비용은 원자력연구개발비, 원전 주변지역 지원 사업비, 원자력 규제비, 원자력 홍보비 등과 같이 원자력 발전 운영 과정에서 발생하는 정부 보조금 성격을 갖고 있다.[17]

미래세대비용은 현 세대가 사용하는 원자력발전의 비용 중 미래세대가 부담하게 될 비용으로 원전 해체, 방사성폐기물 처분, 사용후핵연료 처분비가 여기에 해당한다. 이러한 외부비용 중에서 상당 부분은 이미 내부화되어 생산자가 부담하고 있다. 원전사고비용의 내부화를 위해 원자력손해배상액을 부지당 기존의 500억 원에서 5,000억 원으로 상향 조정2014년 12월함으로써 사고비용의 내부화에 노력하고 있다. 입지갈등비용 중 지역자원시설세[18]1원/kWh 및 지역협력사업비0.25원/kWh, 정책비용 중에서 원자력연구개발비1.2원/kWh도 생산자가 부담하고 있으며 원전 사후처리비도 2012년 말 개정과 2015년 재개정을 통해 세계 수준으로 대폭 인상하여 내부화하고 있다.

적정 전원 구성은 일국에 주어진 유한한 자원을 효율적으로 활용하는 방향으로 추진되어야 한다. 이러한 측면에서 우리 사회가 원전의 사회적 비용에 관심을 갖는 것은 매우 바람직하다고 할 수 있다. 이러한 관심이 적정 전원 구성으로 이어지기 위해서는 원전뿐만 아



[16] 조성진, 「원자력발전 외부비용의 이해」, 에너지경제연구원, 2015. 4.
[17] 허가형, 「원자력 발전비용의 쟁점과 과제」, 국회예산정책처, 2014. 3.
[18] 지역 균형 발전, 환경보호 등의 필요자원 확보를 위해 부고하는 세금으로 지방세의 성격을 갖는다.

니라 타 전원에 대해서도 사회적 비용에 대한 추정이 이루어져야 할 것이다. 그런데 사회적 비용은 긍정적 외부 효과도 포함한다는 점을 재차 강조하고자 한다. 긍정적 외부 효과로는 에너지 안보, 온실가스 감축, 연구 개발의 기술 파급 효과, 전력 가격 안정화를 통한 국민 경제적 기여 효과, 고용 창출 효과 등을 들 수 있다. 외부 효과는 시장에서 관측할 수 없으므로 추정이 필요하며 추정 과정에서는 합리적이며 설득력 있는 가정 및 방법론이 강구되어야 할 것이다.

**원자력은 외부비용이 많이 들어가서 경제성이 떨어진다고 하던데?**

원자력의 발전원가는 건설비, 운전유지비, 연료비 등 직접비용과 원자력연구개발기금, 홍보비, 교육훈련비, 지역협력비, 제세/보험료 등과 같은 외부비용을 반영하여 산정한다. 특히 사고 대응 비용, 정책 비용, 입지 비용 등 사회적 비용을 어느 정도 반영하고 있어 원자력이 경쟁 전원에 비해 경제성이 떨어지지 않을까 여기기도 하지만 원자력은 이런 비용을 모두 감안하더라도 경제적인 에너지라고 할 수 있다.

2014년 한국전력통계에 의하면 전원별 판매단가는 원자력(54.96)이 석탄(63.36), LNG 복합(162.15), 석유(221.33), 태양광(237.29)에 비해 낮은 것으로 나타났다. (단위: 원/kWh)

발전원가를 판단할 때 부정적 외부비용 외에 에너지 안보, 온실가스 감축, 전력 가격 안정화 등 원전 운영에 따른 긍정정인 측면도 함께 고려해야 한다는 것이 전문가들의 분석이다.

우리나라는 전력소비량에서 세계 TOP 10 수준에 이를 정도로 전력소비 대국이 되었다. 전력소비 대국이라는 것은 한 나라의 국력을 보여 주는 한 지표가 될 수 있지만 전력 수급이 원활하지 않으면 심각한 문제가 발생할 수 있다는 것을 의미하기도 한다.

# 블랙아웃 대비



2011년 9월 15일, 우리나라 전국 곳곳에서 전력 부족으로 일시적인 순환단전을 경험하는 대한민국 역사상 초유의 사건이 일어났다. 이후 우리나라는 2014년 2월까지 전력 부족 사태를 겪었다. 정부는 강력한 절전 규제를 시행하였고 방송사에서는 마치 일기예보를 하듯이 내일의 전력 상황을 전하며 국민들의 절전 참여를 독려하였다. 약 3년 동안은 한여름과 한겨울만 되면 블랙아웃[1]을 걱정하면서 살았으며, 전력 분야에서 통용되던 전문 용어인 블랙아웃에 대한 국민들의 관심 또한 높아졌다. 9·15 순환단전은 정확하게 표현하자면 블랙아웃이 아니라 블랙아웃이 발생하지 않도록 사전에 계획하였던 대로 지역별로 돌아가면서 단전했음을 의미한다.

9·15 순환단전 이후 관계 당국과 전력 전문가 등은 재발 방지를 위한 다양한 대책을 시행하였고 이로 인해 전력 공급 상황이 안정되었지만 9·15 순환단전을 계기로 블랙아웃에 대비하는 전력 정책의 중요성은 더욱 커졌다.

❶ 전력 부족이나 전력시스템의 사고로 야기되는 대규모 정전 사태

## 전력소비 대국, 대한민국

국가에너지통계종합정보시스템KESIS에 따르면 우리나라의 1년간 총에너지소비량은 2013년 기준으로 2억 6천 4백만 톤toe❷에 이른다. 이러한 사용량은 34개 OECD 국가 중 4위에 해당하는 수준이다. 또한 미국에너지정보청EIA의 2012년 통계에 따르면 우리나라의 에너지소비량 순위는 9위에 해당한다. 세계 1위는 중국이며 그 다음으로 미국, 러시아, 인도, 일본, 독일, 캐나다, 브라질 순이다.

에너지 중에서 청정에너지로서 사용하기 편리하고 소비자의 선호도가 높은 전기의 경우 우리나라의 전력소비량은 세계 9위에 해당한다.❸ 발전설비 규모에서는 세계 12위, 1인당 전력소비량도 2012년 기준 9,331kWh로 세계 11위 수준에 이르고 있다. 이와 같이 우리나라는 전력소비량에서 세계 TOP 10 수준에 이를 정도로 전력소비 대국이 되었다. 전력소비 대국이라는 것은 한 나라의 국력을 보여주는 한 지표가 될 수 있지만 전력 수급이 원활하지 않으면 심각한 문제가 발생할 수 있다는 것을 의미하기도 한다. 그런데 우리나라의



■ 세계 주요 국가의 전력소비량(단위: TWh)

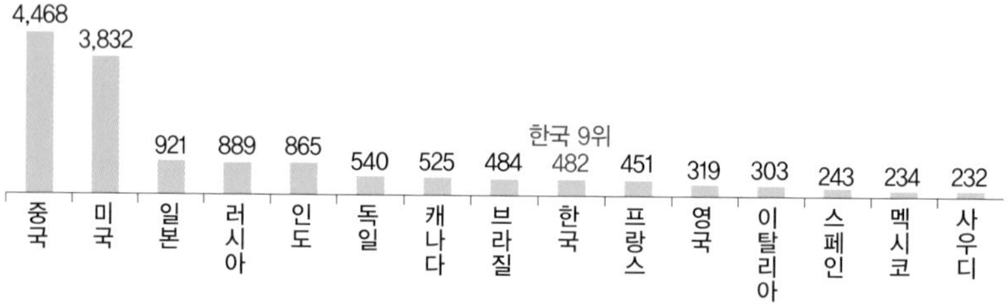


자료: 미국 EIA

❷ toe(ton of oil equivalent)는 석유환산톤으로 모든 에너지원에 공통적으로 적용할 수 있는 에너지단위이다. 1toe는 원유 1톤의 열량, 즉 1000만kcal에 해당한다.

❸ 미국에너지정보청(EIA)의 2012년 통계

경우 전력 산업의 주변 여건이 다른 나라에 비해 상대적으로 호의적이지 않아 문제의 발생 소지가 크다고 할 수 있다. 이는 우리나라의 전력 산업의 특징을 살펴보면 이해할 수 있다.

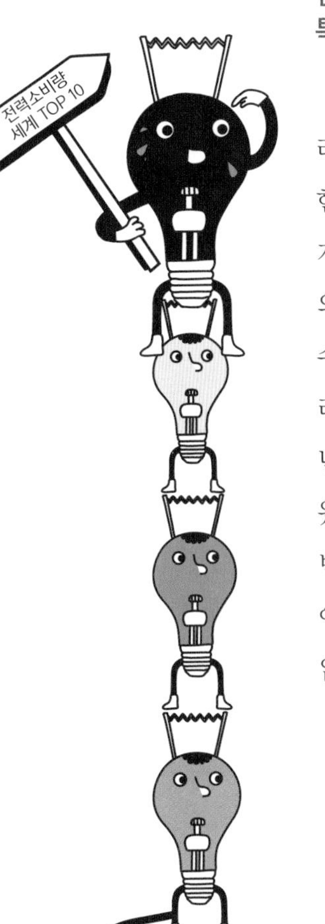


**전력 산업의 특징**

우리나라 전력 산업의 가장 큰 특징은 남북 분단으로 전력 계통이 고립되어 다른 나라와 연계되어 있지 않다는 것이다. 대륙에 자리한 대부분의 국가들은 이웃 나라와 전력망을 연계하여 서로 전력을 융통하고 있다. 다른 나라와의 전력 융통은 전력 설비에 대한 투자를 줄일 수 있기 때문에 경제적으로도 유리하다. 우리나라는 전력 계통의 고립으로 인하여 지난 수십 년간 불가피하게 고비용을 들여 자급자족을 해왔고, 앞으로도 상당 기간 그렇게 되리라는 것이 변함없는 사실이다. 최근 동북아 전력 계통 연계에 대한 논의가 진행되고 있지만, 북한의 협력이 없을 경우 실현 가능성은 매우 낮다.

두 번째 특징은 우리나라의 높은 발전설비 밀도이다. 발전설비 밀도라는 것은 일반적으로 사용되는 용어라기보다는 국토 넓이와 비교하여 어느 정도의 발전설비가 있는가를 설명해 주는 지표이다. 우리나라의 발전설비 밀도는 2012년 전력소비량 상위 15개 국가 중 가장 높다.[4] 우리나라는 좁은 국토에 많은 사람들이 살고 있고, 고도의 경제성장을 이룬 결과로 전국 각지에 발전소가 자리하고 있다. 그러나 최근에는 국민들의 재산권 의식의 증가, 환경가치에 대한 선호가 높아지면서 신규 발전설비와 송전선로 건설이 점점 어려워지고 있는 상황이다.



■ 2012년 전력소비량 상위 15개국의 발전설비 밀도(단위: kW/km²)

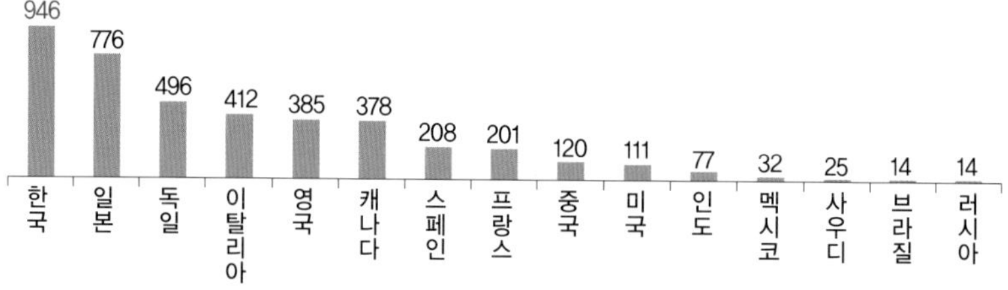


세 번째 특징은 전력 수요 증가율이 높다는 점이다. 최근 10년간 우리나라의 전력소비 증가율은 4.4% 수준이었다. 대부분의 선진국의 연평균 전력소비 증가율이 1% 내외인 것과 비교하면 상당히 높은 수준이다. 그러나 우리나라의 2012~2014년 전력소비량 증가율은 각각 2.5%, 1.8%, 0.6%로 최근 10년간 전력소비 증가율과 비교하면 많은 차이를 보이고 있어 전력 수요 증가율이 높다는 말에 동의하기 어려울 수도 있다. 이는 최근 3년 동안 우리나라가 다른 때

❹ 발전설비 밀도는 2012년 미국 에너지정보청(EIA)의 설비용량 데이터와 미국 CIA의 국가별 면적 데이터를 활용하여 산정하였다.

와는 달리 좀 특별한 시기였다는 점을 고려하면 이해가 쉽다. 이 시기에는 국내 경제상황이 좋지는 않았을 뿐만 아니라 9·15 순환단전 이후 전력 부족으로 인한 강제 절전규제를 시행한 시기였다. 거기에 세월호 참사와 같은 국가적 재난이 발생하였기 때문에 유례를 찾을 수 없을 정도의 낮은 증가율을 보였다.

■ 2000~2014년 국내 전력소비량 증가율(단위: %)

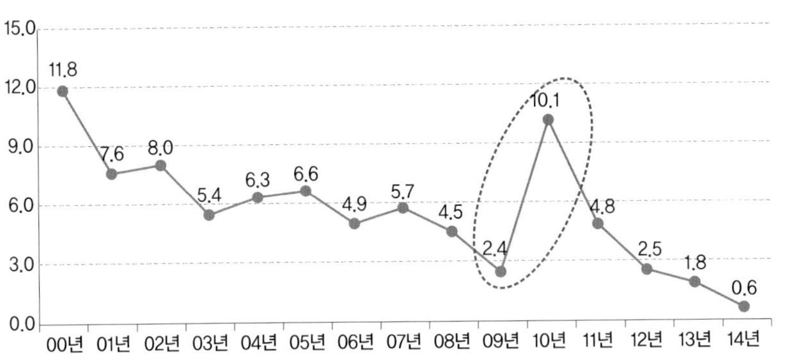


자료: 전력거래소, 2014년 발전설비현황

최근 몇 년은 특수한 상황 때문에 전력 수요가 침체한 것이지만 경제상황이 어느 정도만 정상화되어도 상당한 전력소비 증가로 이어질 수 있을 것으로 예상된다. 글로벌 금융 위기가 어느 정도 진정된 2010년과 이전 3년의 증가율 변화를 최근 3년의 전력소비 상황에 대비해 보면 이러한 예상이 가능하다는 것을 이해할 수 있다. 이런 측면에서 아직까지는 전력소비량 증가율이 높다고 말할 수 있다.

마지막으로 에너지 수입의존도가 높다는 점이다. 에너지통계연보에 따르면 2014년 기준 우리나라의 에너지 수입의존도는 95.7%로 매우 높다. 국제 기준에 따라 원자력을 국내 생산으로 간주한다고 해도 수입의존도는 84%로 여전히 매우 높다. 최근 신재생에너지가 증가하면서 수입의존도가 다소 낮아지기는 하였으나 다른 나라와 비교해도 매우 높은 수치이다.

## 전력 산업 특성 고려 대책 수립 필요

국내 전력 산업의 특징을 고려할 때, 전력 수급을 안정시키고 잠재적인 블랙아웃 가능성을 낮추기 위해서는 전력 수요에 대비한 정책이 필요하다. 높은 전력 수요 증가와 자급자족이 필수적인 전력 고립을 고려한다면 안전 마지노선을 충분히 감안해서 적정 설비예비율 목표를 설정하고 사전에 발전설비를 확보해야 할 필요성이 높아진다.

최근 대규모 전력설비에 대한 사회적 인식이 비호의적인 점을 감안한다면 신규 발전설비 입지는 지역 주민의 수용성이 높고 송전설비의 신규 건설이 가급적 최소화되는 지역을 선택할 필요가 있다. 그렇게 하는 것이 사전 계획대로 발전설비가 적기에 건설될 가능성이 높기 때문이다. 지금까지 발전설비와 송전설비의 건설 지연 사례가 적잖이 발생하고 있고, 우리의 사회적 환경을 고려할 때 앞으로 그럴 가능성은 더욱 높아질 수 있다는 점을 감안해야 한다. 우리나라의 높은 수입의존도를 고려한다면 신규 발전설비 종류를 결정할 때 미래의 다양한 리스크 요인이 최소화되도록 포트폴리오 기법[5]을 적용할 필요가 있다. 즉, 경제성과 에너지 안보 등 다양한 요인을 고려하여 원전, 석탄, 가스복합, 신재생에너지 등으로 전원 구성을 다양화할 필요성이 높아지고 있다.

[5] 분산투자하여 주식 투자 위험을 최소화하고 투자 수익은 극대화하는 방식을 일컫는다. 즉 계란을 한 바구니에 담지 말라는 주식 격언과 일맥상통하는 기법이다.

**전력 수급 문제의 형태**

전력 수급 문제는 단순히 전력 부족(공급 부족) 문제에만 국한되는 것은 아니다. 즉, 발전소를 여러 개 건설해서 충분한 전력을 공급하는 것만으로는 문제를 해결할 수 없다. 전력 수급 문제의 원인은 세 가지 형태로 구분할 수 있다. 물리적인 전력 부족, 발전소에서 사용할 연료 공급 부족, 연료비 급등으로 인한 연료 조달 문제 등으로 전력 수급 문제가 발생할 수 있다는 것이다.

전력 수급 문제의 대표적인 형태인 전력 부족 문제는 9·15 순환 단전을 시작으로 해서 2011년 가을부터 2014년 겨울까지 이어진 극심한 전력 수급난이 대표적인 예이다. 그런데 최근 3년의 전력 부족 사태는 갑자기 발생한 것이 아니라는 점이다.

2015년 7월에 발표한 7차 수급계획에 적용되었던 최소 설비예비율[6]은 15%였다. 최소예비율은 기술적인 산정 조건에 따라 변동된다는 점을 감안해도 2005년부터 설비예비율 수치가 서서히 낮아지고 있다는 점을 알 수 있다. 경제적 측면에서 예비율을 가능한 최소화하는 것이 좋겠지만, 이렇게 지속적으로 낮은 예비율을 유지한 것이 결국은 최근 3년의 극심한 전력 수급난을 불러 온 잠재적인 원인이었다. 전력 수급 문제는 최근 3년 동안만 발생하였던 것이 아니고 반복되고 있다. 그동안의 설비예비율 추이를 살펴보면 1994~1996년도 역시 전력 수급이 불안하였던 시기라는 점을 알 수 있다.



[6] 설비예비율은 전력 수급의 안정성을 나타내는 지표로서 최대전력수요(피크) 대비 예비전력의 비율을 말한다. 즉, 설비예비율 = (전체 발전설비용량 − 최대전력수요) ÷ 최대전력수요. 비슷한 용어로 공급예비율이 있는데, 이는 전체 발전설비용량 대신 정비 중이거나 고장이 발생한 발전기를 제외하고 실제 전력 생산이 가능한 발전설비용량만을 적용하여 산정한다.

■ 1961~2014년 설비예비율 현황(단위: %)

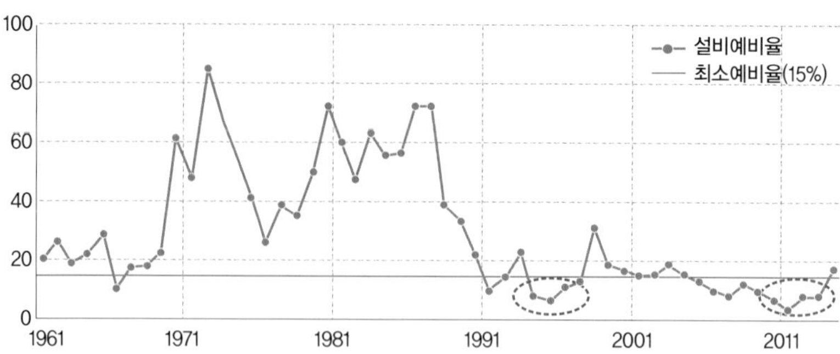


자료: 전력거래소, 2014년 발전설비 현황

연료 공급 부족이 전력 수급 문제를 발생한 사례도 있다. 2003~2008년까지 일부 가스 수급이 원활하지 않아 전력 부문에서 인위적으로 가스 사용을 감축하는 정책을 펼친 일이 있다. 특히 2002년 11월부터 2003년 4월까지의 6개월은 가스 공급 부족이 심각해서 가스복합보다 비싼 중유 발전기를 우선 가동하고 가스복합발전소에서 가스보다 비싼 유류를 사용❼하는 정책이 시행되었다. 그 결과 가스 공급 부족 문제를 해결하고 전력 수급을 안정화시켰지만, 그 대가로 수천억 원의 추가적인 비용이 발생하였다. 그 후에도 겨울철만 되면 가스 수급이 원활하지 않아 소규모라도 중유 우선가동 정책이 시행되곤 하였다. 이런 정책을 일반 국민들이 잘 기억하지 못하는 이유는 전력 부문에서 가스 사용을 감축한 덕에 민수용 가스인 도시가스 공급이 원활하게 이루어졌기 때문이다. 이렇게 연료 조달이 제대로 되지 않으면 전력 수급 불안은 언제든지 야기될 수 있다.



❼ 일반적으로 가스복합발전소는 가스(LNG)와 경유의 두 가지 연료를 사용할 수 있다.

**전원 구성 다양화**

연료비 급등에 따른 연료 조달 문제로도 전력 수급 문제가 발생할 수 있다. 지난 40여 년간의 평균 전기요금과 전체 발전량 중 기저발전량원전과 석탄 발전량의 합의 비중을 살펴보면 단 기간에 전기요금이 급등한 시기가 있었다. 1978년 22원/kWh이었던 전기요금이 1981년에 64원/kWh로 3년 동안 약 3배 올랐는데 이는 1979년의 2차 오일쇼크 영향 때문이다. 전기요금이 3년 동안 3배 올랐다는 것은 '경제적 블랙아웃'을 의미한다. 이런 사태가 발생한 것은 단순히 연료비 급등이라는 외부 충격 때문만은 아니다. 우리나라의 내부적인 문제, 즉 전원 구성의 편중이 사태를 키웠다고 볼 수 있다.

1970년대까지 우리나라의 주력 발전원은 유류발전소였는데, 그 비중이 지나치게 높아 수급 안정성과 경제성 측면에서 전력 산업 구조가 매우 취약한 상태였다. 특히 1977년은 유류발전소에 대한 편중이 가장 심각하였던 시기로 전체 발전량의 77%를 차지하였다. 이렇게 단일 전원에 대한 지나친 의존은 언제든지 전기요금 급등이라는 경제적 블랙아웃을 불러올 수 있고, 더 나아가 국가경제가 연료비 급등을 감당하지 못하면 물리적 블랙아웃이 아니더라도 강제 절전이나 제한 송전과 같은 전력 위기가 발생할 수도 있다.

■ 평균 전기요금 변화와 기저(원전 + 석탄) 발전량 비중

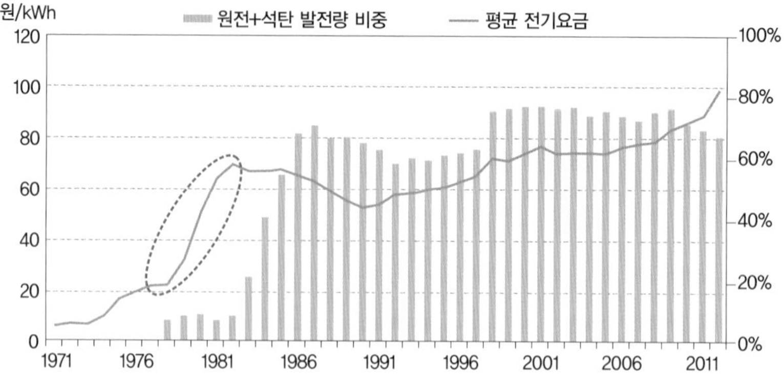


1979년의 오일쇼크와 같은 외부적인 연료비 급등이 재발하였던 적이 있다. 2003~2008년까지의 5년은 석유를 비롯한 석탄, 가스 등 연료 가격이 3~5배가량 급등하였던 시기였다. 그런데 해당 시기에는 전기요금이 별로 오르지 않았다. 정책적으로 낮은 전기요금을 유지한 이유도 있지만 우리나라 전력 산업의 내부 체력, 즉 전원 구성이 저원가인 기저 발전설비원전, 석탄를 중심으로 한쪽 전원에 편중되지 않게 구성되어 있었기에 가능하였다. 특히 석탄, 가스복합과 같은 화석연료 전원에 비해 발전원가에서 연료비 비중이 낮은 원전이[8] 중요한 역할을 하였다.

전력 수급 문제에 효과적으로 대응하기 위해서는 발전설비를 사전에 충분히 건설해서 물리적인 전력 부족을 방지하고 발전소에서 사용할 연료는 장기 계약 등을 통해 확보하여 연료 공급 부족에 대비해야 한다. 그리고 연료비 급등으로 인한 수급 문제를 예방하기 위

[8] 2015년 10월에 발간된 IEA의 '2015 Projected Costs of Generating Electricity'에 따르면 우리나라의 전원별 발전원가에서 연료비 비중은 원전 25%, 석탄 71%, 가스복합 89%로 원전의 연료비 비중이 압도적으로 낮다는 것을 알 수 있다.

해서는 전원 구성을 다양화하되, 발전원가에서 연료비 비중이 적은 원전과 같은 전원을 적정한 수준으로 확보할 필요가 있다. 이러한 대응책은 단기간에 할 수 없으며 상당한 시간을 두고 준비해야 가능하다.

### 전력수급기본 계획의 의미

2015년 7월, 제7차 전력수급기본계획(이하 수급계획)이 공고되었다. 수급계획은 정부의 전력 분야 최상위 정책이다. 매 2년 단위로 수립되는 수급계획의 주요 내용은 전력 수급의 기본 방향, 장기 전력 수급 전망, 수요관리 관련 사항, 발전설비 및 송변전설비 시설계획 등을 포함하고 있다. 수급계획이 추구하는 가장 중요한 가치는 수급 안정성이다. 그 다음으로는 미래의 소비자에게 부과될 전기요금을 고려하여 경제성이, 최근에는 온실가스 감축 이슈가 대두되면서 환경성이 중요한 가치로 부각되고 있으며, 우리나라의 높은 수입의존도를 고려하여 에너지 안보도 중요해졌다.

이런 가치 체계를 전제로 보면 수급계획은 수급 안정성 측면에서 전력 부족, 즉 물리적 블랙아웃이 발생하지 않도록 향후 15년 7차 계획의 경우 2015~2029년 동안의 전력 수요를 예측하고 그에 맞춰 적정한 예비전력이 확보되도록 신규 발전소 건설 물량을 확정(공급계획)하는 것이다. 경제성 측면에서는 1970년대 말의 오일쇼크로 발생한 전기요금 폭등과 같은 경제적 블랙아웃이 발생하지 않도록 미래의 전원 구성을 다양화하고 신규 발전소 건설 물량을 전원별로 할당한다. 더불어 전원 구성을 결정할 때에는 경제성뿐만 아니라 환경성과 에너지 안보 등도 두루 고려하고 있다.

### 전력수급기본계획의 필요성

수급 안정성이나 경제성 등을 확보하기 위해 15년 전부터 장기계획을 수립할 필요가 있는지 의문이 생길 수 있다. 더욱이 우리나라는 2001년부터 전력 산업의 자유화 및 개방을 통해 전력시장이 개설되고 시장경쟁을 하고 있는 상황으로 수급계획을 수립하는 것 자체가 시장경제와는 어울리지 않아 보일 수도 있다.

전기는 생산공급과 소비수요가 동시에 일어난다. 생산과 소비의 동시성이라는 물리적 특성을 조절하는 전력 계통 전문기관이 운영되고 있기도 하다. 하지만 공급과 수요를 잘 조절하는 것만으로 블랙아웃 같은 전력 공급 부족 사태를 막기에는 충분하지 않다. 실시간 수급 균형이 원활히 이루어지려면 사전에 미래의 전력 수요를 예측하여 필요한 양만큼의 발전설비를 건설하는 것이 선행되어야 한다. 발전소를 건설하는 데는 짧아도 3년은 걸리기 때문에 공급을 책임지는 발전소가 부족한 상황이 발생한다면 실시간 수급 균형을 유지하는 것이 불가능해진다. 따라서 수급계획과 같은 장기계획을 통해 사전에 필요한 예비전력을 확보하는 것이 필요하다.

다음으로 전기라는 재화의 특징에서 기인하는 것이다. 일반적인 공산품과 같은 재화들은 수요와 공급이 가격에 탄력적이다. 즉, 가격이 변하면 그에 따라 수요와 공급이 쉽게 조절된다. 반면에 전기는 일반재화와는 달리 수요와 공급이 모두 가격에 비탄력적인 특성이 있다. 수요 측면에서 보면 전기는 대체 불가능한 생활필수품으로 전기가 끊어지면 일상생활이 불가능할 정도로 불편을 주기 때문에 전력 수요는 가격 변화에 둔감하다. 공급 측면에서 보면, 전기를 생산하는 발전소를 건설하는 데 최소 3년에서 길게는 10년이 소요

| 전력 수급을 안정시키고 잠재적인 블랙아웃 가능성을 낮추기 위해서는 장기적인 관점의 전력수급 정책이 필요하다. 사진은 전력거래소 전력수급대책 상황실 ©연합뉴스

된다. 전기 공급을 위해 필요한 리드타임이 매우 길기 때문에 공급 측면에서도 가격 변화에 대한 탄력성이 떨어지게 된다. 이러한 수요와 공급의 비탄력성을 고려한다면 장기적인 관점에서 사전에 수요와 공급에 대한 대책을 세울 필요가 있는데 이것이 바로 전력수급기본계획이다.

마지막으로 전력시장이 안고 있는 한계점이다. 우리보다 먼저 전력산업을 자유화하고 전력시장을 개설한 국가들은 공통적으로 두 가지 문제에 부딪혔다.

첫 번째가 전력 공급의 불안정성이다. 전력 산업에 경쟁을 도입한 결과 발전 사업자들의 신규 설비 투자발전소 건설가 감소함에 따라 예비 전력의 여유가 작아진 것이다. 발전 사업자 입장에서는 신규 투자로 인한 리스크를 줄일 수 있고 공급 감소로 인한 시장가격 상승이라는 수익을 얻을 수 있기 때문에 그러한 현상이 발생한 것이다.

두 번째 문제는 발전 사업자들이 신규 투자를 하더라도 리스크를 최소화하기 위해 투자비가 적게 들어가는 가스화력에 집중하게 되었다는 점이다. 원전이나 석탄화력은 가스화력보다 발전원가는 낮다. 하지만 가스화력 대비 투자비가 크고 건설 기간이 길며 환경 규제가 많기 때문에 발전 사업자는 가스화력을 선호하게 되었다. 그 결과 전원 구성에서 원전이나 석탄화력 같은 저원가 기저전원의 비중이 줄어들면서 전기요금 상승 요인으로 작용하게 되었다.

전력시장 선진국의 경우 전자의 문제의 대응책으로 용량시장[9]을 운영하거나 용량의무[10] 와 같은 규제 제도를 운영함으로써 수급 안정성을 높이고 있다. 후자의 경우에는 판매 사업자에 대한 소매요금 규제를 통해 보완하고 있다. 국내 전력시장도 선진국과 마찬가지로 전력 부족2011~2014년과 가스화력 비중 증가2003년 25.9% → 2014년 28.7%를 경험한 바 있다. 물론 이 모든 것이 전력시장만의 책임은 아니지만 현행 전력시장을 통해서 해결하는 데는 한계가 있기 때문에 정부가 수급 계획을 통해 신규 건설 물량과 전원 구성을 결정함으로써 이를 보완하고 있다.



[9] 전력시장에서 거래되는 전기에너지와 별도로 전기에너지를 생산할 수 있는 발전설비용량의 여유분이나 부족분을 거래하는 시장

[10] 최종 소비자에게 전력 공급을 책임지는 판매 사업자가 자신이 확보한 고객의 최대 수요에 일정량의 예비전력을 합산한 수준의 발전설비용량을 확보하도록 의무를 부과하는 제도로 미국에서 주로 사용되고 있는 규제제도이다.

이와 같이 전기의 물리적 특성과 재화로서의 특징, 그리고 전력시장의 한계 때문에 장기적인 관점의 별도 공급 대책이 필요하며 이것이 바로 전력수급기본계획이라고 할 수 있다. 전력수급기본계획을 통해 정부는 향후 15년간의 수급 안정성블랙아웃 방지과 경제성전기요금 안정을 담보하고 있는 것이다.

**적정 예비율**

7차 수급계획에 적용된 적정 예비율 기준은 22%이다. 이는 전력 계통의 기술적인 특성을 고려한 최소예비율 15%에 수요와 공급 측의 불확실성을 고려한 안전 여유도 7%를 더한 수치이다. 그런데 7차 수급계획이 공표되자 22%라는 수치가 높다는 의견도 있었다.

OECD 주요 국가의 예비율 수준이 30%를 상회하고 있고 독일처럼 100%가 넘는 국가도 있다. 물론 신재생에너지 보급 확대로 예비율 수준이 높아진 측면이 있다. 신재생에너지를 제외하고 기존의 대형 원자력, 화력 발전설비로 계산한 수치를 보더라도 여전히 예비율 수치는 20%를 넘고 있다. 주요 국가의 예비율 수치를 비교해 봐도 우리의 예비율이 결코 여유롭지 않다는 것을 알 수 있다. 거기에 일본이나 호주와 같은 섬나라를 제외한 국가는 전력망이 인접 국가와 연결되어 있어 수시로 전력을 융통할 수 있는데, 우리는 그것마저도 불가능한 전력 고립 상황에 놓여 있다.

■ 세계 주요 국가의 설비예비율 현황(2012년)

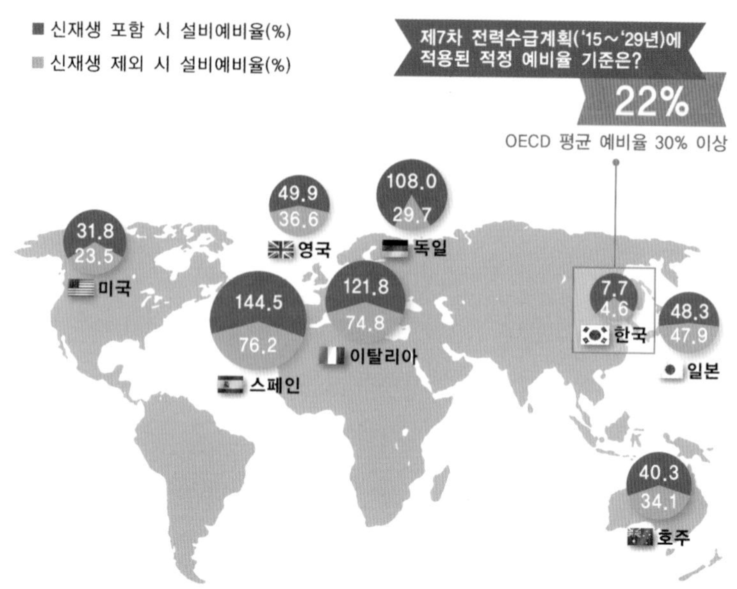


자료: IEA, Electricity Information, 2014



또한 예비율 22%는 신재생설비의 대폭적인 증가에 따른 실시간 수급 균형의 교란 가능성에 대한 고려가 반영되어 있지 않았다 점을 염두에 두어야 한다. 기존의 대규모 발전설비는 국내 전력 계통 운영을 책임지는 전력거래소의 지시에 따라 발전출력이 조절되고 있지만, 신재생에너지는 태생적으로 출력 조절이 불가능하기 때문에 실시간 수급 균형주파수 60Hz 유지을 방해한다는 것이다.

7차 수급계획에 따르면 2029년 신재생에너지 설비용량은 33GW로 전체 설비용량의 20% 수준이나 된다. 2014년 말 기준 신재생에너지 설비 비중 6.7%에 비해 대폭적인 증가세를 보이고 있는데 신재생 특유의 일기변화바람이나 햇빛 등에 따른 발전출력 변동성 때문에 전력 수요와 공급의 실시간 균형을 맞추는 것이 매우 어렵다. 이를 해결하기 위해서는 신재생의 발전출력 변동성을 상쇄해 주기 위한 별도의 추가적인 신재생 백업용 발전설비를 갖추거나 인접 국가와 전력망을 연결하여 전력을 융통해서 해결할 수 있다. 독일, 이탈리아, 스페인은 설비예비율이 100%가 넘는 국가로 신재생에너지가 대규모로 보급되었다. 이들도 대규모 신재생에너지 보급으로 인한 주파수 문제를 해결하기 위해 백업 발전설비를 갖추거나 인접 국가와 신규 송전선로를 건설하여 전력 융통량을 늘리고 있다. 이러한 사정을 감안한다면 7차 계획의 예비율 22%는 결코 풍족한 것이 아니다.

또 하나 간과해서는 안 될 점은 전력은 모자란 것보다 남는 것이 낫다는 것이다. 정확한 예측력을 발휘해서 필요한 만큼의 발전설비만 확충한다면 가장 좋겠지만 그것은 불가능한 일이다. 발전설비가 남아도는 공급과잉은 경제 규모 확대와 생활수준 향상에 따른 수요 증가로 자연스럽게 활용도가 생길 수도 있고, 아니면 경제성이 낮은 노후설비를 폐쇄하는 것으로의 대응이 가능하다. 그렇지만 발전설비가 부족하여 공급이 안 될 경우 발생하는 문제는 대응하기 어렵다. 제한 송전이나 순환단전 아니면 최소한 지난 3년간 겪은 강제 절전을 다시 반복하고 불편을 감수해야 한다는 것이다. 따라서 충분한 발전설비 용량을 확보하여 공급 안정성을 향상시키는 것이 안전한 길이고 미래의 잠재적인 블랙아웃을 방지하는 지름길이라고 할 수 있다.

국가적 차원에서 에너지 공급 수단으로 원전을 유지해야 하는 이유는 에너지믹스 정책 결정 시 고려해야 할 요소가 복잡·다양하기 때문이다. 원전 비중의 유지는 에너지 위기 대응 수단, 온실가스 감축의 대안, 경제적인 우위 등 원전의 장점에서 비롯되었다.

# 원자력의 전원 비중



**우리나라 3대 전원**

하나의 에너지원에 치중한 전원 개발 정책은 공급 위기 발생 시 전력 수급과 경제 활동에 막대한 지장을 초래할 수 있다. 우리나라는 1970년대 두 차례의 석유 위기 당시 큰 어려움을 경험하였다.❶ 1차 석유파동이 1973년 발생하였지만 1981년까지 우리의 주력 전원은 석유발전이었다.❷ 원자력과 유연탄발전이 석유 대체 전원으로 개발되었지만 발전소 건설에 오랜 기간이 소요되기 때문에 1980년대에야 가동되기 시작하였다.

원자력은 1978년, 유연탄은 1983년에 최초 호기가 준공되었다. 이후 1980년대 말 올림픽을 치르면서 도입되기 시작한 천연가스LNG가 발전에 이용되면서 비로소 전원믹스는 오늘날의 원자력, 석탄,

❶ 이란의 회교혁명으로 비롯된 1979년의 두 번째 석유 파동 당시, 위기를 느낀 석유 메이저들의 매점매석과 투기로 유가는 $12/Bbl에서 $36/Bbl으로 급등하게 되었다. 이로 인해 석유 발전용량이 전체의 70% 이상을 차지하던 국내 전력 산업은 큰 어려움을 겪었다. 1978년 22원/kWh 수준이던 전기요금은 1982년 68원/kWh까지 치솟았고 그 결과 1970년대 연평균 10%에 육박하는 경제성장을 구가하던 우리나라도 1980년에는 '–1.5%' 성장을 기록하였다.

❷ 1981년의 석탄발전소는 국내탄을 연료로 하는 무연탄발전소이다.

가스의 3대 전원 체제로 갖추어졌다. 이후 에너지 안보를 대비하는 전원 다변화 정책이 추진되었고 현재도 유지되고 있다. 그런데 최근 대안에너지로 급부상하고 있는 재생에너지는 아직 주력 전원이 되기에는 요원한 상황이다.

2014년 말 기준 원자력, 석탄, 가스 3대 전원의 설비 비중은 각각 22%, 29%, 33%로서 전체의 84%를 차지한다. 각 전원의 발전량 비중은 30%, 39%, 22%로 이들을 합한 발전 비중은 91%에 달한다. 에너지기본계획과 전력수급기본계획에서는 3대 전원 중심의 전원믹스 정책이 미래에도 지속된다는 것을 예고한다.

■ 전원 구성 변화 추이(2015년)



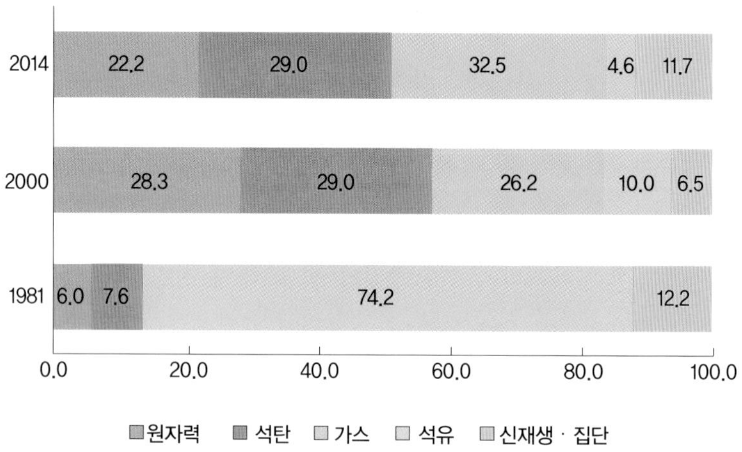


자료: 한국전력통계, 2015.

**에너지 위기 대응 방안**

우리나라의 2013년 1차 에너지 소비는 약 2억 8천만 톤toe: tonnage of oil equivalent으로, 2000년 이래 연평균 2.91%의 증가율을 보이고 있다. 소비 규모는 세계 9위이며 부존자원이 빈약하여 소비에너지의 96%를 외국으로부터 수입한다. 국가 전체의 총수입액에서 에너지 수입액이 차지하는 비율은 35%로 막대한 수준이다. 2013년 에너지 수입액은 1,787억 달러로 주력 수출 상품인 반도체와 자동차를 합한 수출 금액을 1,058억 달러를 훨씬 웃돈다. 96%의 에너지를 수입하는 우리나라는 에너지 위기 발생 시 대단히 취약할 수밖에 없다. 이는 세계에너지협의회WEC: World Energy Council가 실시한 에너지 안보 순위 조사에서 우리나라가 129개국 중 103위로 나타난 것에서도 확인할 수 있다.

근래 전력 부문 위기 대응의 대처 방안에 대한 많은 논의가 있으나 핵심은 원자력, 석탄, 가스, 신재생 등 전원의 다변화와 적정 수준의 예비력을 확보하는 것이다. 에너지원의 다변화는 자원부국에서조차도 지향하는 에너지 정책이다. 특히 에너지 빈국들은 공통적으로 원전 비중이 높은 에너지 수급 구조를 가지고 있다. 중국은 석탄, 석유 등 화석연료에 의존하던 에너지 수급 구조를 원자력, 재생에너지 확대를 통해 다양화하고 있으며, 일본, 미국, 유럽연합EU 국가들도 에너지 다변화의 기조를 유지하고 있으며 원전을 주요 대안으로 간주하고 있다.

**가동 원전과 신규 원전 건설 현황**

원전은 2015년 12월 기준 24기, 22GW가 가동 중이다. 이는 세계 6위의 규모이며, 고리, 월성, 영광, 울진 등 4개 지역에 원전이 자리하고 있다. 또한 신고리, 신울진 부지에 총 4기, 5.6GW의 원전이 건설 중이다. 2015년 7월 확정 발표된 제7차 전력수급기본계획에서는 당시 기준 건설 중인 5기를 포함하여 2029년까지 13기, 18.2GW의 원전을 반영하고 있다. 신규 입지로는 영덕천지원전이 추가되었다. 한편, 2007년 최초 운영허가 기간 30년이 만료된 후 계속 운전 중인 고리 1호기는 10년간의 1차 계속운전 기간이 종료되는 2017년에 운전을 멈추게 된다.

■ 원전 운영 및 건설 현황(2015년)

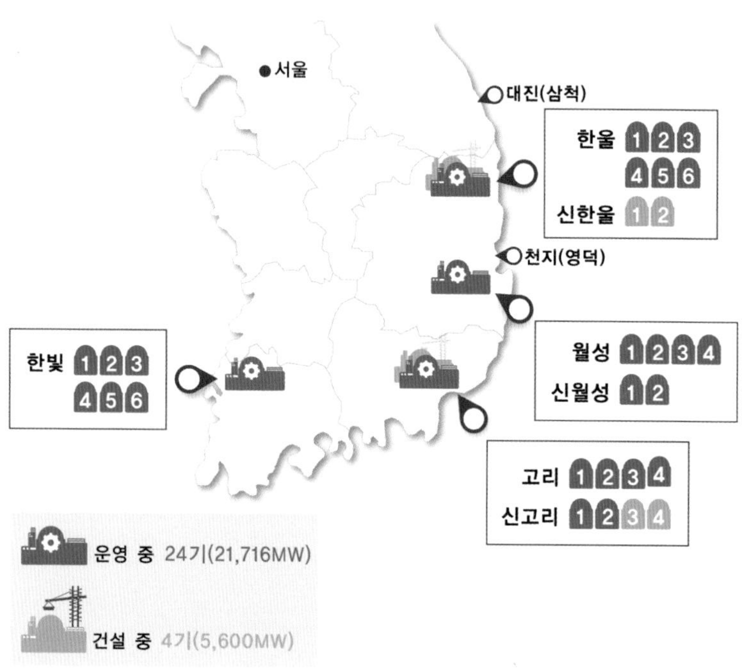


자료: 산업통상자원부, 「제7차 전력수급기본계획」, 2015.

제7차 전력수급계획에서 계획한 원전이 차질 없이 준공되고, 고리 1호기 외에 가동 중 원전들이 2029년까지 계속운전된다면 2029년의 원전 가동기수는 35기, 38GW로 확대되고 설비 비중은 22%에서 28%로 6%p 증가한다. 그러나 계속운전 중인 월성 1호기가 2022년 허가 종료되는 등 계속운전을 하지 않는다면 운영허가 기간이 만료되는 발전소는 11기, 9.1GW에 달해 원전 비중 목표가 달성될 가능성은 높지 않다.

■ 원전 운영허가 만료일(2029년까지)

| 발전소 | 용량(MW) | 운영허가 만료일 |
|---|---|---|
| 고리 1 | 587 | 2017. 6. 18. |
| 고리 2 | 650 | 2023. 4. 8. |
| 고리 3 | 950 | 2024. 9. 28. |
| 고리 4 | 950 | 2025. 8. 6. |
| 한빛 1 | 950 | 2025. 12. 22. |
| 한빛 2 | 950 | 2026. 9. 11. |
| 월성 1 | 679 | 2022. 11. 20. |
| 월성 2 | 700 | 2026. 11. 1. |
| 월성 3 | 700 | 2027. 12. 29. |
| 월성 4 | 700 | 2029. 2. 7. |
| 한울 1 | 950 | 2027. 12. 22. |
| 한울 2 | 950 | 2028. 12. 28. |

자료: 한국수력원자력(주)

## 우리나라의 원전 정책

우리나라의 원전 정책은 제2차 에너지기본계획2014년, 제7차 전력수급기본계획2015년을 통해 거듭 확인되고 있다. 에너지기본계획 수립 시 산업통상자원부는 시민단체 대표·업계·학계 등 다양한 이해관계자가 참여하는 민관 워킹그룹WG, 이하 워킹그룹을 구성·운영하였고, 워킹그룹은 원전 비중 등 에너지믹스를 포함하여 핵심적인 정책 과제를 검토하여 정부에 제안하였다. 워킹그룹은 원전의 경제성·수용성·안전성 등을 검토하여 적정 원전 비중에 대한 초안을 검토하였다. 워킹그룹에서는 후쿠시마 원전 사고 등 원전과 관련된 국내외 여건 변화가 발생하였기 때문에 원전 비중을 새로이 설정해야 한다는 공감대가 형성되었고, 이러한 취지에서 안정적 전력 공급, 기후변화 대응 등을 종합적으로 고려하여 보다 현실적으로 에너지믹스를 구성할 것을 권고하였다. 그 결과로서 에너지믹스의 기준이 되는 원전 비중을 22~29% 범위에서 정하는 것이 바람직하다는 제안을 하였다.

정부는 민관 워킹그룹 권고안을 존중하는 한편, 에너지 안보·경제성·환경성·국민 수용성·공급 안정성의 관련 정책 변수와 전원별 특성을 고려하여 2035년까지의 원전 비중을 29%로 결정하였다. 에너지기본계획 수립 시 2024년까지제6차 전력수급기본계획 확정 원전 설비용량은 36GW이다. 에너지기본계획의 2035년의 원전 설비용량이 43GW이므로 단위기 용량 1,500MW를 기준으로 약 5기의 신규 설비를 건설해야 한다.



■ 제2차 에너지기본계획의 원전 비중 목표

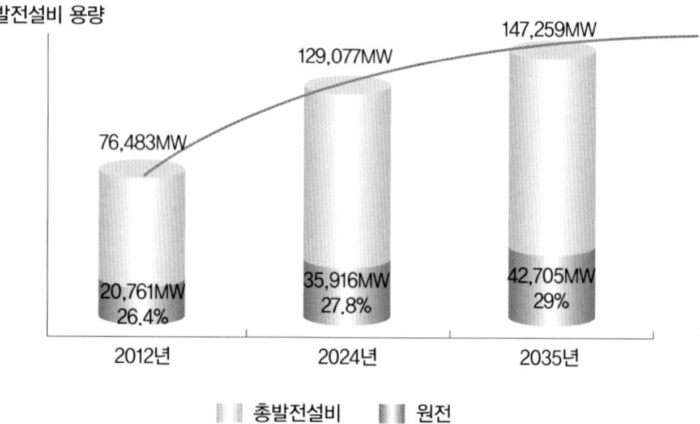


자료: 산업통상자원부

2008년에 수립한 제1차 국가에너지기본계획의 목표 원전 비중은 41%이었다. 이 목표는 원전의 경제성과 온실가스 감축 효과를 고려하여 원전 비중을 최대한 확대한 것이었다. 1차 국가에너지기본계획에 비해 2차 에너지기본계획의 원전 비중은 대폭 축소되었다. 그럼에도 불구하고 목표 비중의 달성 가능성은 여전히 불확실한 상황이다.

에너지기본계획에 이어 약 1년 반 후에 확정된 제7차 전력수급기본계획에서는 에너지기본계획의 원전 정책의 내용을 확인하고 구체화하고 있다. 전력수급기본계획에는 공사 중인 원전의 준공 시점과 계획 중인 설비의 준공 시점을 조정하고 장기적인 에너지기본계획의 목표 원전 비중에 도달할 수 있도록 신규 원전의 건설 계획을 반영하였다. 그 결과 2028년과 2029년에 APR+ 타입Type, 단위호기 용량 1,500MW를 신규 건설하기로 하였다.

## 신기후체제에서의 원자력의 역할

세계 각국은 1992년 유엔기후변화협약UNFCCC: The United Nations Framework Convention on Climate Change을 체결하고, 1997년 교토의정서 체결을 통해 선진국들에 온실가스 감축 의무를 부여하였다. 2011년 남아공총회COP17에서는 교토의정서를 대체하고 전 세계 국가가 참여하는 신기후체제Post-2020를 2020년부터 출범키로 합의하였다. 신기후체제 이행에 대비하여 리마총회COP20에서 모든 국가에 2015년 9월까지 자발적 감축 공약INDC: Intended Nationally Determined Contributions을 제출키로 하였다.

우리나라는 2015년 6월 발표한 INDC에서 2030년 BAU 대비

37%의 온실가스 감축 목표를 설정하였다. 이를 달성하기 위한 부문별 감축 목표량 및 마스터플랜은 2016년에 수립할 예정이다. 발전 부문도 온실가스 감축 의무가 부과될 것이며 감축 목표량이 적지 않을 것이라는 추정이 가능하다.

원자력은 신재생에너지원과 함께 발전 부문에서 온실가스 감축을 위한 강력한 대안이 된다. 원자력과 신재생에너지는 가동 중 온실가스 배출이 '0'이기 때문이다. 원자력을 온실가스 감축의 유력한 수단으로 고려하는 것은 우리나라뿐만 아니라 원자력을 가동 중이거나 도입을 검토하는 국가에서도 마찬가지이다.

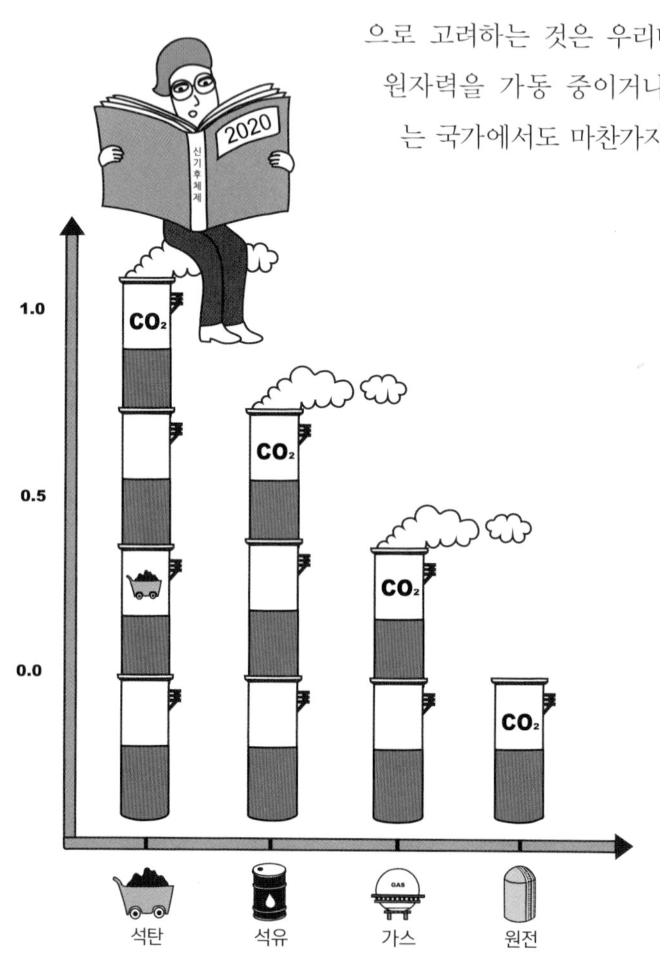

**원전이 경제에 미치는 영향**

원전은 현재 국내 전력 생산량 중 약 30%를 담당하는 주력 발전원이다. 원전은 기저전원으로 가장 낮은 변동비로 전력을 공급함으로써 전력 수급 안정뿐만 아니라 낮은 전력요금으로 산업경쟁력 향상에 크게 기여하고 있다. 원자력의 전력시장 정산단가는 석탄발전의 66%, LNG 발전의 25%, 풍력의 24%, 태양광의 8% 수준이다.

■ 전원별 전력시장 정산단가 비교(단위: 원/kWh)

| 원자력 | 석탄 | 석유 | 가스복합 | 수력 | 풍력 | 태양광[3] |
|---|---|---|---|---|---|---|
| 39.1 | 58.9 | 221.8 | 158.6 | 170.9 | 162.8 | 463.1 |

자료: 전력거래소(2013. 12.)

원전과 석탄의 건설에 의한 전원 다변화 정책의 성공으로 전기요금은 1981년 이후 소비자물가 상승률의 18% 수준인 49%만 상승하였다. 이는 발전비용이 낮은 원전이 큰 역할을 한 것으로 판단된다. 이 결과 우리나라 상업용 전력요금은 OECD 32개 국가 중 11위, 주택용은 7위로 OECD 평균보다 낮은 수준이다.[4]

1978~2015년 기간 중 원전이 발전한 3조kWh를 일시에Over-Night 화력발전으로 대체하여 생산한다고 가정할 경우 전력비용은 약 445조 원이 증가한다. 2014년 우리나라 총 GDP의 23% 수준이다. 에너지의 대부분을 해외에서 수입하는 우리나라에서 원전은 에너지 수입의존도를 낮추는 데 크게 기여하였다. 원전 가동으로 화석연료 수입을 대체한 효과는 약 220조 원에 달한다.

❸ 태양광은 발전차액보조금을 포함한 2013년 실적

❹ OECD/IEA, 「Energy Prices and Taxes」, 2013.

■ 원전 누적발전량(3조kWh)을 화력발전으로 대체 시 전력비용 증가액

| 유연탄 | LNG | 석유 | 전원 비중 고려 |
|---|---|---|---|
| 311.5조 원 | 595.8조 원 | 796.8조 원 | 445.4조 원 |

• 대체발전비용(대체발전원 정산단가 – 원전변동비)은 발타전원 대체 시 회수 불가능한 좌초비용(원전고정비)을 차감하고 화력의 탄소비용(톤당 10달러)을 합산한 결과임
• 타 원전 대체 시 원전좌초비용, 탄소비용을 고려한 전력비용은 3조kWh × (대체발전원 정산단가 – 원전변동비 – 원전고정비 + 탄소비용)으로 산출

온실가스 배출 억제를 위한 대안으로 원자력, 신재생발전의 확대, 전력소비 절감 등이 떠오르고 있다. 신재생발전은 자원의 한계가 있고 고비용 전원으로 확대가 제한적이다. 에너지 절약은 실현성이 낮고, 원자력이 온실가스 배출을 줄일 수 있는 가장 현실적인 에너지라고 볼 수 있다. 원전의 누적발전량 3조kWh 전량을 화력발전으로 대체하여 생산한다고 가정할 경우, 화력발전 전원 비중을 고려한 온실가스 배출 저감 효과는 약 20억 톤$CO_2$이며,[5] $CO_2$ 비용이 톤당 10만 원이라면 약 200조 원의 비용 절감 효과가 발생한다.

■ 원전의 누적발전량의 $CO_2$ 배출 저감 효과

| 유연탄 | LNG | 석유 | 전원 비중 고려 |
|---|---|---|---|
| 25억 톤 | 21억 톤 | 11억 톤 | 20억 톤 |

❺ 2011년 국내 온실가스 총배출량은 약 6억 톤이다.

**원전 비중 29%의 의미**

일본 원전 사고 이후 원전 안전성에 대한 우려 증가, 주민 수용성 저하로 원전 추진이 더 어려워졌다. 그러나 에너지기본계획, 전력수급계획에서 확인된 정부의 원전 목표 비중 29%는 중장기적으로 우리나라의 에너지믹스에서 원전을 제외할 수 없고, 일정 수준은 유지해 나간다는 것을 알 수 있다. 원전 비중 29%는 가동 중, 건설 중, 2029년까지의 계획 확정 원전 외에도 신규 원전 5기 정도가 건설되어야 한다. 특히 가동 중인 원전이 2035년까지 계속운전해야 목표 비중이 달성될 수 있다는 것을 고려한다면 원전 비중이 목표에 도달할 가능성은 현재로서 그다지 높지 않다.

국가적 차원에서 에너지 공급 수단으로 원전을 유지해야 하는 이유는 에너지믹스 정책 결정 시 고려해야 할 요소가 복잡·다양하기 때문이다. 원전 비중의 유지는 에너지 위기 대응 수단, 온실가스 감축의 대안, 경제적인 우위 등 원전의 장점에서 비롯되었다. 일본도 원전 재가동 확대를 추진 중이며, 장기적인 원전 비중을 20%로 정한 것은 일본의 에너지 수급 여건이 우리와 크게 다르지 않기 때문이다.

한 나라의 에너지 정책을 결정할 때는 그 나라가 처한 에너지 상황을 고려하여야 한다. 현 시점에서는 온실가스 감축, 경제성, 그리고 에너지 위기에 대응할 수 있는 요건 등이 정책 결정에 중요한 요소가 되었다. 이러한 측면에서 원자력의 비중이 29% 정도 차지하는 원인을 찾을 수 있으며 특히, 신재생에너지와 함께 저탄소에너지원의 역할이 중요하다.

기후변화대응형 전원 구성을 위해
적정 수준의 원자력과 신재생에너지 확충이 필요하다.
우리가 성장과 환경을 동시에 고려하는 '지속가능한 발전'을 추구하기 위해서는
에너지원 간 조화와 상생발전 방안을 찾는 것이 중요하다.

# 신재생에너지와 원자력



신재생에너지는 다양한 자연에너지의 특성과 이용 기술을 활용하는 재생에너지와 기존의 화석연료를 변환시켜 보다 효율적으로 이용하는 신에너지를 포함한다. 현재 '신에너지 및 재생에너지 개발·이용·보급촉진법'에 태양광, 풍력, 지열, 연료전지 등 총 11가지가 규정되어 있다.[1]

우리나라는 신재생에너지에 기반한 지속가능 에너지 시스템 구현이라는 정책 목표하에 전체 에너지 중 신재생에너지 비중을 2035년까지 11%로 높이고, 신재생에너지 산업을 성장동력 산업으로 육성하기 위해 다양한 정책을 추진하고 있다. 특히 신기후체제Post-2020하에서 온실가스 배출을 2030년 배출전망치BAU 대비 37% 감축한다는 자발적 목표를 제시하고 있어 신재생에너지 확대는 매우 중요한 에너지 정책 방향이 되고 있다.

이처럼 신재생에너지는 미래 에너지로서 전략적 육성이 필요한 분

[1] 김봉주 외, 「신·재생에너지 공급의무 제도의 운용 현황과 과제」, 국회입법조사처, 이슈와 논점, 제753호(2013. 12.)

야이지만, 아직 기술적, 경제적, 잠재량 측면에서 한계가 있고 환경적, 주민 수용성 측면에서도 극복해야 할 과제가 적지 않다. 이 때문에 우리 현실에서 대용량 발전기를 대체하거나 주요 에너지 공급원으로 자리 잡기까지는 상당한 시간이 소요될 것으로 보인다. 에너지 수요, 특히 전력 수요가 지속적으로 늘어나는 상황에서 안정 공급은 물론 저탄소 에너지원의 확대가 시급하다는 점에서 일정 수준의 원자력 이용이 불가피한 것이 현실이다.

신재생에너지와 원자력은 단위 발전기 용량, 공급 안정성, 피크 기여도 등 운전 특성이 크게 다르고 경제성에서도 차이가 있지만, 화석연료 사용을 줄임으로써 지구적 과제인 기후변화에 대응할 수 있는 기술 중심적 에너지원이라는 공통적 요소를 갖고 있다. 따라서 지속가능한 발전을 위해 이들 에너지원 간 상호 보완적 협력 관계 형성이 매우 중요하다. 특정 에너지원의 발전이 다른 에너지원의 발전을 저해하는 것이 아니라, 오히려 발전을 진작시키고 각 에너지원의 특성에 맞게 공급 안정과 기후변화 대응에 기여할 수 있도록 해야 한다. 이를 위해서는 이들 에너지원의 특성에 대한 이해 확산을 통해 인식을 전환하고, 협력적 발전을 위한 정책적·제도적 조치가 마련되어야 할 것이다.



### 우리나라 신재생에너지 보급 현황

우리나라는 신재생에너지 보급을 활성화하기 위하여 그린홈 100만 호 사업, 에너지 자립섬 건설 등의 사업을 추진할 뿐 아니라 연구개발 지원, 설비보조·융자 지원, 공공건물 사용의

| 화석연료의 대안으로 떠오르고 있는 신재생에너지는 이산화탄소 발생량은 적지만 아직 경제성 및 공급 안정성 등에서 실효성이 낮다. 사진 왼쪽은 풍력발전, 오른쪽은 독도에 설치한 태양광 발전 모습 ©연합뉴스



무화 제도 등 여러 가지 정책을 시행해 오고 있다. 재정지원 제도로서 2001년에 발전차액지원제도FIT: Feed-in-Tariff가 도입되었고, 2012년부터 신재생에너지 발전의무할당제도RPS: Renewable Portfolio Standard로 변경되었다. FIT는 신재생에너지원의 발전단가와 타 에너지원의 발전단가 간의 차액을 정부가 보상해 주는 제도이며, RPS는 일정 규모 이상의 발전 사업자에게 총발전량의 일정 비율 이상을 태양광, 풍력 등 신재생에너지로 공급하는 의무화 제도이다.

이러한 노력의 결과, 신재생에너지 공급은 꾸준히 증가하고 있다. 수력을 합친 신재생에너지의 전체 에너지에 대한 비중은 2001년 1.7%에서 2014년 4.0%로 늘어났다. 그러나 신재생에너지 중 65.8%가 폐기물에너지이며, 태양광과 풍력의 비중은 6.0%에 불과한 실정이다.

■ 우리나라 신재생에너지 원별 공급 비중(2013년)

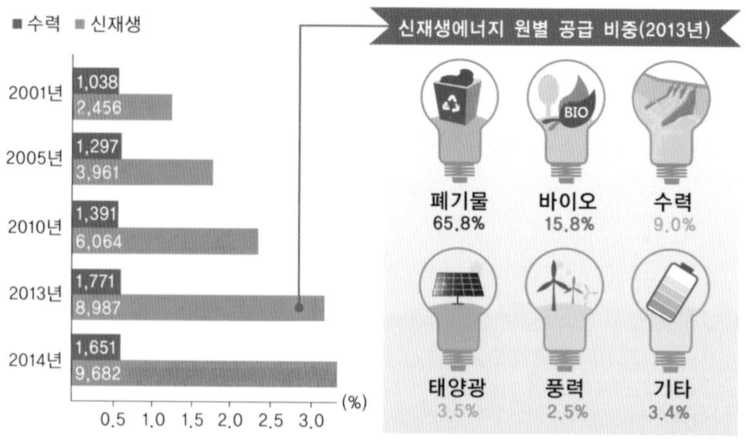


자료: 에너지경제연구원, 「2014 에너지통계연보」 및 「에너지수급동향(2015. 4.)」



우리의 신재생에너지 이용은 세계 수준과 비교해 보면 아직 매우 미흡하다. 세계적으로 전체 에너지 중 신재생에너지의 비중은 수력 포함 13.5%❷에 이른다. 이 같은 차이는 주로 수력 자원, 토지 면적 등 현실적으로 가용한 신재생에너지 잠재량의 차이에 따른 것이다. 특히 노르웨이, 핀란드 등 북구 유럽과 독일, 캐나다 등은 수력을 포함한 신재생에너지 가용량이 높은 나라들이며, 이러한 신재생에너지 여건은 이들 국가들이 제시한 2030년 온실가스 감축 목표에도 반영되고 있다.

❷ 폐기물에너지를 제외한 수치임

■ 세계 1차에너지 수요(2012년)

| 에너지원 | 원자력 | 화력 | 수력 | 신재생·기타 | 합계 |
|---|---|---|---|---|---|
| 수요량(백만toe) | 642 | 10,917 | 316 | 1,486 | 13,361 |
| 비중(%) | 4.8 | 81.7 | 2.4 | 11.1 | 100.0 |

자료: IEA, 「World Energy Outlook 2014」

세계의 전원별 발전량 비중 중 수력 16.5%를 포함하여 총발전량의 21.5%를 신재생에너지로 발전하고 있다. 이에 비해 우리의 신재생에너지 발전 비중은 수력, 양수발전을 모두 합쳐도 2014년 4.8%에 불과하다. 2015년 8월 기준 우리나라의 신재생에너지 발전설비는 9,129MW로 총설비용량의 9.3%이며, 1~8월 동안 전력 거래량은 전체 거래량의 3.6%[3]에 불과한 실정이다.

한편, 국제에너지기구IEA: International Energy Agency는 2035년 세계 총발전량의 32%를 신재생에너지가 담당할 것으로 전망하고 있다. 우리나라도 풍력, 태양광 등 신재생에너지 발전의 확대를 위해 최대한 역량을 집중해야 하겠지만, 보급 여건 제약으로 인한 격차는 결국 다른 저탄소 발전원으로 충당할 수밖에 없을 것으로 보인다. 향후 온실가스 감축으로 인해 화석연료 확대를 제한하는 상황에서 원자력 발전의 역할이 그만큼 중요하다.

■ 세계 전원별 발전량(2012년)

| 발전원 | 원자력 | 화력 | 수력 | 신재생·기타 | 합계 |
|---|---|---|---|---|---|
| 발전량(TWh) | 2,461 | 15,395 | 3,756 | 1,139 | 22,752 |
| 비중(%) | 10.8 | 67.7 | 16.5 | 5.0 | 100.0 |

자료: IEA, 「Electricity Information 2014」

❸ 전력거래소, 2015년 8월 전력 시장 운영 실적

## 주요국의 신재생에너지 동향과 전망

세계 신재생에너지 공급 증가율은 1990~2012년 연평균 2.1%로, 1차 에너지 증가율 1.9%보다 높다. 특히 태양광과 풍력은 1차 에너지에서 차시하는 비중은 낮지만, 같은 기간 공급 증가율은 각각 연평균 46.8%, 24.9%로 매우 높다.[4] 향후에는 선진국뿐 아니라 중국, 인도 등 개도국에서도 신재생에너지 확대에 본격적으로 나설 것으로 보인다. IEA는 2020년까지 세계 신재생에너지 전력 생산이 연평균 5.4% 증가하고, 그 증가량의 37%는 수력, 31%는 육상풍력이 차지할 것으로 전망하고 있다.

영국은 해상풍력 중심의 재생에너지 확대를 통해 신재생 발전 비중을 2020년까지 15%로 늘릴 계획이다. 이와 함께 기존의 원전 정책을 유지하면서 발전설비 노후화에 따른 수급 불안을 해소하기 위해 다각적인 방안을 강구하고 있다.

독일은 2014년 44%인 석탄화력의 발전 비중을 축소하고, 재생에너지를 크게 늘릴 계획이다. 재생에너지 발전 비중은 2014년에 이미 27.8%에 이르렀는데, 이를 2025년 40~45%, 2035년 55~60%, 2050년 최소 80%로 확대하고자 한다. 그러나 독일은 $CO_2$ 배출에 대한 기후 부담금 부과 논란에 휩싸여 있으며, 급진적 에너지 전환에 따른 부작용을 우려하는 목소리도 높다. 재생에너지 발전의 급속한 증가와 2022년까지 원전 폐쇄 등을 정부 주도로 추진 중인데, 이로 인한 소비자 요금 부담 증가, 온실가스 배출 증가 등 문제점이 제기되고 있기 때문이다.

미국은 2012~2020년간 재생에너지 발전량의 2배 증가를 목표로



[4] 박정순, 「국제 신재생에너지 정책변화 및 시장분석」, 2014, 에너지경제연구원 기본연구보고서, p. 4

세계시장 선점을 위해 신기술 및 새로운 사업모델 개발에 집중하고 있다. 차세대 이산화탄소 포집 및 저장기술CCS 등 $CO_2$ 감축 기술을 2020년 중반까지 상용화할 계획이다. 또 에너지 효율 및 수요 반응 촉진에 역점을 두고 있으며, 캘리포니아 주는 전력 회사의 에너지저장장치ESS: Energy Storage System 설치 의무화를 추진하고 있다. 그러나 미국은 전력 설비 노후화, 인력 고령화, 수요 증가 둔화, 배출 기준 강화 등 시급한 도전 과제에 직면해 있기도 하다.

일본은 2011년 후쿠시마 사고로 인해 당초 온실가스 감축 목표에서 크게 후퇴한 상태이다. 즉, 2020년까지 1990년 대비 25%를 감축하려는 계획에서 2030년까지 2013년 대비 26% 감축한다는 수정안을 제시하고 있다. 이에 따른 2030년 발전 비중 목표는 석탄화력 26%, 가스화력 27%, 재생에너지 22~24%, 원전 20~22%로 설정하고 있다.

중국은 현재의 석탄화력 중심에서 비화석에너지 발전으로 전환한다는 목표하에 수력발전을 전략적으로 우선 개발하고, 풍력·태양광 발전을 세계적 수준으로 확대한다는 계획을 발표하였다. 경제성장에 따라 전력 수요가 급속히 증가하는 상황에서도 비화석 발전량 비중을 2015년 25%, 2030년 37%, 2050년 50%로 늘릴 계획이다. 중국은 신재생 전력 생산을 2020년까지 연평균 8.8% 늘리고, 향후 수력, 육상풍력, 태양광, 바이오 등 대부분의 신재생 전력 증가를 주도할 것으로 예상된다.[5]

5 박정순, 상계서, p. iv(요약)

**신재생에너지 확대의 과제**

신재생에너지는 지속가능한 에너지 수급 구조의 정착과 신기술 개발을 통한 미래 시장 확보를 위한 주요 대안으로 부각되고 있다. 이에 따라 주요 선진국과 에너지 소비국들은 의욕적으로 신재생에너지 확대 및 기술 개발 계획을 추진하고 있지만, 실제 보급률과 투자 규모는 각국의 부존자원, 시장 환경, 기술력, 지원 정책 등 여러 요인에 따라 큰 차이를 보인다.

신재생에너지도 발전원별로 특성이 다르며, 그에 따른 한계점이 있다. 태양광, 풍력은 환경오염이 적고 재생 가능한 에너지로서 탁월하지만 경제성 및 공급 안정성 측면에서 한계를 가지고 있다. 태양광의 발전 효율은 현재 기술로는 16~19% 수준에 불과하며, 판매단가는 원자력발전의 4배 이상이다. 풍력발전은 풍황이 양호한 지역에 국한될 수밖에 없고, 생태 지역 1등급지와 백두대간 등에는 설치가 제한되는 등 환경 및 입지 규제로 인해 보급이 용이하지 않은 상황이다.

이러한 태양광, 풍력의 한계점을 보완하기 위해 제도적 지원책이 시행되고 있으며, 전력저장장치ESS와 같은 출력 안정화 설비와 연계한 운영이 늘어나고 있다. 그러나 신재생에너지 발전 비중이 높아지게 되면 전체 전력 계통의 안정을 위해 백업 전원이 필요하며, 그만큼 전통적 발전 설비에 대한 투자가 추가로 소요된다. 기상 조건에 의해 재생에너지 발전이 제대로 가동되지 못할 경우 전력 공급에 차질이 빚어질 수 있기 때문이다.

대규모 초기 투자가 필요한 해상풍력, 연료전지에 대해서는 높은 가중치를 부여하고 있지만, 수익성 악화와 환경 문제 등으로 보급률은 계획에 비해 훨씬 떨어지고 있다. 대형 발전설비가 가능한 조력, 조류 등 해양에너지는 민원과 주민 반대로 추진이 곤란한 상황이고, 수력발전도 환경 훼손 우려로 댐의 추가 건설이 어려워 발전 비중이 감소하는 추세이다. 바이오 디젤 등 수송용 연료는 국내 원료 수급이 원활하지 않아 수입의존도가 높고, 바이오연료의 원료에 대한 엄격한 폐기물관리 규제로 활용에 애로가 많은 편이다.

무엇보다 신재생에너지 확대의 가장 큰 제약 요인은 좁은 국토 면적이다. 신재생에너지 잠재량도 결국 가용할 수 있는 국토 면적에 좌우된다. 태양광·풍력발전소 건설에 소요되는 면적은 같은 용량의 원자력발전소에 비해 대략 100배 이상이 필요하다. 해상풍력, 조력발전에 관심을 갖는 이유이다.

하지만 신재생에너지는 여러 한계점에도 불구하고, 미래 에너지 및 성장 동력으로서 지속적인 투자와 육성이 필요한 분야이다. 신기후체제를 앞두고 신재생에너지 수요가 크게 확대되면서, 발전단가도 점차 하락할 것으로 전망되고 있다. 따라서 신재생에너지 시장 창출과 보급 확대, 전략적 R&D 및 산업화 촉진, 수출전략화 등 우리 경제의 지속가능한 성장기반을 체계적으로 구축해 나가야 할 것이다.



### 기저전원 확충의 필요성

전원 구성의 주요 고려 요소로는 공급 안정성, 경제성, 온실가스 배출, 전력부하 패턴 등을 들 수 있다. 풍력, 태양광 등 신재생에너지는 자연의 힘에 의존하기 때문에 대용량 전력 공급이 어렵고, 공급 안정성이 낮아 기존 설비와 상호 보완적인 관계에서 운영되어야 한다. 전력 공급의 안정성과 경제성을 높이기 위해서는 일정 수준의 석탄, 원자력 등 기저전원⑥을 확보하는 것이 중요하다.

특히 우리나라는 연간 부하율⑦이 77% 수준으로 다른 나라에 비해 상당히 높은 편이다. 즉, 전력 수요가 안정적인 패턴을 가지고 있기 때문에 기저전원을 확충하는 것이 안정적 전력 공급과 발전원가 절감에 매우 유리하다. 기저설비의 공급 용량을 초과하는 전력 수요가 발생하면 그 다음 원가가 비싼 국내탄발전, LNG발전, 혹은 유류발전기를 차례로 가동해야 하기 때문이다.

■ 우리나라 발전설비 구성

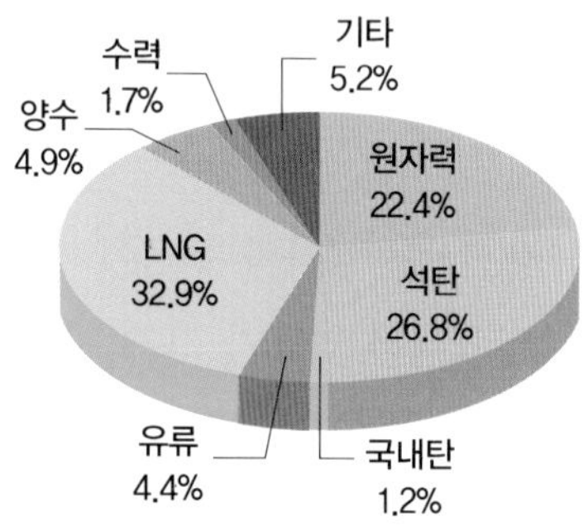


자료: 전력거래소, 2015년 9월 전력계통운영실적



2015년 9월 말 현재 우리나라의 발전설비용량은 총 95,828MW이며, 이 중 LNG발전이 32.9%로 가장 높고, 다음이 석탄발전 26.8%, 원자력 22.4%의 순이다. 즉, 석탄과 원자력발전을 합친 기저전원 용량은 전체의 49.2%에 불과하다. 따라서 연중 대부분의 시간대에서 LNG발전이 가동되고 있고, 그에 따라 시장가격은 주로

⑥ 전력의 기저부하를 공급하는 발전원을 말하며, 우리나라에서는 원자력, 석탄발전이 담당하고 있다. 기저부하는 전체 전력부하 중 24시간 또는 일정 시간 동안에 계속적으로 걸리는 부하 수준을 말한다.

⑦ 연중 최대전력에 대한 연간 평균전력의 비율을 백분율로 나타낸 것

LNG발전기가 결정하게 된다.[8]

원전은 화석연료, 신재생에너지에 비해 경제적인 에너지원이다. 2014년 정산단가는 원전이 54.7원/kWh인 데 비해 석탄발전은 65.1원/kWh, LNG발전은 160.9원/kWh이다. 만약 원전을 추가 건설하지 않고 기존 원전을 단계적으로 폐쇄한다고 가정하면, 석탄발전으로 대체 시 2030년까지 134조 원이 추가 소요되고 44.2%의 전기요금 인상 요인이 발생한다. 전량 LNG발전으로 대체할 경우에는 2030년까지 217조 원의 발전비용이 추가되고 전기요금 인상 요인은 71.3%가 된다. 온실가스 배출도 크게 늘어난다. 2014년 원전발전량을 석탄발전으로 대체할 경우 $CO_2$ 배출이 약 1억 2,860만 톤[9] 증가하고, LNG발전으로 대체 시 약 5,700만 톤이 증가하게 된다.

이처럼 공급 안정성, 전력부하 측면에서 가능한 한 기저전원을 확대할 필요가 있지만 석탄화력은 온실가스 배출 등 환경 문제를 발생시키기 때문에 제약이 따를 수밖에 없다. 따라서 우리나라의 에너지 여건을 종합적으로 고려할 때 일정 수준의 원전 이용이 불가피하며, 당장 원전을 대체할 현실적인 에너지원도 없는 실정이다. 다만, 원전의 추가 건설과 운영에 있어서는 안전성 확보와 국민 수용성 제고가 관건이 된다.



❽ LNG발전기가 계통한계가격을 결정한 시간대 비율은 2014년 94.9%, 2015년 1~9월 90.6%에 이른다.
❾ 2014년 우리나라 온실가스 배출량의 18.5% 수준이며, 2030년 국내분 감축 목표 2억 1,860만 톤의 58.8%에 해당한다.

## 신재생에너지와 원자력의 동반 성장

신기후체제에 대응하기 위해서는 에너지 효율 향상 등 수요관리 강화와 함께 공급 측면에서 저탄소 에너지원의 확충이 필수적이다. 기후변화대응형 전원 구성을 위해 적정 수준의 원자력과 신재생에너지 확충이 필요하다는 뜻이다. 따라서 우리가 성장과 환경을 동시에 고려하는 '지속가능한 발전'을 추구하기 위해서는 에너지원 간 조화와 상생발전 방안을 찾는 것이 중요하다.

과거 신재생에너지와 원자력을 상호 대립적 관계로 보는 시각이 일부 있었으나, 인식의 전환이 필요하며 상호 보완적 발전 방안을 적극 마련할 필요가 있다. 원전 이용으로 얻게 되는 발전원가 절감, 에너지 안보 제고, 온실가스 감축 등 경제적·사회적 편익을 합리적인 방법과 절차를 통해 신재생에너지 개발에 활용함으로써 저탄소 에너지원의 동반성장이 가능한 구조를 만들 필요가 있다.

따라서 신재생에너지 확대 노력을 지속하면서 우리 현실에 가장 적합한 에너지 포트폴리오를 달성하기 위한 에너지 정책을 일관성 있게 추진해야 한다. 신재생에너지 등 미래 에너지원들이 상용화되고 경제성을 확보할 때까지는 원자력이 화석연료를 대신하는 현실적인 에너지 공급원의 역할을 수행할 수밖에 없기 때문이다.

### 신재생에너지로 화석연료 에너지를 대체할 수는 없나?

신재생에너지는 기존의 화석연료를 변환시켜 보다 효율적으로 이용하는 신에너지와 햇빛, 물, 지열, 등 다양한 자연에너지의 특성과 이용 기술을 활용하는 재생에너지를 말하는 것으로, 태양광, 풍력, 수력, 연료전지, 폐기물, 지열에너지 등이 여기에 속한다.
신재생에너지는 화석연료의 에너지원에 비해 이산화탄소 발전량이 현저히 적어서 지구적 과제인 기후변화에 대응할 수 있는 기술 중심 에너지로 떠오르고 있다. 하지만 아직 기술적·경제적·잠재적 측면에서의 한계와 환경성, 주민 수용성 측면에서도 극복해야 할 과제가 적지 않다.
풍력, 태양광, 수력발전은 밤과 낮, 계절, 기후 등 자연 조건의 영향을 크게 받기 때문에 안정적인 에너지 공급 차원에서 한계를 가지고 있다. 대용량의 전력을 생산하려면 큰 부지가 필요한데 좁은 국토는 가장 큰 제약 요인이 되고 있다.
1,000MW의 전기를 생산하는 데 필요한 면적을 비교하면, 원자력발전은 여의도 면적의 5분의 1 정도, 태양광발전은 여의도의 15배, 풍력발전은 70배의 면적이 필요하다.
신재생에너지는 여러 한계점에도 불구하고 미래에너지로서 지속적인 투자와 육성이 필요한 분야이다. 우리나라는 2012년부터 신재생에너지 의무할당제도를 시행하여 일정 규모 이상의 신재생에너지를 공급하는 제도를 시행하고 있다. 이 결과 신재생에너지의 공급이 증가하여 전체 에너지에 대한 비중은 2014년 4.0%를 차지하고 있다. 자연의 힘에 의존하는 신재생에너지는 대용량 전력 공급이 어렵고 공급 안정성이 낮아 기저 전원과의 상호보완적인 에너지 정책이 중요하다.

전기에너지는 우리나라 전체 에너지 소비의 약 20% 정도를 차지하고 있다.
2030년도에는 그 비중이 25% 정도가 될 것으로 추정하고 있다.
이러한 전력 수요 증가 전망하에서 환경성, 경제성, 공급 안정성 등의 측면에서
경쟁력을 갖춘 에너지가 미래 에너지로서의 역할을 할 수 있다.

# 미래 에너지로서의 원자력

전기에너지는 우리나라 전체 에너지 소비의 약 20% 정도를 차지하고 있다.[1] 일반적으로 사회가 발전하고 생활이 윤택해질수록 석탄이나 석유와 같은 1차 에너지보다는 2차 에너지인 전기에너지의 소비가 증가한다. 따라서 1인당 전기에너지 소비량이 국가 및 사회의 발전 정도를 나타내는 간접적인 기준으로 사용되기도 한다.

향후 우리나라는 국민 생활수준의 향상에 따라 전력소비가 계속 증가하여 2030년도에는 그 비중이 25% 정도가 될 것으로 추정하고 있다.[2] 이처럼 전력 수요가 증가할 것이란 전망하의 환경성, 경제성, 공급 안전성 등의 측면에서 경쟁력을 갖춘 에너지가 미래 에너지로서의 역할을 할 수 있다.

❶❷ 에너지경제연구원, 「장기에너지 수요 전망」, 2013.

**후쿠시마 사고 이후의 원전 정책**

후쿠시마 원전 사고는 원자력발전의 안전성과 환경영향의 중요성에 대한 큰 변화를 가져왔다. 이 사고의 영향으로 원자력발전소를 운영하는 여러 나라에서는 원전 가동의 점진적 중단이나 신규 원전 건설 취소를 결정하였다. 일례로 독일의 경우 2022년까지 가동 중인 모든 원자력발전소의 가동을 중단하고 신재생에너지를 중심으로 에너지 구조를 개편하다고 발표한 바 있다.

하지만 후쿠시마 사고에 대한 평가가 진행되고, 원자력발전소의 근본적인 결함이 아니라 쓰나미에 대한 대비 부실이 사고의 주된 원인으로 판명되면서 대부분의 국가에서는 사고 직후와는 달리 원전 축소 정책을 재고하고 있다. 아직도 원전의 안전성에 대한 우려 때문에 사고 이전보다는 줄어들기는 하였지만 영국, 핀란드, 중국 등 많은 나라에서 신규 원전 건설을 추진하고 있다.[3]

**온실가스 감축 효과**

원자력발전은 타 발전원에 비해 이산화탄소 배출량이 적은 편이다. 지구온난화의 원인이 되는 온실가스 배출 측면에서 타 발전원에 비해 원자력발전은 장점을 가지고 있다. 현재 전 세계적으로 문제가 되고 있는 지구온난화는 이산화탄소, 메탄, 질소산화물 등과 같은 온실가스들에 의해 발생한다고 알려져 있다.[4] 온실가스의 대부분이 산업용 및 가정용 연료, 자동차 연료, 화력발전 등에서 발생한다. 특히 화력발전 및 자동차에 사용되는 화석연료에 의한 비중이 거의 50% 정도에 달해 이들을 효과적으로 줄이는 것이 지구온난화 문제 해결의 중요한 요소라 할 수 있다. 간단히 생각한다면 화석연료에 의한 발전을 온실가스가 발생하지 않는 발전으로 대체하고, 내연기관 자동차를 전기자동차로 대체한다면 절반 정도의 온실가스 감축이라는 결론을 도출할 수 있다.



❸ http://www.world-nuclear.org/info/current-and-future-generation/plans-for-new-reactors-worldwide/
❹ http://www3.epa.gov/climatechange/ghgemissions/

화석연료를 사용하는 발전의 대안으로 신재생에너지도 떠오르고 있다. IPCC에 따르면[5] 원자력발전은 풍력과 함께 kWh당 이산화탄소 발생량이 약 10g으로, 발전원 중 이산화탄소를 가장 적게 발생시키는 것으로 평가된다. 이는 kWh당 약 30~50g의 이산화탄소를 발생시키는 태양광에 비해서도 매우 적은 양이며 수력도 kWh당 약 24g의 이산화탄소를 발생한다.

## 방사선으로부터의 안전성

인류뿐만 아니라 지구상의 모든 생물체는 태양으로부터 오는 우주방사선과 지구상에 자연적으로 존재하는 지구방사선에 지속적으로 노출되면서 진화하였다. 따라서 방사선은 인류에게 전혀 새로운 것이 아니며 오히려 의료·산업·농업 등 다양한 분야에서 방사선을 활용하고 있다. 따라서 방사선에 의한 위해는 단순히 방사선에 노출되느냐보다는 노출되는 방사선량에 따라 판단하는 것이 중요하다.

우리나라의 경우 일반인은 1년에 약 4.1밀리시버트mSv 정도의 방사선 피폭을 받는다. 이 가운데 약 2.4밀리시버트mSv는 자연방사선에 의한 것이고 나머지는 의료용, 산업용 등 일상생활을 통해 피폭되는 양이다. 미국의 경우 방사선을 이용한 의료 진단기기를 많이 사용하고 있기 때문에 우리보다 많은, 1년 동안 약 6밀리시버트mSv 정도의 방사선에 노출된다고 한다.

자연방사선에 의한 피폭 이외에 관련 산업 종사자 및 일반인이 과



[5] IPCC, 2014: 「Climate Change 2014: Mitigation of Climate Change」

도한 양의 방사선에 노출되는 것을 막기 위해 국제적으로 방사선 피폭에 대한 기준을 제정하고 우리나라를 포함한 대부분의 나라에서 이를 따르고 있다. 세계 대부분의 국가에서 원자력발전소 주변의 주민들의 방사선 피폭이 연간 1밀리시버트mSv를 넘지 않도록 제한하고 있다. 이는 매우 보수적으로 책정된 값이며, 원자력발전소 주변에서는 이보다 매우 적은 양의 방사선 피폭이 발생하도록 관리하고 있다. 실제 원자력발전소 주변 80km 이내에 사는 주민의 피폭량은 연간 0.01밀리시버트mSv 정도로 매우 낮은 수준이다. 매년 건강검진 시 받는 흉부 엑스레이로 인한 피폭량 0.1밀리시버트mSv, 미국까지의 왕복 비행 시 받는 피폭량 0.07밀리시버트mSv에 비해서도 낮은 양이다.



**원자력발전의 공급 안정성**

우리나라는 에너지의 수입의존도가 세계적으로 높은 나라 가운데 하나이다. 세계은행 통계에 따르면 2013년 기준 우리나라의 화석에너지 의존도는 약 85%이며 이는 석유, 석탄 등의 화석연료의 수입의존도와 거의 일치한다. 나머지 15% 가운데 3% 정도를 풍력 등의 재생에너지와 수력이 담당하고 12% 정도를 원자력에너지가 공급하고 있다. 흔히 원자력에너지를 준 국산에너지라고 말한다. 일례로 세계은행에서는 원자력에너지는 에너지 대외의존도 계산에 포함하지 않는다. 이는 원자력에너지가 가지는 수송과 저장의 용이성에 기인한다고 볼 수 있다. 즉, 100만kW급 발전소를 1년간 가동하려면 LNG 110만 톤 또는 석탄 220만 톤이 필요하지만 우라늄은 단지 20톤이면 된다. 따라서 수년 동안 필요한 핵연료를 원자력발전소 부지나 핵연료 공장에 쉽게 비축할 수 있어 단기간의 수요·공급의 변화에 민감하게 반응하는 화석연료에 비해 산업체와 가정에 안정적으로 전력을 공급해 줄 수 있다.

원자력발전이 우리나라와 같은 에너지자원 빈국의 대외의존도를 낮추는 데 얼마나 기여하는지는 가까운 일본의 사례에서도 찾아볼 수 있다. 세계은행의 통계에 따르면 2000년대까지 우리나라와 일본의 대외 에너지 의존도는 비슷한 수준으로 80%대 초·중반을 유지하고 있었다. 하지만 2011년 후쿠시마 원전 사고 이후 원전 가동이 중지된 일본의 경우 화석연료, 특히 발전용 가스의 수입이 급증하여 대외 에너지 의존도가 10% 이상 증가한 94%2013년 기준까지 치솟았다.[6] 이는 에너지의 대외의존도를 낮추는 데 원자력발전이 어떤 역할을 하는지 보여 주는 사례라 할 수 있다.

화석연료의 경우와 마찬가지로 우라늄도 매장량이 한정되어 있다. 현재 파악된 가채 매장량은 연간 소요량 기준으로 약 280년 정도 사용할 수 있는 양으로, 석탄이나 석유에 비해 월등히 많다. 또한 우라늄 탐사 및 채광 기술이 발전할수록 가채 매장량은 더욱 증가할 것이며, 우라늄 이용 효율을 수십 배 이상 개선시킬 수 있는 고속증식로 등 관련 기술이 상용화되면 우라늄 공급의 어려움은 없을 것으로 전망된다. 비용 면에서도 장기적으로 수요 증가 및 채굴비용의 증가 등으로 원자재 가격 상승이 예견될 수 있으나, 국제시장에서는 우라늄이 타 원료[7] 대비 훨씬 더 안정적일 것으로 전망하고 있다.



❻ http://data.worldbank.org/
❼ 석유의 경우 가채년수 약 40년

■ 총 에너지 원별 전망(단위: 백만toe)

| | | | | | |
|---|---|---|---|---|---|
| 83.6 (30.3%) | 105.1 (38.1%) | 46.3 (16.8%) | 32.3 (11.7%) | | 2011년 (275.7) |
| 100.2 (28.3%) | 111.0 (31.3%) | 64.8 (18.3%) | 59.6 (16.8%) | | 2025년 (354.1) |
| 107.7 (29.1%) | 107.1 (29.0%) | 69.8 (18.9%) | 65.3 (17.7%) | | 2030년 (369.9) |
| 112.4 (29.7%) | 101.5 (26.9%) | 73.3 (19.4%) | 70.0 (18.5%) | | 2035년 (377.9) |

2011~2035년 연평균 증가율

| 신재생 · 기타 | 원자력 | 천연가스 | 석탄 | 수력 | 석유 |
|---|---|---|---|---|---|
| 4.44% | 3.28% | 1.93% | 1.24% | 0.70% | 0.15% |

자료: 산업통상자원부, 「제2차 국가에너지기본계획」 2014.



## 원자력발전의 경제성

각 발전원별 경제성은 개별 국가가 처한 상황이나 연료의 수급, 수송, 저장 등 여러 가지 복합적인 요소에 따라 달리 평가될 수 있다. 특히 자연환경에 크게 의존하는 수력이나 신재생에너지와 직접적인 비교는 매우 어려운 실정이다. 그래서 다양한 발전원들 간의 경제성 비교를 위해 발전소의 건설 및 전 수명 기간 동안의 운영 비용, 해체 비용 등 제반 비용을 종합적으로 고려한 균등화발전비용LCOE: Levelized Cost Of Electricity을 사용한다.

미국의 경우 2020년도의 원자력발전 원가는 MWh당 95달러로 예측되어 수력$83.5, 육상풍력$73.6, 지열$47.8을 제외한 모든 발전원들에 비해 경제적인 것으로 평가되고 있다. 천연가스발전의 경우 탄소포집 및 저장CCS: Carbon Capture and Storage이 적용되기 이전에는 원자력발전에 비해 경제성이 우수하지만 CCS가 적용되면 경제성이 역전된다.[7] 또한 미국에서 원자력발전에 비해 경제적인 것으로 예측되는 신재생에너지원은 매우 제한적이어서 미래 에너지원의 중심이 되기에는 어려운 실정이다.

실제로 2010년 기준 원자력발전단가는 석탄이나 가스 화력에 비해 월등히 우수한 것으로 평가되었다.[8] 외국에 비해 원자력발전의 경제성이 높은 이유는 낮은 원전 건설비와 상대적으로 비싼 가스비 때문으로 분석할 수 있다.

화력발전 원료를 거의 전량 수입에 의존하는 우리나라의 여건상 고비용의 연료비는 향후 상당 기간 유지될 것으로 예상되므로 발전원들 간의 경제성의 차이는 크게 변하지 않을 것으로 보인다. 최근 미국에서는 값싼 셰일가스가 공급됨에 따라 가스발전의 경쟁력이 급속히 상승하고 이에 따라 미국 내에서 원자력발전의 경쟁력이 상대적으로 낮아지는 현상이 발생하고 있다. 하지만 셰일가스의 혜택을 기대할 수 없는 우리나라나 일본, 그리고 유럽 국가의 경우 타 발전원에 비해 원자력발전의 경제성이 지속될 것으로 예상할 수 있다.



❼ US EIA, Levelized Cost and Levelized Avoided Cost of New Generation Resources in the Annual Energy Outlook 2015, June 2015.
❽ 한전 경제경영연구원, 「전력경제경영」, Insight, 4월호_종합

■ 국가별 원자력·석탄·가스 발전원가 비교

| 구분 | 발전원가($/MWh) | | | 원가 격차(가스 대비 비율) | | |
|---|---|---|---|---|---|---|
| | 원자력 | 석탄 | 가스 | 원자력 | 석탄 | 가스 |
| 벨기에 | 85.1 | 91.2 | 92.7 | 92% | 98% | 100% |
| 체코 | 92.4 | 99.3 | 98.2 | 94% | 101% | 100% |
| 독일 | 66.3 | 86.7 | 89.0 | 74% | 97% | 100% |
| 영국 | 99.9 | 110.5 | 109.6 | 91% | 101% | 100% |
| 미국 | 63.1 | 80.2 | 79.7 | 79% | 101% | 100% |
| 일본 | 63.1 | 97.6 | 112.3 | 56% | 87% | 100% |
| 한국 | 35.6 | 68.5 | 91.7 | 39% | 75% | 100% |

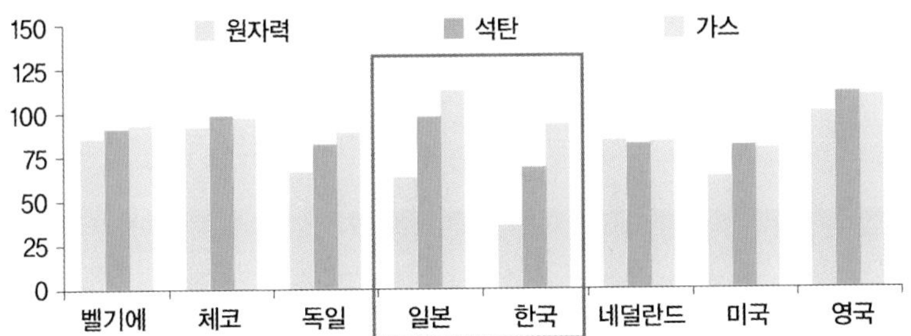


자료: 한전 경제경영연구원, 「전력경제경영 Insight」, 2014년 4월호_종합

**발전원별 시설 부지 가용성**

경제성 이외에도 전력공급원별로 필요한 부지의 크기 및 가용성도 미래 에너지의 공급에 중요하게 고려되어야 할 사항이다. 화력발전이나 원자력발전처럼 대규모의 발전소는 냉각수의 공급이 매우 중요하다. 우리나라는 삼면이 바다로 둘러싸여 있어 현재 가동 중인 원자력발전소뿐만 아니라 새로이 건설되는 원자력발전소도 냉각수 공급에는 차질이 없을 것으로 보인다.

이에 비해 대표적인 신재생에너지인 풍력발전이나 태양광발전의 경우 부지 조건이 좀 더 까다롭다. 경제적인 풍력발전이 가능하려면 충분한 세기의 바람이 불어야 하며, 태양광발전은 충분한 일조량이 필요하다. 하지만 지역별, 계절별 일조량의 편차가 심하다는 제약이 있다. 또한 풍력이나 태양광발전의 경우 에너지 밀도가 낮아 원자력발전에 비해 넓은 면적을 필요로 한다.

다양한 발전원들은 각각의 장단점이 있으나 환경친화성, 공급 안정성, 경제성 측면을 모두 고려하면 원자력발전이 가장 적합한 전기에너지 공급원이라 할 수 있다. 2014년 수립된 제2차 국가에너지기본계획을 보면 장기적으로 전량 수입에 의존하는 화석연료의 비중은 점진적으로 줄이면서 신재생 및 원자력에너지의 비중은 점차적으로 늘린다는 것을 알 수 있다. 이는 미래 에너지로서의 원자력이 지닌 경쟁력을 고려한 계획이라고 볼 수 있다.



환경성, 경제성, 공급 안정성 등의 측면에서 원자력이 미래 에너지로 떠오르고 있다.

부지 선정에 크게 영향을 미치는 주요 인자는
원전 부지로서 입지 조건인 환경성·건설 적합성·주민 수용성 및
선정 절차, 주민 의견 수렴 방안, 원전 건설에 따른
경제적 효과 등이 있다.

# 원자력발전소 건설



최근 원자력발전소 신규 부지를 둘러싼 사회적·정치적·환경적·경제적 요인 등이 급격하게 변화하고 있다. 주요 요인의 변화에 따른 이해관계로 인해 다양한 요구가 발생하며, 이는 사회의 주요 갈등 요인으로 작용하고 있다. 특히 원자력발전소의 부지 선정은 그 지역의 사회 구성원들이 원자력발전소를 어떻게 인식하는가에 따라 좌우되며, 이러한 인식은 각 요인들의 변화에 따라 큰 영향을 받는다.

부지 선정에 크게 영향을 미치는 주요 인자는 원전 부지로서 입지 조건인 환경성·건설 적합성·주민 수용성 및 선정 절차, 주민 의견 수렴 방안, 원전 건설에 따른 경제적 효과 등이 있다.

이와 관련된 각종 근거들이 부지 예정구역 주민들에게 정확히 제공되어 충분한 검토가 이루어져야 하며, 이를 통해 그들의 의사가 제대로 표현된다면 집단의 이익을 추구하는 사회에서 불가피하게 발생되는 갈등을 최소화할 수 있는 올바른 선택이 될 수 있다. 이는 원전 부지 선정에 주요한 근거가 될 수 있다.

**수요 입지 검토**

에너지기본계획의 주목적은 중장기 에너지 정책의 기본 철학과 비전을 제시하는 것으로 에너지 부문의 모든 분야를 총망라한 것이다. 이는 다른 에너지 관련 계획들과 체계적으로 연계하여 거시적인 관점에서 조정하는 종합계획으로서 에너지원별, 부문별 등의 다양한 계획에 대한 원칙과 방향을 제시하는 최상위 계획이다.

제2차 에너지기본계획2011년 4월에서 현 수요 전망으로는 2035년까지 총 43GW의 원전 설비가 필요할 것으로 계획하고 있다. 원전 건설기수는 전력 수요, 계속운전 여부, 건설, 운영 여건에 따라 결정되며 전력수급기본계획에서 제시하고 있다.

전력수급기본계획은 국가 에너지 정책의 한 부분이자 국가 산업발전 및 국민의 생활수준 향상을 뒷받침하는 중요한 계획으로 안정적인 전력 수급을 최우선으로 한다. 또한 수요 전망 정밀성, 객관성 확보 및 에너지 신산업을 활용한 전력 수요 관리 및 온실가스 감축을 위한 저탄소 전원믹스 강화 등 미래 지향적인 투자 계획이다.

원전의 입지 확보 계획은 전력수급기본계획에 의해 입지 소요 전망 및 확보 시기를 검토한다. 연도별 설비예비율, 수급 영향 분석, 발전설비 건설, 사후 관리 등 지속적인 수급 점검과 대응 체계를 마련하기 위한 연도별 전력 수급 전망을 예상하고 발전설비 구성, 발전설비 투자비 소요 전망 등을 통해 연차별 확정설비 및 신규 의향설비를 검토하여 계획을 세운다.

**원전 부지 확보 절차**

원자력발전소 건설을 위한 부지의 확보 절차는 전력수급기본계획에 따라 원자력발전소 사업자(한국수력원자력, 이하 사업자)가 부지예비조사를 통해 전략환경영향평가서를 작성하고, 산업통상자원부에 전원개발사업 예정구역 지정 신청을 하면 산업통상자원부는 관계 행정기관인 환경부, 지방자치단체의 의견 조회 및 협의를 통해 예정구역을 지정 고시하고 사업자에 지정 통보하도록 되어 있다.

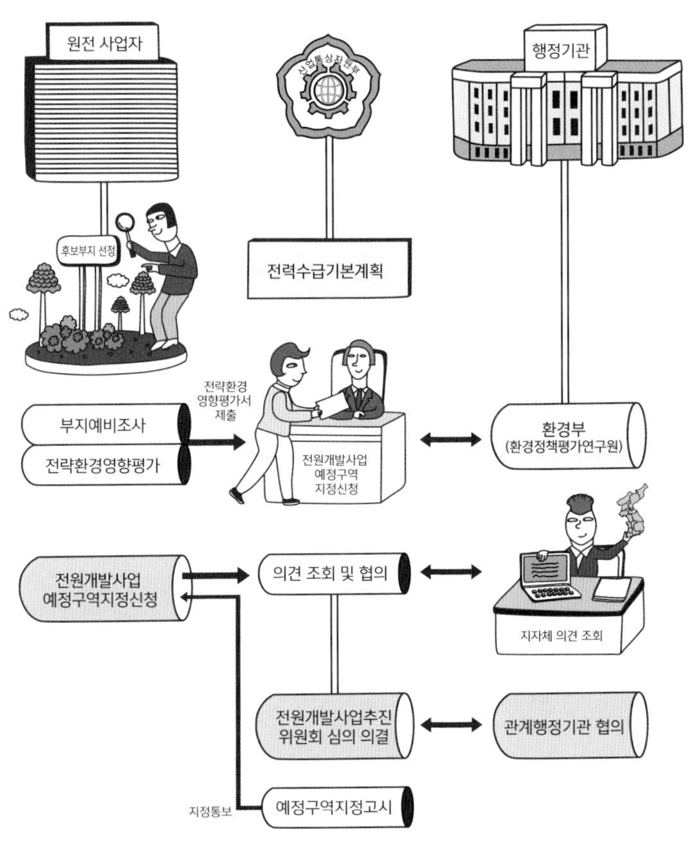


자료: 「Nuclear Power Note 2015」, 한국수력원자력(주)

전원개발사업 실시계획 승인 절차는 '전원개발촉진법'에 의거하여 사업자는 실시계획 승인 신청서나 관계 서류를 첨부하여 산업통상자원부 장관에게 제출한다.

산업통상자원부는 해당 지방자치단체장의 의견을 수렴하고 관련된 사항에 대해 관계행정기관과 협의한 후 전원개발사업추진위원회 심의·의결을 거쳐 전원개발사업실시계획을 승인·고시한 후 사본을 해당 지방자치단체장이나 관계기관장과 사업자에 통보하고 사업자는 이를 토대로 사업을 시행한다.

■ 전원개발사업 실시계획 승인 절차

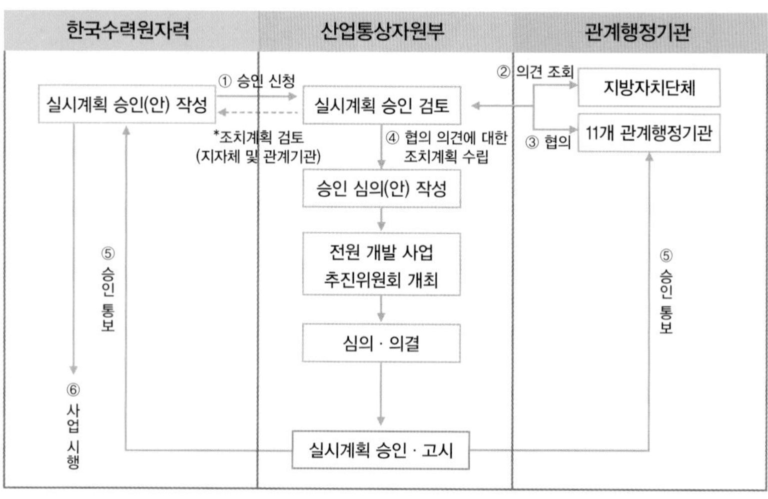


자료: 산업통상자원부, 「Nuclear Power Note 2015.」

**원전 부지의 입지 조건**

원자력발전소 부지의 조건은 '원자력안전법' 이하 시행령, 시행규칙, 위원회 규칙, 고시, 규제 기준 및 지침 등에 의한 입지 충족 요건인 위치 제한, 기상 조건, 수문, 지진, 위해 시설 등의 광범위한 자연과학 분야에 걸쳐 다각적이고 심도 있는 조사와 분석 결과에 대한 여러 단계의 타당성 검토를 통해 이루어진다.

이러한 부지 평가의 목적은 제안된 부지의 적합성 여부 결정과 원자로 격납건물 및 안전 관련 구조물 건설, 그리고 설계에 필요한 기초 입력 자료의 도출에 있다.

■ '원자력안전법'에 의한 지질 등의 조건

| 구분 | 기준 |
|---|---|
| 위치 제한 | • 저인구지대(Low Population Zone)<br>원자로 시설의 가상 사고가 발생할 경우 저인구지대 외곽 경계선의 임의 지점에 위치한 개인이 방사성물질에 의하여 사고의 전 기간 동안(통상 30일)에 받는 누적선량 제한치가 전신은 0.25시버트, 갑상선은 3시버트를 초과하지 않은 지역으로 설정<br>• 인구 중심지(Population Center Distance)<br>원자로 시설로부터 가장 가까운 인구 25,000명 이상이 거주하는 인구 밀집 지역이 원자로 시설로부터 저인구지대 외곽 경계선까지 거리의 4/3배 이상일 것 |
| 기상 조건 | 방사성물질 방출 시 확산·희석되는 특성이 장해가 없다고 인정되는 곳 |
| 수문 | • 상류의 저수지·댐이 유실될 경우 또는 비 등에 의하여 하천이 범람할 경우에도 안전한 곳<br>• 주변의 수중 환경에 장해가 발생할 우려가 없는 곳<br>• 공업용수 및 냉각용수를 공급받을 수 있는 곳 |
| 사고의 영향 | 항공기 추락, 위험물의 생산 또는 취급하는 산업 시설로부터 장해가 없는 곳 |

■ '원자력안전법'상의 원전 입지 조건

| 구분 | 기준 |
| --- | --- |
| 지진 | • 지진 또는 지각의 변동이 일어날 가능성이 희박한 곳<br>• 지표면이 붕괴하거나 함몰할 가능성이 없고 경사면과 지반이 안정된 곳<br>• 부지 반경 8km 이내에 길이 300m 이상의 단층이 있을 경우 활동성 여부를 정밀 조사하여 활동성 단층이면서 부지 내 지표 변형 가능성이 있으면 이에 대응할 수 있는 설계 고려<br>– 활동성 단층: 과거 3만 5000년 이내 1회 또는 50만 년 전 이내 2회 이상 활동한 단층 |
| 위치 제한 | • 방사능 누출 사고 발생 시<br>– 주민에 대한 피폭선량이 일정치를 넘지 않을 곳<br>– 주변지역에 거주하는 주민의 대피 등 적절한 조치를 취할 수 있는 곳<br>• 구체적 기준<br>– 제한구역(Exclusion Area): 원자로 시설의 가상 사고가 발생 할 경우 제한구역 경계선의 임의 지점에 위치한 개인이 사고 발생 후 누출된 방사성물질에 의하여 2시간 동안 받는 누적선량 제한치가 전신 0.25시버트, 갑상선은 3시버트를 초과하지 않는 지역으로 설정 |
| 비상 계획 실행 가능성 | 방사선 비상 사고 시 주민 보호를 위해 방사선 비상 계획의 실행이 가능한 지역 |
| ※ 각 조건의 구체적 기준<br>– 원자로 시설의 위치에 관한 기술 기준(원자력안전위원회고시 제2012-3호) | |
| 위해 시설<br>(설치 시 원자력 안전위원회와 협의하여야 할 시설) | • 원자로로부터 16km 이내<br>– 공항<br>• 원자로로부터 8km 이내<br>– 포사격장, 미사일기지, 댐, 하구둑<br>– 기타 원자력안전위원회가 관계장관과 협의하여 고시하는 시설 |

**환경영향평가** 환경영향평가는 '환경영향평가법' 및 '환경영향평가서 작성 등에 관한 규정2013. 12. 환경부'에 따라 환경영향평가 계획서 심의를 통해 평가 항목 및 평가 방법, 대상 지역 등이 결정되면 환경영향평가서에 발전소 건설 및 운영에 따라 사업지구 인근 지역에 미치는 환경영향을 자연 생태환경, 수환경, 생활환경 등 평가 항목을 결정하여 분야별로 검토하여 상세하게 평가한다.

'원자력안전법'에 정하는 바에 따라 발전소 건설, 운영 및 사고 등으로 인한 방사선 환경영향평가서를 작성하는데, 원자력발전소 건설 및 운영으로 발생되는 방사선 또는 방사능이 주변 환경에 미치는 영향을 미리 평가하여 원전이 환경 친화성을 가지며 만일의 사고 시에도 안전하게 설계되어 주민의 방사선에 대한 안전이 충분히 확보되었는지 입증하도록 되어 있다. 또한 환경 또는 방사선 환경에 대한 평가 결과에 따라 주변 환경에 미치는 영향을 최소화하기 위한 저감 대책을 수립하여야 하며 발전소 건설 공사 및 운영 중에 환경 관련 문제가 발생하지 않도록 하여야 한다.

**주민 의견 수렴 절차** 주민 의견 수렴 절차는 환경영향평가 또는 방사선 환경영향평가서 초안을 작성하여 설명회 개최, 공모 및 공람 후 공청회를 개최한 후 그 결과를 7일 이내에 관련 지방자치단체에 제출하여야 한다. 또한 공청회와 주민 공람 등 주민 의견 수렴 결과는 최종 환경영향평가서 및 방사선 환경영향평가서에 반영되어 정부에 제출되며, 환경부와 원자력안전위원회의 엄격한 심사를 거쳐 건설허가를 획득하도록 하고 있다.

## 발전소 주변지역 지원 제도

■ 발전소 주변지역 지원금

정부는 발전소에 대한 지역 주민의 수용성을 제고하기 위하여 발전소 주변지역 지원에 관한 법률을 제정하였다.

지역은 발전기로부터 반경 5km 이내의 육지 및 섬 지역에 속한 읍·면·동 지역에 운영하고 있으며 지원 사업의 종류는 기본지원 사업, 특별지원 사업, 홍보사업, 그 밖에 주변지역의 발전, 환경안전관리와 전원 개발의 촉진을 위하여 필요한 사업을 하도록 하였다.

기본지원 사업은 소득증대사업, 공공사회 복지사업, 육영사업, 주민복지 지원 사업, 전기요금보조 사업 등으로 구성되며, 사업 시행자는 지방자치단체의 장이지만 전기요금 보조 사업의 경우에는 발전 사업자가 실시토록 하고 있다. 또한 지원금은 발전원, 발전량 등에 따라 관련 법령에 규정된 산정 기준으로 산정하고 있다.



**연간 지원금** = 전전년도 발생량(kWh) × 발전원별 지원금 단가(0.25원/kWh)
+ 설비용량(MW) × 발전원별 설비용량 단가(만 원/MW)

■ 사업자 지원 사업비

2006년 '발전소 주변지역 지원에 관한 법률'에 의거 원자력발전소 발전 사업자가 자기 자금으로 수행하는 사업자 지원 사업을 시행토록 하여 교육, 장학 지원 사업, 지역 경제 협력 사업, 주변 환경 개선 사업, 지역 복지 사업 등에 사용 가능하며 지역이나 산정 기준은 '발전소 주변 지원 사업'과 동일하다.

■ 지역자원 시설세

지역자원 시설세는 지역의 균형 발전 등에 소요되는 재원을 확보하기 위하여 발전용수·지하수·지하자원·컨테이너를 취급하는 부두를 이용하는 컨테이너·원자력발전으로서 대통령이 정하는 것을 과세 대상으로 하여 과세표준과 표준세율을 정하였다.

- **원자력발전**: 발전량 1kWh당 1원
- **적용 사업 범위**: 지역 균형 개발 사업/ 방사능 방재 교육, 훈련 및 방재 대책에 따른 사업 등

이러한 지역 지원 사업비 및 세수를 통해 해당 지방자치단체는 지역 발전을 위한 시너지 효과를 극대화하려고 노력하고 있으나 지원 사업의 종류가 다양하고 사업 간 구분이 모호하여 유사, 중복 투자가 불가피한 사업 체계를 갖고 있어 발전소 주변지역 주민의 경제적 향상을 위해서는 운영과 내용에 대한 개선이 필요한 상태이다.



### 원전 주변지역 지원의 경제적 효과

'발전소 주변지역 지원에 관한 법률'에 따라 사업자는 일정 금액 이하의 공사, 용역, 구매 계약 시 지역 기업과 우선 계약을 하도록 하여 지역 경제를 활성화시키고자 하고 있으며 및 지역 주민 고용 우대 등 다양한 혜택을 받도록 하고 있다.

2014년 원전본부별[1] 지역기업 계약금을 보면 고리원전은 전체 1,860억 원 중 48.4%인 900억 원을 지역기업과 계약하였으며, 한빛원전은 1,585억 원의 13.6%(215억 원), 월성원전은 2,121억 원 중 15.2%(323억 원), 한울원전은 2,139억 원의 17.5%(374억 원)를 각각 계약하였다.

[1] 지역별로 본부 운영: 고리, 월성, 한빛, 한울 총 4개 본부

또한 발전 사업자는 지역 경제 활성화 및 지역 주민 우대 등 다양한 혜택을 제공하고 있는데, 신규 건설 원전의 경우 발전소 5km 이내의 읍·면·동 지역에 거주하는 자는 전원개발사업예정구역 지정 고시일 포함 이전 3년 이상 거주하면 10%의 채용 가점을 받는다.

이상의 지역지원 사업비 및 세수를 통해 해당 지방자치단체는 지자체에 납부하는 소득세, 주민세, 재산세 등은 지방세수 증가와 원전 건설 및 운영에 따른 인구 유입 등으로 지역 경제가 활성화된다. 2013년 통계 원전본부별 지방세는 지역 전체 지방세수의 고리원전 11.3%, 한빛원전 58.1%, 월성원전 6.75%, 한울원전 57.2%를 차지하였다.




원전 지역은 원전과 협력 업체 근무자와 가족들의 유입으로 인구 증가율이 6.8% 증가한 반면 타 농·어촌 지역의 경우 젊은 층의 취업을 위한 도시 지역으로의 이동에 따라 평균 17.2% 감소하였다. 원전 지역에서는 직원들의 이주에 따라 부동산 시장에도 새로운 활력이 되고 있으며, 기존 지역 산업의 시너지 효과, 신규 업종 수요 발생 등 경제 흐름이 매우 활발해지는 효과가 나타나고 있다.

### 원전과 지역주민의 환경영향

원자력발전소로 인해 지역주민의 삶에 미치는 영향은 방사선과 원전 온배수로 인한 환경영향으로 크게 나누어 볼 수 있다.

원자력안전법은 환경으로 배출되는 기체나 액체에 포함되어 있는 방사성물질의 법적 기준치를 정하여 배출량을 제한하고 있으며, 또한 평상 운전 시 극도로 저감하여 배출하도록 규정하고 있다. 원전의 방사성물질 관리는 4개 기관(정부, 사업자, 지역대학, 민간환경감시기구)이 원전 주변 지역의 농수산물, 식수 등 다수의 시료를 채취하여 환경방사선을 교차분석 또는 독립적으로 측정함으로써 주민들에게 직간접적으로 미칠 영향을 평가하고 있다. 그동안 환경방사선을 측정·평가한 결과 원전 주변 지역의 환경방사선은 원전이 없는 지역의 환경방사선과 별다른 차이가 없이 매우 유사한 것으로 나타났다.

최근 원자력발전소와 갑상선암의 관련성이 크게 부각되어 방사선 영향으로 인한 것이 아닌가 하는 문제가 제기되고 있다. 우리나라의 경우 보건복지부 국가암 등록 통계에 따르면 전국적으로 갑상선암 환자가 과거에 비해 12배로 급증하고 있는 현상이 나타나고 있는데, 이는 의료복지 확대와 진단기술의 발전으로 초기에 암을 발견하는 경우가 많아졌기 때문이라는 것이 전문가들의 분석이다. 미국의 국립암연구소 등 해외에서도 원전의 방사성물질 배출과 갑상선암 발생 간의 인과관계에 대한 연구를 시행했으나, 관련성이 없는 것으로 조사되었다.

또한 여성의 10만 명당 갑상선암 발생률은 대구, 전남 지역이 가장 높았으며, 제주도도 원전 지역보다 높게 나타나고 있다.

■ 지역별 여성의 갑상선암 발생률(단위:%, 10만 명당)

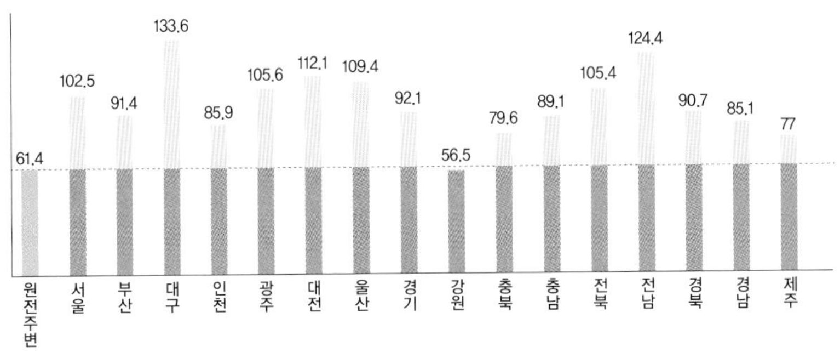


자료: 서울대 역학조사 보고서, 2011 국가암등록사업 연례보고서

월성원전의 경우 환경으로 배출된 삼중수소의 인체 유해성을 확인하기 위해 2014년 월성 주민과 경주 시내 주민을 대상으로 검사를 수행한 바 있다. 조사 결과, 월성 주민과 경주 시내 주민 간에 차이점이 없는 것으로 나타났다.

원전 주변 주민의 뇨시료에서 관찰되는 농도를 보면 연간 삼중수소 섭취는 약 5,000Bq이며, 이를 방사선량으로 환산하면 연간 0.006mSv 정도로서 이는 일반인의 법적 연간 선량한도인 1mSv에 비하여 약 7/10,000 수준으로 매우 미미하다.

화력·원자력 등 에너지를 전기로 전환시킬 경우, 투입된 에너지의 일부분은 폐열로서 환경으로 배출되는데 사용된 냉각수는 열을 받아서 온도가 상승되고 이와 같이 온도가 상승된 냉각수를 온배수라고 부른다. 원전에서 배출된 온배수는 원자로 터빈 등 발전계통과는 완전히 분리된 배관을 따라 흐르기 때문에 방사성물질에 오염될 가능성은 없다.



온배수에 대한 문제가 환경오염으로 중요하게 제기된 것은 한빛원전이다. 이는 한빛원전이 서해안에 위치하고 있어 수심이 얕고 해류가 해안선을 따라 이동하기 때문에 온배수의 희석이 쉽지 않다는 지역적인 특성에서 기인한 것으로 타 원전에서도 온배수에 의한 환경 영향은 다소 차이가 있지만 불가피하게 나타나고 있다.

온배수가 주변 환경 및 생태계에 주는 영향은 발전소로부터 방출된 온배수에 의해 국지적으로 수온이 상승하기 때문으로 1986년부터 현재까지 지속적으로 평가하여 그 결과를 매년 발전사업자가 정부에 제출하고 있다.

온배수의 영향에 대한 장기적인 환경조사 결과를 살펴보면, 원전 운영으로 인한 주변 생태계에 대해서 미국은 오하이오 강Ohio River 주변에 위치한 27개 발전소 해양 환경을 37년간, 일본은 후쿠시마 현 발전소 온배수를 30년간 조사한 결과 온배수가 해양환경 및 어업자원에도 명확하게 영향을 나타내는 징후는 없는 것으로 나타났다.

다만 국내에서는 수온에 민감한 일부 수산물이 피해가 있는 것으로 판명되어 수산물 피해 조사 결과에 따라 보상을 실시하고 있다.

최근 국내외의 기후변화, 환경오염, 남획에 따른 수산자원 감소가 큰 문제로 대두되어 발전 사업자는 원전 주변 수산자원 조성을 위해 온배수를 이용한 어패류 방류사업을 1997년부터 지속적으로 시행하고 있으며, 지역어민이 선호하는 맞춤형 방류사업을 계속 시행하여 온배수에 의한 해양 생태계의 변화를 최소화하고 해양환경을 개선하기 위한 노력을 꾸준히 진행하고 있다.

해외의 경우에도 양식 산업을 비롯하여 원전에서 나오는 온배수를 이용하여 농사, 화초 재배, 지역난방 등 원전과의 지역 협력 사례를 찾아볼 수 있다.

원전은 지역 사회와 공존하는 시설이다. 원전이 들어섬으로 인해 젊은 인구의 자연스런 유입으로 지역의 노령화를 지연시킴은 물론 지역 인재 채용, 지가 상승, 재정자립도 향상 등 지역 경제 활성화에 기여하고 있다. 프랑스는 원전에서 원전 주변 지역에 일자리 창출과 지역 경제 활성화를 위해 별도의 재원을 확보하여 지역과의 공존을 꾀하고 있다.

한편, 원전 주변에서 생산되는 농수산물이 방사능에 오염될 확률이 높지 않을까 하는 일부의 우려와는 달리 영광 굴비, 고창 상하목장 우유, 기장 미역, 울주 서생배 등 원전 주변 지역 특산물의 생산·유통에도 영향을 주지 않는 것으로 확인되고 있다.

## 에너지의 섬, 대한민국에서 원자력이란

### 대한민국 에너지

한국은 세계 9위의 에너지 소비국
해외의존도가 95%인 에너지 자원 빈국

### 전기에너지와 원자력

### 원자력의 기여도

블랙아웃에 대비한 안정적인 에너지 수급을 위해서 예비전력원 필요
원자력은 발전원가 상승 요인이 적고 경제적

## 에너지 위기에 대비한 전원 비중

석유파동 등 에너지 위기에 대응하기 위해
전원믹스 방식 필요
원자력 에너지는 전력 비용과 온실가스 배출을
획기적으로 줄이는 에너지원

## 원자력발전소 건설

원자력안전법의 입지 조건 만족 ▶원자력안전위원회, 산업통상자원부 등의 허가
▶ 일자리 창출 및 주변지역 지원 등 경제 활성화

원자력
상식사전

# 원자력발전

1. 원전의 원리와 구조
2. 국내외 원전 정책과 현황

원자력발전은 핵분열 반응을 통해 얻은 에너지로
물을 끓여 증기를 발생시키고, 이 증기로 터빈을 돌려 전기를 얻는다.
이것은 에너지원이 원자력이라는 것을 제외하고는
일반 화력발전 방식과 다르지 않다.

# 원전의 원리와 구조



**핵분열의 원리**

핵분열Nuclear Fission이란 우라늄과 플루토늄 같은 무거운 원자의 원자핵이 두 개 이상의 가벼운 원자핵으로 쪼개지는 현상이다. 핵분열 반응이 일어나면 반응 전에 비해 질량이 줄어드는데, 아인슈타인의 특수상대성이론에서 도출된 질량-에너지 등가원리에 따라 줄어드는 질량만큼 에너지가 발생한다.

$$E = mc^2$$ (E = 에너지, m = 질량, c = 빛의 속도)

에너지의 발생은 원자핵의 핵자당 결합에너지Binding Energy 차이에서 비롯된다. 결합에너지는 원자핵 속의 핵자[1] 들을 독립적인 핵자들로 모두 분리시키기 위해 필요한 최소한의 에너지로서, 원자핵을 구성하는 핵자들이 결합할 때에 방출하는 에너지이기도 하다. 이 결합에너지를 핵자의 수로 나눈 값을 핵자당 결합에너지라고 말하며, 이

[1] 원자핵을 구성하고 있는 양성자와 중성자를 칭함

양은 핵자들이 핵 안에서 결합된 정도를 나타내는 기준이 된다. 즉, 이 값이 클수록 보다 안정한 원자핵이 된다.

■ 핵자당 결합에너지

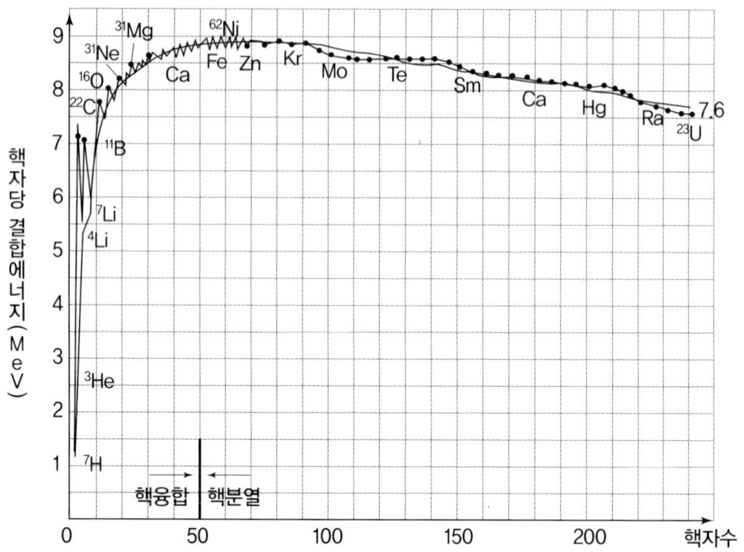


핵자당 결합에너지는 질량수핵자 수에 따라 증가하여 철Fe에서 가장 크고, 이후에는 질량수가 커질수록 감소하는 특성을 가지고 있다. 따라서 수소와 같이 질량수가 작은 원자핵들은 핵자 수가 커질수록 결합에너지가 증가하므로 결합하여 원자핵이 되면서 결합에너지 차이만큼 에너지를 방출한다. 반대로 우라늄과 같이 무거운 원자핵은 질량수가 작아질수록 결합에너지가 커지기 때문에, 작은 원자핵들로 분열할 때 결합에너지의 차이만큼 에너지를 방출하게 된다. 전자의 경우를 핵융합Nuclear Fusion, 후자의 경우를 핵분열Nuclear Fission이라고 한다. 핵융합을 이용한 것이 수소폭탄이며 핵분열을 이용한 것이 원자로나 원자폭탄이다.

질량결손에 의해 생성된 에너지는 생성된 입자들의 운동에너지와 전자기파γ선에너지 등의 형태로 방출된다. 이 에너지를 원자핵 에너지Nuclear Energy 또는 원자력이라고 한다. 예를 들어, 질량수가 A=230인 큰 원자핵이 질량수가 A=115인 작은 원자핵 두 개로 분열되는 경우 분열 전후의 결합에너지는 각각 다음과 같다.

결합에너지(B) = (핵자당 결합에너지) × (질량수A) × (입자 수)

분열 전(A = 230인 원자핵 1개): 결합에너지 B1 = 8.2 × 230MeV = 1886MeV
분열 후(A = 115인 원자핵 2개): 결합에너지 B2 = 8.4 × 115MeV X 2 = 1932MeV
핵분열 때(질량결손에 의해) 발생하는 에너지: 1932 – 1886 = 46MeV

우리가 흔히 말하는 핵분열은 여러 핵분열 반응 중에서도 우라늄 235U-235나 플루토늄 239Pu-239의 원자핵이 중성자를 흡수하여 2개의 가벼운 원자핵으로 분열하는 것을 말한다. 일반적으로 핵분열은 알파붕괴, 베타붕괴, 감마붕괴와 같은 자연 방사성 붕괴처럼 저절로 일어나는 현상이 아니므로, 인공적인 핵분열에서는 속도가 느린 중성자열중성자를 무거운 원자핵에 충돌시키는 것으로 시작한다. 따라서 핵분열을 위해서는 외부에서 원자핵으로 들어가는 중성자 같은 입자가 필요하다.

충돌한 중성자가 우라늄 원자핵 속으로 들어가면, 우라늄에 속한 전체 양성자와 중성자가 분열하게 되고, 그 결과 보통 2~3개의 중성자가 다시 생겨난다. 튀어나온 중성자는 다시 다른 핵분열 현상을 일으킬 수 있다. 결국 핵분열이 연쇄적으로 일어나게 되며 이를 핵연쇄반응Nuclear Chain Reaction이라고 한다.

■ 핵분열 반응

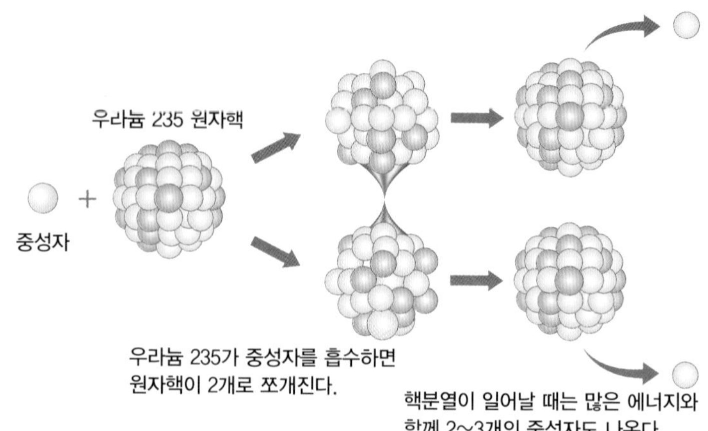
우라늄 235 원자핵
중성자
우라늄 235가 중성자를 흡수하면
원자핵이 2개로 쪼개진다.
핵분열이 일어날 때는 많은 에너지와
함께 2~3개의 중성자도 나온다.

그러나 이때 발생한 중성자는 속도가 매우 빠르고 에너지가 큰 고속중성자Fast Neutron이다. 고속중성자는 핵분열 반응단면적Fission Cross-Section이 작은데, 여기서 반응단면적이란 핵반응이 일어나는 확률을 나타내는 면적의 단위를 갖는 양이다. 다시 말해, 핵분열 반응에서 발생한 고속중성자로는 다시 핵반응을 일으키기 어렵다. 따라서 핵분열 과정을 연쇄적으로 만들어 에너지를 지속적으로 얻기 위해서는 감속재를 이용하여 고속중성자의 속도를 줄여 열중성자로 바꿔주어야 한다. 원자력발전소 등에서 이런 역할을 하는 감속재로는 물이나 중수重水 등이 있다.

또한 핵분열 연쇄반응을 일으키기 위해서는 우라늄을 농축해야 하는 경우가 있다. 핵반응 물질로 사용되는 우라늄은 질량수 227에서 240에 이르는 14종의 동위원소로 이루어져 있고, 자연에서 발견되는 천연 우라늄 속에는 U-234, U-235, U-238 등 3종이 있다.

이 중에서 U-238이 99% 이상을 차지하며, 핵분열이 잘 일어나는 U-235는 0.7%밖에 없다. 따라서 우라늄 속의 U-235의 비중을 높여서농축 핵분열 연쇄반응이 효과적으로 일어나도록 한다. 다만, 감속 효율이 좋은 중수나 흑연을 감속재로 사용할 경우에는 농축하지 않은 천연 우라늄을 사용하기도 한다.

### 원자력발전의 원리와 구조

원자력발전은 핵분열 반응을 통해 얻은 에너지로 물을 끓여 증기를 발생시키고, 이 증기로 터빈을 돌려 전기를 얻는다. 이것은 에너지원이 원자력이라는 것을 제외하고는 일반 화력발전 방식과 다르지 않다.

원자로는 여러 가지 방법으로 분류되는데 핵반응에 주로 기여하는 중성자의 에너지, 감속재의 종류, 냉각재의 종류 등에 따라 나뉜다. 이 중에서 냉각재의 종류에 따라 구분하는 것이 가장 일반적이다. 현재 널리 상용화된 원자로형으로는 가압경수로PWR: Pressurized Water Reactor, 비등경수로BWR: Boiling Water Reactor, 가압중수로PHWR: Pressurized Heavy Water Reactor, 기체냉각로GCR: Gas Cooled Reactor, 경수냉각흑연감속로LWGR: Light Water Cooled Graphite Moderated Reactor 등이 있으며 액체금속고속증식로LMFBR: Liquid Metal Cooled Fast Breeder Reactor도 일부 상용화되어 있다.

2015년 말 현재 우리나라에서 가동 중인 24기의 원전 중에서 20기가 가압경수로, 나머지 4기가 가압중수로형이다. 가압경수로형 원자로는 세계에서 가장 흔한 유형의 원자력발전 방식으로, 냉각재로부터 나온 물을 증발하지 못하도록 높은 압력 상태로 유지시키는 것이 특징이다.

가압경수로 계통은 1차 계통과 2차 계통으로 나눌 수 있다. 1차 계통은 격납용기 내의 원자로, 증기발생기, 가압기, 냉각재펌프 및 냉각재 유로를 포함하는 원자로 냉각재 계통을 말한다. 1차 계통에서는 핵분열로 인해 발생한 열에너지를 증기발생기를 통해 2차 계통으로 전달하며, 방사성물질이 밖으로 유출되지 않도록 일차적으로 보호하는 역할을 한다. 2차 계통에서는 1차 계통에서 받은 열로 만들어진 증기를 이용하여 터빈 발전기를 돌려 전기를 생산한다. 또한 전기 생산에 사용한 증기를 복수기에서 물로 응축시켜 다시 증기발생기의 급수로 사용한다.



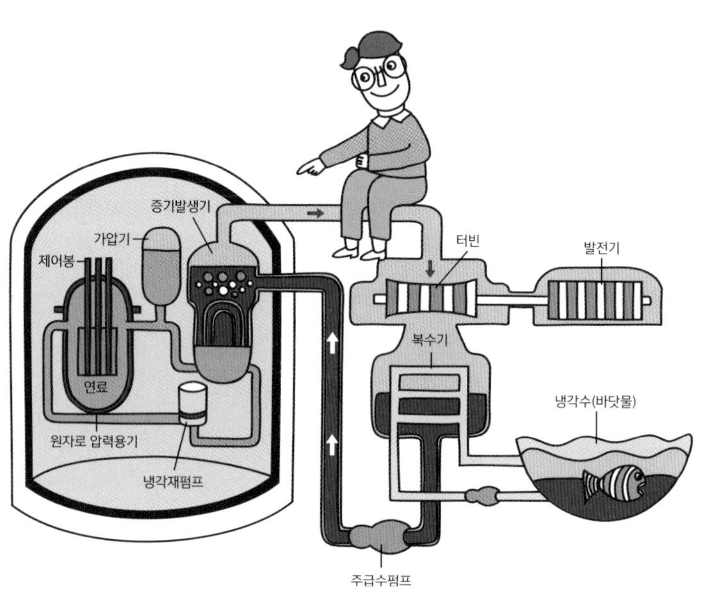

■ 냉각재로 분류한 원자로의 종류

| 구분 | | 중성자 | 냉각재 | 감속재 | 핵연료 조성 | 우라늄 농축 |
|---|---|---|---|---|---|---|
| 수냉각형 (Water Cooled) | 가압경수로 (PWR) | 열중성자 | 물($H_2O$) | 물 ($H_2O$) | $UO_2$ | ~3% |
| | 비등경수로 (BWR) | 열중성자 | 물($H_2O$) | 물 ($H_2O$) | $UO_2$ | ~3% |
| | 가압중수로 (PHWR) | 열중성자 | 중수($D_2O$) | 중수 ($D_2O$) | $UO_2$ | 천연 |
| | 경수냉각 흑연감속로 (LWGR) | 열중성자 | 물($H_2O$) | 흑연 | $UO_2$ | ~3% |
| 기체냉각형 (Gas Cooled) | Magnox | 열중성자 | 이산화탄소 ($CO_2$) | 흑연 | U 금속 | 천연 |
| | 개량형 기체냉각로 (AGR) | 열중성자 | 이산화탄소 ($CO_2$) | 흑연 | $UO_2$ | ~3% |
| 액체금속냉각형 (Liquid Metal Cooled) | 액체금속냉각 고속증식로 (LMFBR) | 고속중성자 | 액체나트륨 | 없음 | $UO_2$/ $PuO_2$ | 15~ 20% |



**원자폭탄의 원리**

우리가 흔히 기억하는 원자폭탄은 일본의 히로시마와 나가사키에 떨어진 '리틀보이'와 '팻맨'이다.

원자폭탄은 사용된 핵물질에 따라 우라늄폭탄과 플루토늄폭탄으로 나뉜다. 원자폭탄의 원료로는 U-235의 비율을 90% 이상으로 높인 고농축 우라늄이나 사용후핵연료를 재처리하여 추출된 Pu-239가 사용된다. 히로시마에 투하된 리틀보이와 나가사키에 투하된 팻맨은 각각 고농축 우라늄과 플루토늄을 원료로 사용하였다.

연쇄반응을 가까스로 일으키는 상태가 임계상태인데, 이러한 상태가 되는 핵분열 물질의 양을 임계질량이라고 한다. 원자폭탄은 보통 때는 임계질량보다 작은 덩어리로 나누어서 저장하다가 필요할 때 한 덩어리로 모이게 하여 임계질량 이상이 되면 순간적으로 폭발한다.

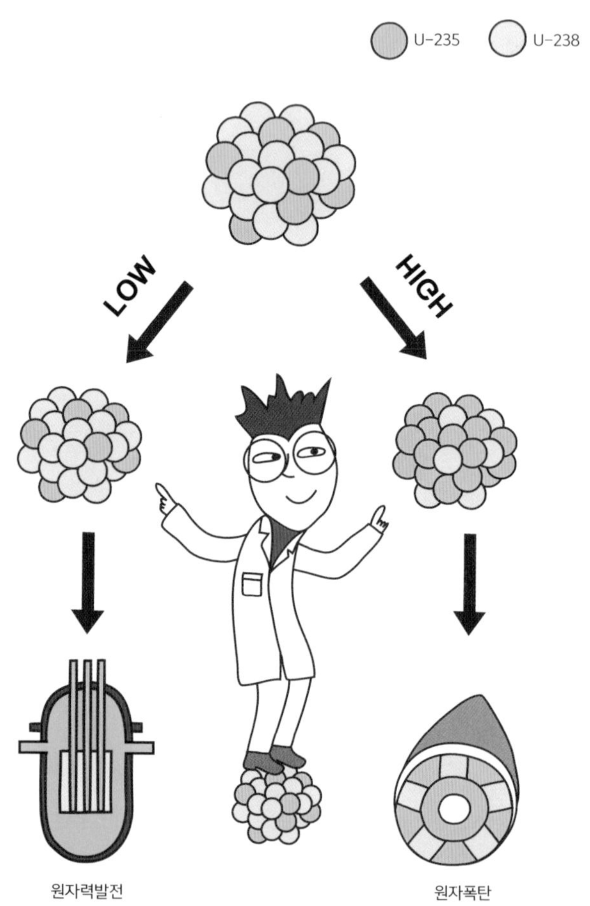

사람들은 혹시 원자력발전소가 폭발하지 않을까 하는 염려를 하기도 한다. 원자력발전소와 원자폭탄은 둘 다 핵분열 에너지를 이용한다는 공통점이 있다. 그러나 원자력발전과 원자폭탄은 연료, 구조, 목적 등 모든 면에서 크게 다르다. 이 핵분열 에너지를 군사적으로 이용한 것이 원자폭탄이고, 연쇄반응의 속도를 조절하여 우리에게 필요한 에너지원으로 사용한 것이 원자력발전이다.

원자폭탄이 폭발하려면 U-235 혹은 Pu-239가 90% 이상 농축되어야 하지만 원자력발전에 쓰이는 우라늄은 U-235가 2~5%밖에 함유되어 있지 않다. 또한 원자력발전이 지속적으로 에너지를 공급하는 것과 달리 원자폭탄은 단시간에 최대한의 에너지를 끌어낸다. 즉, 원자폭탄의 경우 짧은 시간에 핵반응을 일으켜 큰 파괴력을 얻지만, 원자력발전은 핵연료 수명 동안 장시간 핵분열을 일으켜 지속적인 에너지를 얻는다. 따라서 발전용 원자로는 원자폭탄 같은 대규모 폭발이 결코 발생하지 않는다.

### 원자폭탄처럼 원자력발전소가 폭발할 수도 있나?

원자력발전과 원자폭탄은 원료, 구조, 목적 등 모든 면에서 크게 다르며 특히, 우라늄 농축 비율에 큰 차이가 있다.
원자폭탄이 폭발하려면 우라늄을 거의 90% 이상 농축하여야 하는데, 원자력발전에 사용하는 우라늄은 2~5%밖에 농축하지 않는다. 맥주에 알콜이 있어도 불이 붙지 않는 것처럼 원자력발전소의 우라늄은 폭발할 가능성이 전혀 없다.
또한 원자폭탄의 경우 짧은 시간에 핵반응을 일으켜 큰 파괴력을 내지만, 원자력발전소는 장기간 핵분열을 일으켜 지속적인 에너지를 얻는다는 점에서 차이가 있다.

원자력에너지에 대한 신뢰가 조금씩 회복되면서
원자력을 다시 추진하려는 국가들이 점차 늘어나고 있다.
이러한 배경에는 급증하는 전력 수요를 충족시키고
전원을 다각화하여 에너지 안보를 확보하는 한편
온실가스 감축 목표를 달성하고자 하는 각국의 정책 목표가 자리 잡고 있다.

# 국내외 원전 정책과 현황



세계 각국의 원자력에너지 정책은 2011년 후쿠시마 원전 사고를 기점으로 크게 변화하고 있다. 사고 이전에는 세계 각국이 원자력에너지를 지구온난화에 대한 대안에너지로서 석유에 비해 경제적이고 안정적인 에너지원으로 여겼다. 원자력을 이미 이용하고 있던 나라는 원전 확대 정책을, 아직 원자력에너지가 없는 나라들은 원전 건설 정책을 추진하였다. 그러다가 2011년 후쿠시마 원전 사고 이후 탈원전 혹은 원전 축소 정책이 독일 등 유럽 국가들을 중심으로 특히 강하게 표출되었다.

하지만 그런 흐름도 2~3년이 지나자 원자력에너지에 대한 신뢰가 조금씩 회복되면서 원자력을 다시 추진하려는 국가들이 늘고 있다. 이러한 배경에는 급증하는 전력 수요를 충족시키려는 목적뿐만 아니라 전원을 다각화하여 에너지 안보를 확보하고 온실가스 감축 목표를 달성하고자 하는 각국의 정책 목표가 자리 잡고 있다. 특히 에너지 자원이 풍부한 중동 국가들도 원자력발전소를 건설하거나 계획 중에 있다. 이는 석유나 가스를 통한 화력발전을 대체하여 추가적인 석유자원 수출을 증대하고자 하는 특수한 목적에 따른 것으로 보인다.

**세계 원전 현황**

세계원자력협회WNA: World Nuclear Association와 IAEA에 따르면 2015년 말 전 세계 30개국에서 가동 중인 원전은 442기로 총용량은 약 380GW이고 건설 중인 원전이 66기, 향후 건설 계획 중인 원전이 184기이다.

국제에너지기구IEA: International Energy Agency의 세계 에너지 전망World Energy Outlook 2014에 의하면 2014년 기준 379GW인 원자력발전 용량은 2040년까지 60%가량 증가해 624GW에 이를 전망이다.[1] 또한 세계원자력

[1] OECD/IEA, 「World Energy Outlook 2014」, Nov., 2014.

협회에 의하면 2030년까지 266기의 원전 건설과 1조 2,000억 달러의 투자가 전망되며 이 중 아시아에 투자가 절반가량인 7,810억 달러를 차지할 것으로 보인다.[2]

■ 세계의 원전 현황(단위: net, MW)

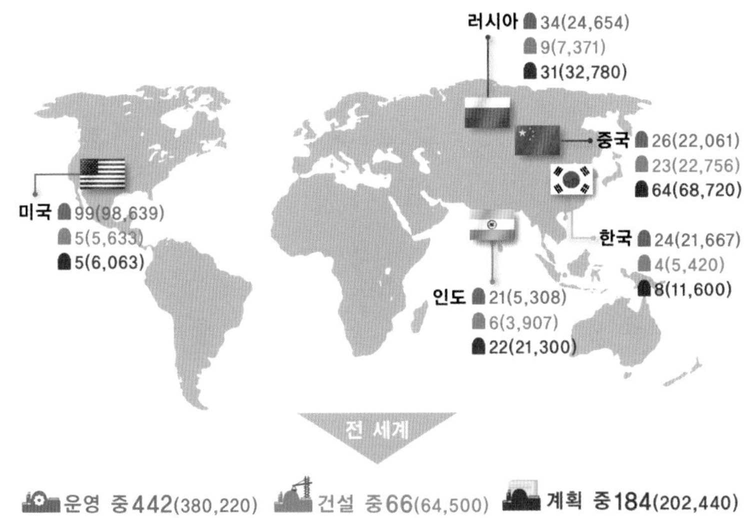


자료: IAEA PRIS database 참조(2015. 3. 25.),
WNA 홈페이지(World Nuclear Power Reactors & Uranium Requirement) 참조(2015. 3. 25.)

2015년 세계 원전 산업 시장은 총 500억 달러 규모로 이 중 러시아가 37%, 중국이 28%, 한국이 10%를 차지하고 있으며 각국은 신규 원전 도입국을 대상으로 정상 외교 및 국가 차원에서의 금융지원 등을 제공하며 시장 개척에 박차를 가하고 있다.

❷ WNA, 「World Nuclear Spotlight」, Jan., 2015.

## 원자력에너지 축소 국가

**독일**은 1970년대 에너지 공급 취약성에 대한 우려를 완화하고자 정책적으로 원자력 확대를 추진하였다. 하지만 1986년 체르노빌 사고 발생으로 원자력을 배제하는 정치적인 결정을 하였고, 원자력의 점유율은 지속적으로 하락하였다. 이후 원전 축소와 재도입 정책이 반복되다가, 2010년 9월 정당 간 합의를 통해 원전 17기에 대해 평균 12년의 계속운전을 결정하게 되었다. 그러나 이듬해 3월 후쿠시마 원전 사고가 발생하면서 독일은 탈원전 정책을 추진하게 된다.

원전 계속운전 정책을 철회함으로써 1988년 이후 가동된 3기는 2022년까지, 나머지 6기는 2021년까지만 가동할 수 있게 되었다. 2022년까지 원전을 완전 폐지하기로 결정하고 8기를 가동 중단하였고, 현재 9기의 원전을 통해 16%의 전력을 공급하고 있다. 2030년까지 에너지전환Energiewende 정책을 강화하여 원전 폐지로 부족해진 전력공급량을 태양열과 풍력 등 신재생에너지로 확보할 계획이다. 이로 인해 가구당 매년 5% 정도의 전력요금이 상승할 것으로 예상된다. 2013년 기준으로 독일의 전기요금은 우리나라에 비해 3.8배 이상 높은데, 2013년도 독일의 가정용 전기요금은 387.6$/MWh로 2012년338.7$/MWh에 비해 약 14% 이상이 올랐다.❸

독일 전력 업체들은 원전 폐쇄로 인한 적자 규모 증가로 재정난을 호소하고 있으며 폐로 비용을 전력 업체가 충당하지 못하면 납세자의 부담으로 이어질 것으로 전망하고 있다. 재생에너지 확대에 대한 목표는 달성할 수 있을 것으로 예상되지만 2025년까지 40% 감축 목표는 원전 폐쇄 영향으로 완전히 확보하지는 못하고 35% 달성에 그칠 것으로 전망하고 있다. 또한 2014년 4월 기준 독일의 전

❸ IEA, 「Electricity Information 2014」

원 개발계획에 따르면 70%가 화석연료이며대부분이 석탄화력 신재생에너지는 18%에 그치고 있어, 원전 가동 중단에 따른 석탄발전의 증가로 2020년까지 1990년 대비 온실가스 배출을 40%로 감축하려는 계획에 차질이 예상된다.

**스위스**에서 원자력은 수력과 더불어 중요한 에너지원으로 여겨졌다. 하지만 1986년 체르노빌 원전 사고를 계기로 반원전 움직임이 활발히 일어났고, 1990년에는 향후 10년간 신규 원전 건설을 유예Moratorium하는 방안이 국민투표를 통해 가결되기에 이르렀다. 이후 과거 사고에 대한 기억이 옅어지고 에너지원 부족과 기후변화에 대한 우려가 증폭되면서 2003년에 시행된 국민투표에서 반원자력법이 부결되었다. 몇몇 에너지 기업들이 신규 원전 건설 계획을 제안하였고, 2011년 3월 베른 주Canton of Bern에서 신규 원전 건설을 승인하기에 이르렀다.

그러나 같은 달 발생한 일본의 원전 사고로 원자력발전소를 단계적으로 폐지하는 방향으로 원자력 정책을 수정하였다. 이는 신규 원전의 가동연한을 50년으로 가정할 경우 2034년까지 모든 원전이 완전히 폐쇄된다는 것을 의미한다.

스위스는 원전의 단계적 포기를 발표한 직후, 최종 에너지소비 감축과 현 수준의 전력 수요 충족을 목표로 '에너지 전략 2050'을 채택하였다. 스위스의 과거 에너지 정책을 감안할 때, 여론의 변화에 따라 매우 민감하게 방향이 달라지곤 하였는데, 결국 향후 안정적으로 원자력을 대체할 에너지원의 확보 여부에 따라 에너지 전략 2050의 성공이 판가름날 것으로 예상된다.[4]



④ 원병출, 「후쿠시마 원전사고 이후 각국의 원자력정책방향 동향분석」, 2013. 1., 한국원자력연구원, p. 60

**벨기에**는 석유파동을 겪으면서 에너지 자립의 필요성을 실감하고, 1975년 2월 돌Doel 1호기의 상업운전을 출발로 본격적인 원자력발전 개발을 시작하였다. 그리하여 2011년 기준으로 총 7기의 원자로를 가동하여 선체 전력 공급에서 57%를 생산하였다. 하지만 후쿠시마 원전 사고 이후 충분한 대체에너지원을 확보한다는 조건하에 가장 오래된 원자로 2기돌 1·2호기를 2015년에 폐쇄하고, 나머지 4기를 40년 운전 허가가 만료되는 2015~2025년에 걸쳐 단계적으로 폐쇄하기로 결정하였다. 그러나 원전 폐쇄로 인한 전력 공백과 이를 대체할 전원 부족으로 티앙주Tihange 1호기의 가동 기간을 10년 더 연장하기로 결정하였다. 또한 돌 1호기가 2015년 2월 15일에 40년 운전 허가를 마치고 가동 정지되었지만, 수명 연장에 대한 논의가 진행 중에 있다.



■ 국가별 원전 정책 현황

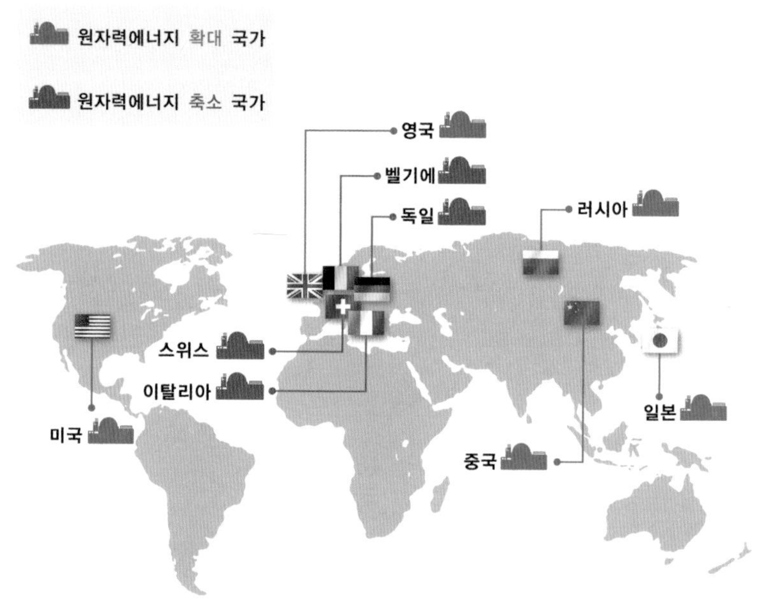


자료: 에너지경제연구원, 「세계 에너지시장 인사이트」, 2015. 1. 30.

**이탈리아**는 체르노빌 사고 이후인 1987년 12월에 국민투표를 통해 원자력발전사업을 포기하였다. 이어 운전 중이던 원전 4기를 단계적으로 폐쇄하여 1990년에 마지막 원전을 폐쇄하였다. 그러나 이후 EU 회원국 중 가장 많은 전력을 수입하는 전력 순수입국이 되었고, 만성적인 전력 부족 현상을 겪었다. 이에 따라 2008년 5월에 전력수요를 충족하기 위해 신규 원전 건설 재개 정책을 발표하고 건설을 추진하였다. 하지만 후쿠시마 원전 사고가 발생한 후 이루어진 원전 재도입을 위한 국민투표에서 94%가 반대함에 따라 탈원전 정책을 유지하게 되었다.

**프랑스** 정부는 드리마일1979년과 체르노빌1986년 원전 사고가 발생한 이후에도 변함없이 적극적으로 원자력발전을 추진하였다. 프랑스의 에너지 정책은 '2005년 에너지 정책 지침법'을 근간으로 하고 있다.[5] 향후 30년의 프랑스 에너지 정책 방향을 제시한 법안은 원자력발전의 긍정적 효과를 극대화하고 안전성을 강화하는 한편 신재생에너지 보급 확대를 주 내용으로 하고 있다. 세부적인 내용을 살펴보면 안정적 에너지 공급을 보장하기 위해 1차 에너지에서 차지하는 원자력의 비중을 유지하면서 현재 가동 중인 원전의 가동연한을 30년에서 10년 더 연장하기로 결정하였다. 그리고 초기 원자로들이 40년의 가동연한을 다하는 2020년대에 발생할 전력 공급의 공백을 방지하기 위해 차세대 원자로인 유럽형 가압경수로EPR: European Pressurized Reactor가 완공될 수 있도록 정책적 방향을 제시하고 있다. 가동 원전 대부분은 1980년대에 건설되어 기존 원전을 대체할 신규 원전을 추



[5] 원자력산업회의, '원자력산업실태조사', 2015. 4., p. 252~253 참고

진 중으로 노르망디 플라망빌Flamanville 부지에 3호기를 유럽형 가압경수로 EPR로 2007년부터 건설 중에 있다.❻ 해외에서도 핀란드의 올킬루오토 3호기와 중국의 타이샨 1·2호기를 건설 중이다. 프랑스는 2014년에 체코의 원선 프로젝트 참여를 추진하였으며 사우디와 원전 건설 협정을 체결하는 등 원전 수출에도 적극적인 행보를 보이고 있다.

■ 국가별 원전 정책 방향

| 국가 유형 | 원전 정책 | 총계(대상 국가) |
|---|---|---|
| 기존 원전 운영국 (총 31개국) | 유지 및 확대 | 27개국(한국, 중국, 러시아, 인도, 핀란드, 헝가리, 파키스탄, 멕시코, 남아공, 체코, 아르헨티나, 아르메니아, 브라질, 불가리아, 캐나다, 이란, 네덜란드, 루마니아, 슬로바키아, 슬로베니아, 스페인, 스웨덴, 우크라이나, 영국, 미국, 일본[1]) |
| | 보류 | 1개국(대만[2]) |
| | 축소·폐지 | 3개국(독일, 스위스, 벨기에[3]) |
| 원전 도입 검토국 (총 17개국) | 기존 도입 유지 | 14개국(방글라데시, 벨라루스, 이집트, 인도네시아, 이스라엘, 카자흐스탄, 요르단, 리투아니아, 말레이시아, 폴란드, 태국, 터키, 베트남, UAE) |
| | 신규 도입국가 | 2개국(칠레, 사우디아라비아) |
| | 도입 취소 | 1개국(베네수엘라[4]) |

자료: 에너지경제연구원

1) 일본: 20여 기 재가동 신청 및 심사 중

2) 대만: 원자로 2기 추가 도입 계획 국민투표 추진

3) 벨기에: 2015~2025년까지 순차적으로 전체 원전 운영종료 예정이므로, 축소·폐지 국가로 분류함

4) 베네수엘라: 후쿠시마 사고 이후 원자력 개발 프로그램 중단

• 프랑스는 원전 비중을 2025년 50% 축소하기로 하였으나 구체적인 계획은 마련하지 않음

• 이탈리아는 후쿠시마 사고 이전에 폐지 정책을 발표하여 이 분석에서는 생략

• WNA의 시계열 통계 자료로 원전 정책 방향 트렌드 분석이 어려운 국가의 경우, 최근 기사를 참고로 재검증하여 반영

❻ 당초 2012년 운전 개시를 목표로 하였으나, EPR의 기술적 문제가 지속적으로 제기되면서 공사가 지연되고 있다.

그러나 후쿠시마 원전 사고 이후 원전에 대한 프랑스 국민의 지지도가 하락하자 프랑스 정부는 원전의 점진적 축소 방안을 고심하게 되었다. 프랑스는 2015년 58기의 원자로를 가동하고 있으며, 전체 전력의 77%2014년 기준를 공급하고 있다. 2014년 10월 하원에서 통과된 '에너지전환법'에 의하면 프랑스 내 원전 설비용량은 현재 수준인 63GW로 제한되며 따라서 2025년까지 원자력의 비중을 50% 이내로 축소하기 위해서는 가동 중인 원자로를 점진적으로 정지하여야 하나, 아직까지 이를 달성하기 위한 구체적인 계획은 마련되지 않은 상태이다.[7]



**원자력에너지 확대 국가**

**미국**은 세계 최대 원자력에너지 생산국으로 1979년 드리마일TMI 사고가 발생하자 모든 신규 원전 건설을 중지하였다. 1990년 원자로 수가 112기에 달하다가 2016년 1월 현재 99기의 원전을 가동 중이다. 원전의 신규 건설을 통한 설비 확충은 하지 않았으나 미국은 1990년부터 꾸준히 원자로의 출력을 증강시키는 효율성 개선에 노력을 기울였고, 1990년 5,780억kWh이었던 원자력발전량은 2014년에 7,971억kWh로 증가하였다. 다시 말해서 원자로는 13기가 감소하였지만, 발전량은 약 38%가 증가하는 성과를 이루었다.

[7] Nuclear Power in France, WNA, http://www.world-nuclear.org/info/Country-Profiles/Countries-A-F/France/

■ 연도별 미국 원전의 가동률 추이

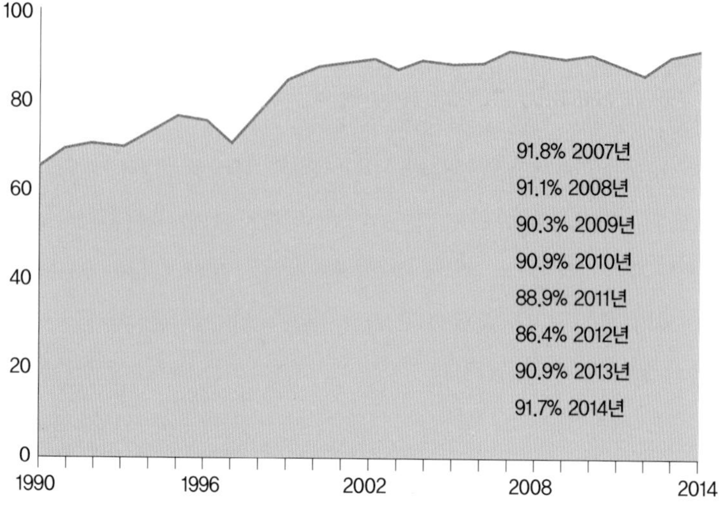


자료: 미국 NEI, 2015. 2.



2008년, 오바마 행정부가 기후변화 대응을 중심으로 신에너지 정책을 수립함에 따라 온실가스 감축 목표 달성을 위한 원자력의 역할이 더욱 강조되었다. 연방정부는 신규 원전 건설에 대해 80억 달러 규모의 대출보증을 지원한다는 신규 원전 지원 방안을 발표하였고 후쿠시마 사고 이후에도 신규 원전 건설에 대한 지원을 지속하고 있다. 2012년 3~4월에 TMI 사고 이후 처음으로 신규 원전 4기 건설이 승인되었으며 미국원자력규제위원회NRC: Nuclear Regulatory Commission는 2012년 8월까지 73기의 원전에 대한 20년 계속운전을 허가하였다.

■ 미국에서의 신규 원전 제안 현황

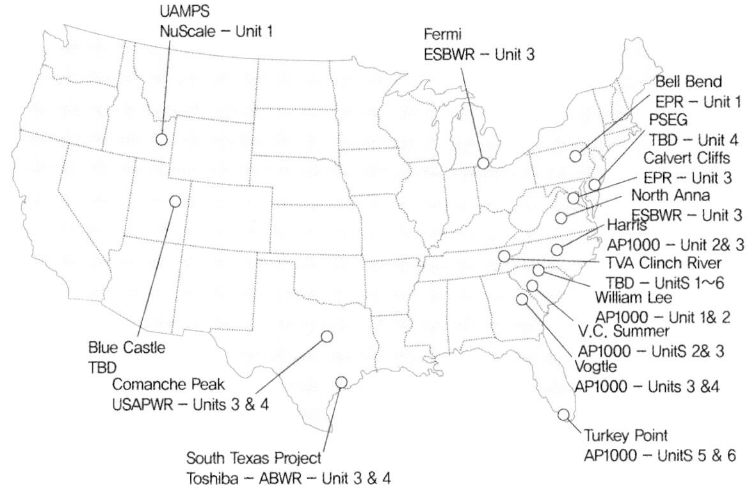


자료: 미국 NEI, 2015. 2.

하지만 셰일가스 개발에 따른 천연가스 가격 하락으로 미국의 원자력 산업의 경제성이 낮아졌으며, 위스콘신 키와니Kewaunee 원전과 버몬트 양키Vermonte Yankee 원전은 경제성의 이유로 가동 영구 중단이 결정되었으나 2015년 2월 기준으로 27기의 신규 원전 건설이 제안되어 있다. 미국의 원자력 산업의 경제성이 약화된 것은 사실이지만, 미국 정부는 에너지 안보 강화와 온실가스 배출 목표 달성을 위해 원자력이 반드시 필요하다고 결정하고, 원전의 계속운전과 출력증강을 지속적으로 심사·허가하는 한편, 차세대 원자력 기술 개발에도 박차를 가하고 있다. 또한 2015년 11월 오바마 대통령은 원자력이 미국의 새 성장동력이 될 것이라고 밝히며 원자력발전 지원 정책을 펼치고 있다.

영국은 2016년 1월 기준 15기의 원자력발전소를 가동하고 있고 총발전량 중 원자력발전이 차지하는 비율은 17%2014년 기준이다. 과거 영국은 원자력발전에 대해 소극적인 입장을 취해 왔다. 이는 영국 최초의 가압경수로PWR: Pressurized Water Reactor인 사이즈웰 BSizewell B, 운전 기간 1995~2035년가 1995년에 상업운전을 개시한 것을 마지막으로 신규 원전 건설이 없었다는 사실에서도 확인할 수 있다. 그러나 2007년부터 영국 정부의 에너지 정책은 원전을 확대하는 방향으로 급선회하였고, 대대적인 신규 원자력발전소 건설을 추진하고 있으며 노후 원전을 신형 원전으로 대체할 예정이다.

영국의 '원자력 산업 전략2013년 3월'에 의하면 2030년까지 총 16GW를 원전으로 공급할 계획이며, 2050년까지 전체 전력의 86%에 해당하는 75GW를 원전으로 공급하는 것을 검토하고 있다. EDF 컨소시엄이 중국의 투자를 유치하여 힝클리포인트에 신규 원전 건설을 추진 중이며, 영국은 뮤어사이드 지역에 3기의 원전, 앵글 시와 일파 지역에도 2013년 12월 건설 승인을 하여 원전을 건설 중이다.[8]

중국은 급속한 경제성장에 따른 전력 수요를 충당하고 화석연료 사용으로 인한 대기오염 문제를 해결하기 위해 원자력발전 확대를 추구하고 있다. 2007년 10월, 중국 국가발전계획위원회는 '원자력발전 중장기 발전계획2005~2020년'을 발표하고 원자력발전 비중을 1.9%900만kW에서 5.0%4,000만kW까지 확대하기로 계획하였다. 2009년 상반기 국가발전계획위원회에서는 동 계획의 2020년 원자력발전 설비용량을 기존의 4,000만kW에서 6,000만kW로 확대하는 방향으로 계획을



⑧ 원자력산업회의, 「원자력산업실태조사」, 2015. 4., p. 251

수정하였다. 후쿠시마 원전 사고 이후에 중국 정부는 신규 원전 건설 승인을 보류하는 등 신중한 태도를 보이며, 기존 및 신규 원전 설비에 대한 안전성 강화 조치를 시행하였다.[9] 2012년 10월 중국 정부는 '에너지발전 12차 5개년계획2011~2015년'을 확정함으로써 원전의 정상적인 건설을 재개하였다.

중국은 2016년 1월 현재 30기의 원자로를 가동하고 있고 24기를 건설 중으로 2020년까지는 최소한 58GW를 원자력으로 공급할 예정으로 2016년부터 시작되는 제13차 경제개발 5개년 기간에 매년 6~8기의 원전을 건설할 계획이다. 2030년까지는 총 110기의 원전을 그리고 2050년까지는 200GW 이상을 원자력으로 공급할 예정이기 때문에 세계 최대의 원자력 발전국으로 부상할 것으로 예상된다.[10]

중국은 해외시장에도 눈을 돌리기 시작하여 2013년 파키스탄에 ACP1000원전 2기 수출을 시작으로 2014년에는 아르헨티나와 루마니아에 중수로 원전 3기의 수출 계약을 맺었다. 한편 2015년 10월에는 중국 국영 원전기업인 중국 광핵그룹CGN이 영국 힝클리포인트 원전 건설에 60억 파운드약 10조 8,000억 원를 투자하고 영국 에식스 주 브래드웰에 120억 파운드약 20조 8,000억 원를 투자해 자체 개발한 중국 원전 '화룽 1호'를 짓기로 합의하였으며 이집트, 남아공, 터키에도 원전 수출을 추진 중이다.



[9] 원자바오 총리 주재 국무회의에서 다음과 같은 내용의 원전 정책을 발표하였다. 1) 중국 원전설비에 대한 안전 검사 실시 2) 현재 운행 중인 원전설비에 대한 안전 관리 강화 3) 건설 중인 원자력발전소에 대한 전면적인 심사 진행 4) 신규 원전 프로젝트에 대한 승인 절차 엄격화 지시

[10] WNA, Nuclear Power in China, http://www.world-nuclear.org/info/Country-Profiles/Countries-A-F/China--Nuclear-Power/

**인도**는 1969년 원자력발전을 시작하여 2016년 기준 21기의 원전이 가동 중에 있다. 원자력이 전체 전력의 3.5%2014년 기준를 차지하고 있는 인도는, 고속증식로 1기를 포함하여 6기의 원전을 건설 중이며 2030년까지 원자력의 비중을 전체 전력의 10%인 6만MW로 확대하고 2050년에는 전체 전력 생산의 25%를 원자력으로 충당할 계획이다.[11]

■ 세계 각국의 원자력 비중(2014년)

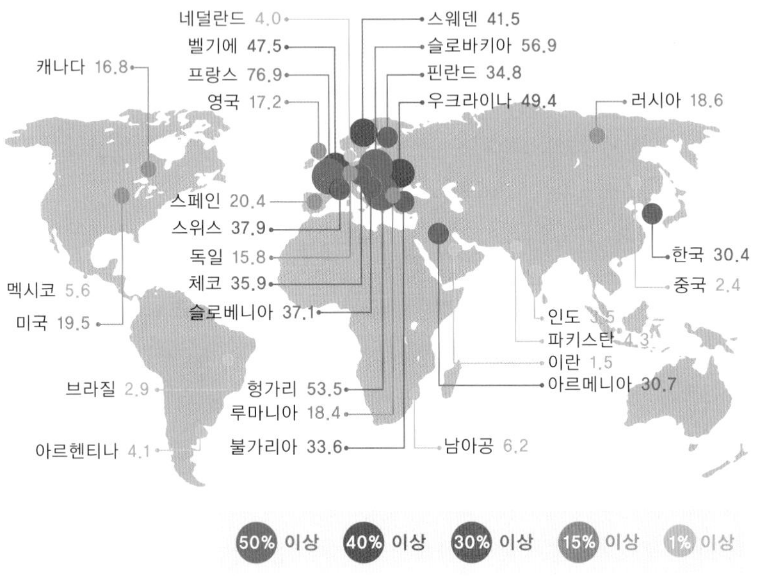


자료: IAEA Reference Data Series No. 1
Energy, Electricity and Nuclear Power Estimates for the Period up to 2050, 2015 Edition



[11] IAEA Reference Data Series No. 1, Energy, Electricity and Nuclear Power Estimates for the Period up to 2050, 2015 Edition

**러시아**는 1980년대 중반까지 25기의 원자로를 운영하였으나 1986년 체르노빌 원전 사고가 발생하고 소비에트 연방이 붕괴되면서 원전 산업이 정체기에 휩싸였다. 그러나 1990년대 말에 시작된 이란, 중국, 인도와의 원자로 수출 협상과 더불어 러시아 국내 원전 건설이 재개되면서 원자력 산업은 활기를 되찾았다. 한편 2010년 2월에 러시아 정부는 고속로를 기반으로 한 원전 산업 구성을 목표로 하는 연방 프로그램을 승인하는 등 새로운 원자로 기술 개발을 포함한 원자력에너지의 역할 확대를 도모하고 있다.

2015년 기준으로 34기24.6GW의 원전을 가동 중이며, 9기7.3GW가 건설 중인데, 2025년까지 12기의 원전을 추가로 건설할 계획이다. 체르노빌 사고를 통해 가장 큰 문제점으로 지적된 원자로의 안전성을 개선하고 부하율Load Factor을 90%대로 향상하여 러시아 원자로를 세계에 수출하고 있다. 러시아는 원자력을 국가 핵심 수출 산업으로 선정하여 국가 차원의 지원을 하고 있으며, 세계 원전 시장에서 가시적인 성과를 거두고 있다. 최근 헝가리의 퍽시Paks 원전 5·6호기 건설140억 달러 규모과 핀란드 페노보이마Fennovoima사의 한히키비Hanhikivi 원전 공급 계약을 체결하는 등 지금까지 27기 이상의 원전 수출 계약을 체결하였고, 원전 계약액은 2014년 1,000억 달러에 이른다.[12]

**일본**은 후쿠시마 사고 이후 2011년 9월에 '2030년대 원전 제로 방침'을 선언하였다. 이에 따라 순차적으로 원전 가동을 중단하였고, 2012년 5월 홋카이도전력의 도마리원전 3호기가 정기 검사로 정지되면서 1970년 이후 일본에서 처음으로 모든 원전이 발전을 중

[12] 원자력산업회의, 「원자력산업실태조사」, 2015. 4., p. 254 직접 인용

단한 상태가 되었다.[13]

이로 인해 전력 공급을 위한 화석연료 수입 의존도가 62%2010년에서 88%2013년로 증가하였고 이에 따른 화석연료 수입 비용이 3.6조 엔에 달하면서 무역 적자가 11.5조 엔에 육박하였다. 또한 전력 가격도 2010~2013년 3년 동안 일반소비자 가격은 19.4%, 산업용은 28.4%로 증가하였다.[14] 전력 분야의 이산화탄소$CO_2$ 배출량도 점차 증가하여 2010년 전력 분야 배출량 비중이 30%이던 것이 2012년 36.2%로 증가하였고 2013년도 이산화탄소 배출량은 13억 9,500만 톤으로 최고치를 기록하였다.

2015년 일본 정부는 에너지 수요를 줄이고 원전의 안전을 바탕으로 에너지 안보, 경제성, 환경영향을 고려하여 2030년 전원 구성에서 원전 비율이 17~22%를 차지하도록 정책을 추진하고 있다(일본 에너지경제연구원은 2030년까지 원전 정책 시나리오 분석에 대한 보고서에서 최적의 원자력발전 점유율을 25%42GW로 권고하였음). 후쿠시마 원전 사고 이후 중단된 원전 중에서 17기의 원전에 대해 원자력규제위원회NRA가 강화된 신규제 기준에 따라 원전 재가동을 심사하고 있고, 센다이 원전 1·2호기는 재가동 승인을 받아 2015년에 운전을 재개하였다. 또 다카하마 원전 3·4호기가 원자력규제위원회로부터 재가동 승인을 받았으며, 아오모리 현 시모키타에 건설 중인 오마 원전은 2014년 12월에 안전 심사를 신청한 상태이다.



[13] 일본 정부는 여름철 전력난 등을 이유로 2012년 7월부터 2013년 9월까지 간사이전력 오이원전 3·4호기를 상업운전한 바 있다.

[14] 일본 경제산업성 발표, 2014. 6.

■ 신규제 기준하에 원전 재가동을 신청한 일본 원전

| 회사명 | 발전로 | 노형 | 출력 (MW) | 운전 개시 | 운전 연수 | 신규제 심사 신청일 |
|---|---|---|---|---|---|---|
| 일본 원자력 발전(JAPC) | 도카이2 | BWR | 1100 | 1978. 11. 28. | 36 | 2014. 5. 20. |
| 홋카이도 전력 | 도마리1 | PWR | 579 | 1989. 6. 22. | 26 | 2013. 7. 8. |
| | 도마리2 | PWR | 579 | 1991. 4. 12. | 24 | 2013. 7. 8. |
| | 도마리3 | PWR | 912 | 2009. 12. 22. | 5 | 2013. 7. 8. |
| 도호쿠전력 | 오나가와2 | BWR | 825 | 1995. 7. 28. | 19 | 2013. 12. 27. |
| | 히가시도리1 | BWR | 1100 | 2005. 12. 8. | 9 | 2014. 6. 10. |
| 도쿄전력 | 가시와자키 가리와 6 | ABWR | 1356 | 1996. 11. 7. | 18 | 2013. 9. 27. |
| | 가시와자키 가리와 7 | ABWR | 1356 | 1997. 7. 2. | 18 | 2013. 9. 27. |
| 주부전력 | 하마오카3 | BWR | 1100 | 1987. 8. 28. | 27 | 2015. 6. 16. |
| | 하마오카4 | BWR | 1137 | 1993. 9. 3. | 21 | 2014. 2. 14. |
| 호쿠리쿠 전력 | 시가2 | ABWR | 1206 | 2006. 3. 15. | 9 | 2014. 8. 12. |
| 간사이전력 | 미하마3 | PWR | 826 | 1976. 12. 1. | 38 | 2015. 3. 17. |
| | 다카하마1 | PWR | 826 | 1974. 11. 14. | 40 | 2015. 3. 17. |
| | 다카하마2 | PWR | 826 | 1975. 11. 14. | 39 | 2015. 3. 17. |
| | 다카하마3* | PWR | 870 | 1985. 1. 17. | 30 | 2013. 7. 8. |
| | 다카하마4 | PWR | 870 | 1985. 6. 5. | 30 | 2013. 7. 8. |
| | 오이3 | PWR | 1180 | 1991. 12. 18. | 23 | 2013. 7. 8. |
| | 오이4 | PWR | 1180 | 1993. 2. 2. | 22 | 2013. 7. 8. |
| 주고쿠전력 | 시마네2 | BWR | 820 | 1989. 2. 10. | 26 | 2013. 12. 25. |
| 시코쿠전력 | 이카타3 | PWR | 890 | 1994. 12. 15. | 20 | 2013. 7. 8. |

|  |  |  |  |  |  |  |
|---|---|---|---|---|---|---|
| 규슈전력 | 겐카이3 | PWR | 1180 | 1994. 3. 18. | 21 | 2013. 7. 12. |
|  | 겐카이4 | PWR | 1180 | 1997. 7. 25. | 17 | 2013. 7. 12. |
|  | 센다이1* | PWR | 890 | 1984. 7. 4. | 31 | 2013. 7. 8. |
|  | 센다이2* | PWR | 890 | 1985. 11. 28. | 29 | 2013. 7. 8. |
| J-POWER (건설 중) | 오마 | ABWR | 1383 | 2008. 6. 착공 운전시작일- 미정 | 0 | 2014. 12. 16. |
| 총 25기 |  |  |  |  |  |  |

자료: 일본원자력산업협회(JAIF), http://www.jaif.or.jp/date/japan-date

* 센다이 1호기는 2015년 9월 10일, 센다이 2호기는 11월 15일, 다카하마 3호기는 2016년 1월 29일 상업운전 재개



## 국내 원전 정책과 전망

우리나라는 1973년과 1978년 두 차례에 걸쳐 발생한 석유파동으로 에너지 안보의 필요성을 절실히 실감하고 석유와 같은 화석연료에 의존적인 에너지 정책에서 벗어나기 위해 원자력에너지를 통한 전력 공급을 확대하였다. 이후 지속적인 기술발전을 통해 원자력발전은 우리나라의 주력 전원으로 성장하였고, 전력을 안정적으로 저렴하게 공급하는 데 중추적인 역할을 담당하고 있다. 전체 에너지의 95% 이상을 수입하는 자원 빈국인 우리나라에 있어 원자력은 안정적인 에너지 확보 측면에서 절대적인 기여를 하고 있다.

2014년 1월에 '제2차 국가에너지기본계획'을 수립하면서 정부는 전체 발전설비에서 원자력이 차지하는 비중을 26.4% 2012년 기준에서 2035년에 29%로 확대하는 내용을 결정하였다. 비록 '원전 비중 29%'는 '제1차 국가에너지기본계획'의 2030년 41%보다 크게 하향 조정된 목표이지만, 원자력의 비중이 지속적으로 확대된다는 측

면에서 원자력은 향후에도 국가 기간 전원으로서 역할을 다할 전망이다.[15]

■ 2014년 국내 발전량 및 발전설비 비중

| 구분 | 원자력 | 석탄 | LNG | 석유 | 기타 | 합계 |
|---|---|---|---|---|---|---|
| 발전량(GWh) | 156,407 | 203,765 | 111,705 | 7,759 | 41,773 | 521,409 |
| 비중(%) | 30.0 | 39.1 | 21.4 | 1.5 | 8.0 | 100.0 |
| 발전설비용량(MW) | 20,716 | 26,274 | 26,742 | 3,850 | 15,634 | 93,216 |
| 비중(%) | 22.2 | 28.2 | 28.7 | 4.1 | 16.8 | 100 |

자료: 한국수력원자력(주)

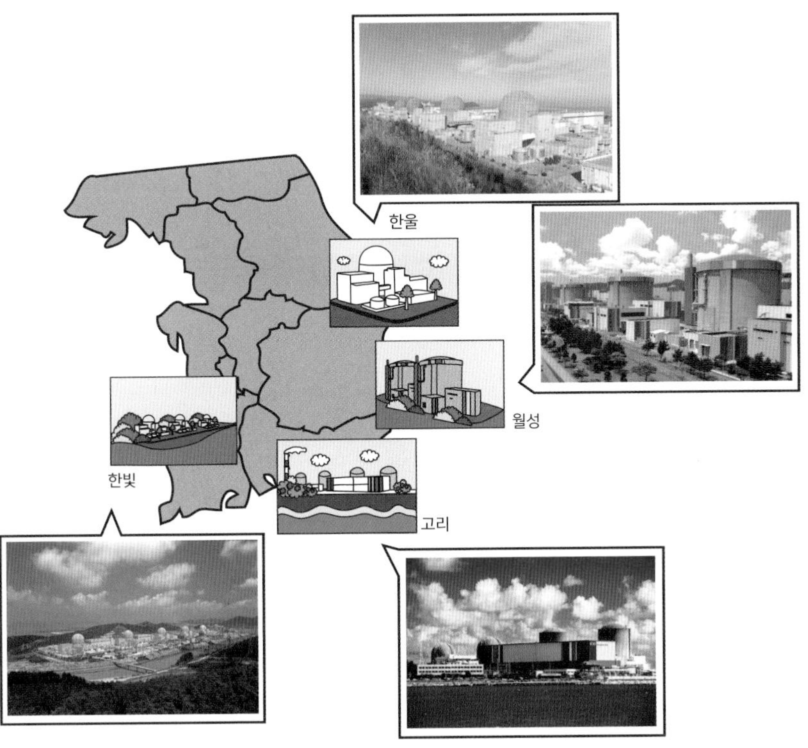




⑮ 원자력발전백서 2014

우리나라는 총 24기 2015년 말 기준 의 원전을 가동 중이며 설비용량은 21,716MW에 달한다. 원자력을 통한 발전량은 1978년 2,324GWh에 불과하였으나 이후 꾸준히 증가하여 2014년에는 전체 발전량의 약 30%에 해당하는 156,406GWh를 원자력으로 생산하였다. 우리나라 원전의 평균이용률은 1970~1990년대에는 70% 수준에 그쳤으나, 운영기술 개선을 통해 2000년 이후 연속해서 90% 이상의 높은 이용률을 달성하였다. 2015년 제7차 전력수급기본계획에 의하면 현재 계획되어 있는 원전(6기) 외에 추가로 총 300만kW 3000MW 규모의 원전 2기(각 150만kW 규모, 2028·2029년 각 1기씩)를 건설할 계획이다.

세계 여러 나라들은 화석 연료 대안에너지로서의 환경성과 경제성, 그리고 안정적인 공급 측면을 고려한 에너지원을 찾고 있으며, 그 선상에서 원자력 정책을 펼치고 있다. 원자력 정책은 후쿠시마 사고를 기점으로 원전 추진을 멈추거나 축소 정책으로 전환하였던

우리나라는 현재 총 4기의 원전이 건설 중이며, 사진은 2019년 준공 예정으로 건설 중인 신한울 1·2호기

것이 사실이다. 하지만 국가별 안전점검을 토대로 후쿠시마 사고의 원인 규명과 급증하는 전력 수요에 대응할 수 있는 에너지를 모색하기 위해서 다시 각국의 원자력 정책이 유지 또는 확대로 변화하고 있기도 하다. 한국 역시 1차 에너지기본계획보다 하향 조정했으나 원자력발전의 안정적 에너지 확보 기능을 중시하여 기저전원의 역할을 담당할 예정이다.

**후쿠시마 원전 사고 이후 세계적으로 원전을 축소하고 있다던데?**

세계 각국의 원자력 정책은 후쿠시마 사고 이후 독일과 스위스 등 일부 국가에서 원전을 축소하고 있지만 미국 등은 원전 정책을 지속해 왔으며 2~3년이 지나 원자력을 다시 추진하려는 국가들이 늘고 있다.

원전을 운영 중이던 31개 국가 중 27개국이 원전 유지 또는 확대 정책을 고려하고 또한 17개국에서 신규 도입을 추진하고 있다. 이러한 배경에는 후쿠시마 사고의 원인 규명과 급증하는 전력 수요를 충족시키고 전원을 다각화하여 에너지 안보를 확보하는 한편 온실가스 감축 목표를 달성하고자 하는 각국의 정책 목표가 자리하고 있다.

특히 일본의 경우 사고 이후 안전 점검을 위해 모든 발전소의 가동을 멈추고 화력발전소의 가동률을 올리는 한편 강력한 절전 정책을 시행하는 등 원전 가동 정지 정책을 시행하였다. 하지만 에너지 비용 증가, 경제적 타격, 온실가스 저감 정책 영향 등 국가적 손실이 가중되어 일본 정부는 원전 비중이 17~22%를 차지하는 정책을 추진하고 있다. 현재 후쿠시마 원전 사고 이후 중단한 원전에 대한 재가동 안전 심사가 진행 중이며, 이 중 센다이 1·2호기 다카하마 3호기가 상업운전을 재개하였다.

## 원자력발전소의 구조

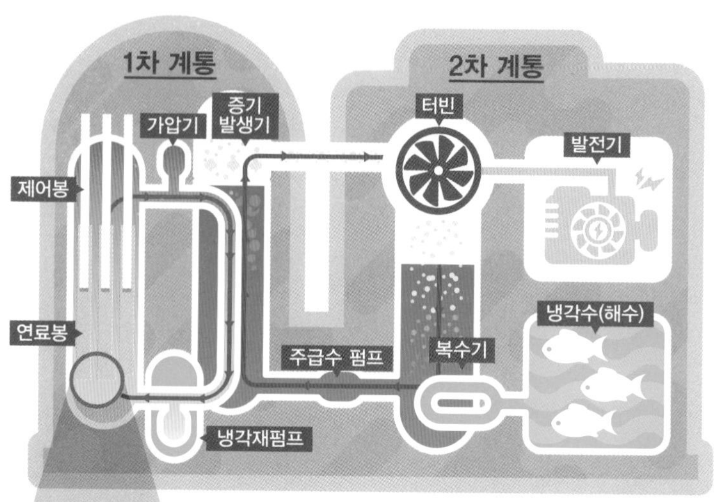
1차 계통
2차 계통
증기
발생기
가압기
터빈
발전기
제어봉
냉각수(해수)
연료봉
주급수 펌프
복수기
냉각재펌프

U-235
90%
원자폭탄 | 군사적 목적
U-235
2~5%
원자력발전소 | 폭발위험 없음

## 후쿠시마 원전 사고 이후 원전정책

후쿠시마 원전 사고▶ 원전 축소정책이 강하게 표출 ▶사고 원인 규명과 안전 점검 실시
전력 수요 충족, 온실가스 감축 목표 등 국가별 상황에 따라 원전 추진국 증가

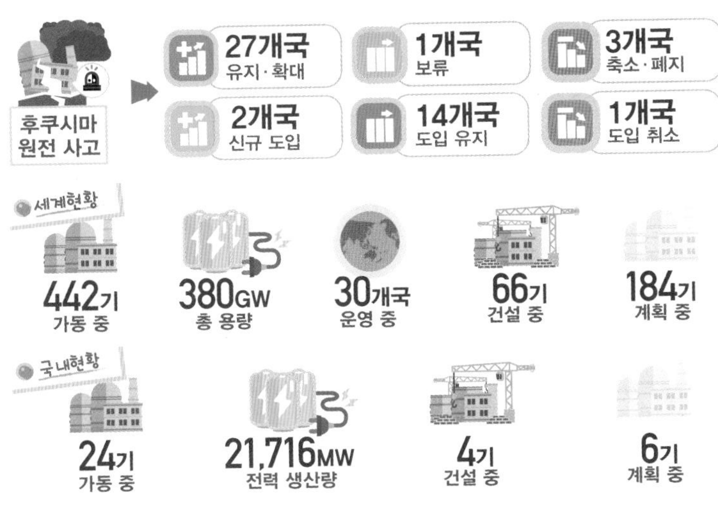

원자력
상식사전

# 원자력과 안전성

1. 원전의 내진 설계
2. 원전의 안전성
3. 원전 역사 40년, 원전 사고 0%
4. 원자력발전소 운영
5. 방사능 누출 방어 다중설비
6. 방사능 방재
7. 중대사고와 후쿠시마 후속 조치
8. 계속운전
9. 원자력 시설 사이버 보안

내진 설계란 앞으로 발생할 가능성이 있는
최대 잠재 지진에 대하여 구조물이 견딜 수 있도록
설계하는 것을 의미하며
이에 견디는 수준은 경제성과 안전성을 동시에 고려하여 결정한다.

# 원전의 내진 설계



2011년 동일본 대지진 이후 우리나라의 원자력발전소는 '지진에도 안전할까' 하는 원전의 내진 안전성에 대해 관심이 높아졌다. 우리나라의 경우 큰 규모의 지진이 자주 발생하지 않는 중약진 지역으로 알려져 있어 비교적 안전지대라고 할 수 있다. 국민의 안전문화 수준의 성숙 등으로 지진과 같은 자연재해에 대해서는 모든 가능성을 열어 두고 대비책을 마련하자는 데 이견이 있을 수 없다. 하지만 무리한 가설이나 무분별한 문제 제기 또한 경계해야 한다. 정확한 과학적 근거를 가지고 발생 가능한 경우의 수에 대해 철저한 대비책을 세우는 것이 필요하다.

우리나라는 1970년대 초반에 미국 및 캐나다, 프랑스와 같은 선진국의 과학적인 내진 설계 개념을 도입해 원전을 건설, 운영해 왔다.

**원전의 내진 설계 개념**

원자력발전소의 부지를 결정할 때는 법적 규정에 의한 조사 과정을 거쳐 이루어지는데, 그중 가장 중요한 항목 중의 하나가 지질·지반 및 지진의 조사 과정이다. 국내 원자력발전소 내진 설계와 관련된 규정은 '원자력안전법' 및 '원자력안전위원회 고시'에 따라 준용하고 있는 '미국연방법(10CFR 100 부록A, 부지 평가 기준)'을 적용하고 있다. 이는 전 세계적으로 가장 널리 적용되고 있는 법으로 약 5,000년에서 약 1만 년에 한 번 발생할 수 있는 강한 지진에도 견딜 수 있도록 설계되었다. 일반 시설물은 시설물의 중요도에 따라 차이는 있지만 보통 100년에서 500년 발생 빈도의 지진을 적용하고 있다. 일반 시설물과 비교할 때 원전 내진 설계의 경우 지진이 발생하거나 그 이후에도 원전의 안전뿐만 아니라 원래의 안전 기능이 확실하게 유지되도록 설계해야 한다는 것이다.

원전은 설계 때부터 지반·지질과 지진 기록을 면밀히 검토해야 하고 부지 선정 과정에서는 국내외 지진 및 지질 전문가가 참여해야 하는 등 매우 엄격한 기준을 적용하고 있다. 일반 건축물이나 여타 산업 시설과 원전의 내진 설계는 근본부터 다르다. 부지 조사 단계에서 분석한 주변의 단층과 과거 발생 지진을 토대로 부지에 영향을 미칠 수 있는 최대지진값을 산정한 후 여기에 안전 여유를 감안하여 내진 설계값을 정하고 있다.

내진 설계란 앞으로 발생할 가능성이 있는 최대 잠재 지진에 대하여 구조물이 견딜 수 있도록 설계하는 것을 의미하며 이에 견디는 수준은 경제성과 안전성을 동시에 고려하여 결정한다. 인명 보호를 최우선으로 하되 내진 설계에 의한 경제적 부담의 최소화를 설계 원칙(미국 SEAOC의 Blue Book[1])으로 하여 내진 설계의 최적화 Optimization가 중요하다.

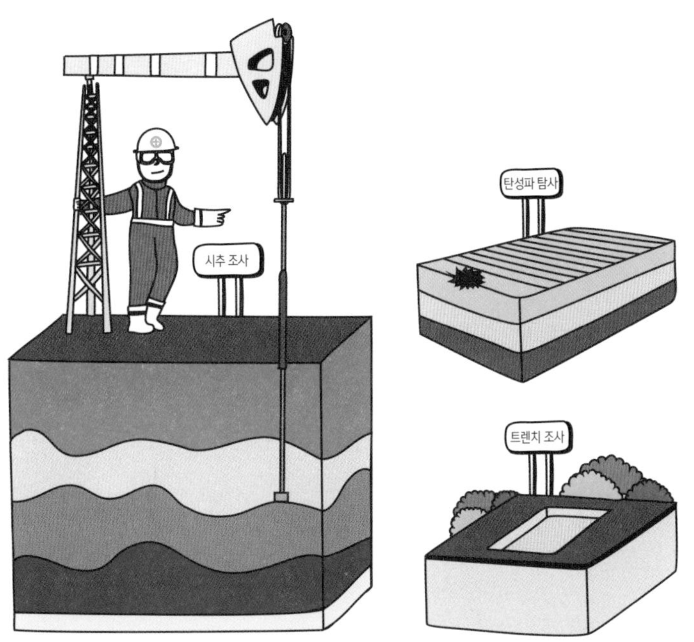




[1] SEAOC는 Structural Engineers Association of California(캘리포니아 구조기술자협회)의 약자로 캘리포니아 지진 연구를 수행하여 그 결과를 'SEAOC Recommended Lateral Force Requirements'로 제정·공포하였는데, 이 책의 표지가 파란색이어서 이를 Blue Book이라 한다.

## 원전의 내진 설계 현황

우리나라의 원전은 원자력 관련 법률 규정에 따라 부지로부터 반경 약 320km 이내 지역의 역사 지진 기록 및 계측 지진, 단층을 조사하여 부지를 선정한다. 지질 및 지진 조사 등을 통해 원자로에 영향을 미칠 수 있는 최대 가능 지진을 산정하고, 이에 안전 여유도를 더해 내진 설계값을 정한다. 우리나라 내진 설계 기준의 경우 기존 가동 원전은 0.2g[2]이며 리히터 규모 약 6.5의 강진에 해당한다. 건설 중인 신고리 3·4호기 및 신한울 1·2호기는 0.3g[리히터 규모 약 7.0]을 적용, 내진 성능을 보강하고 있다.

■ 국내 원전의 내진 설계 현황

| 구분 | 원전 | 내진설계값 |
|---|---|---|
| 가동 중 | 고리 1, 2, 3, 4호기 | 0.2g |
| | 월성 1, 2, 3, 4호기 | 0.2g |
| | 한울 1, 2, 3, 4, 5, 6호기 | 0.2g |
| | 한빛 1, 2, 3, 4, 5, 6호기 | 0.2g |
| | 신고리 1, 2호기 | 0.2g |
| | 신월성 1, 2호기 | 0.2g |
| 건설 중 | 신고리 3, 4호기 | 0.3g |
| | 신한울 1, 2호기 | 0.3g |

내진설계값

1g = 980cm/sec²

0.2g 리히터당 규모 약 6.5의 강진

0.3g 리히터당 규모 약 7.0의 강진

특히 원전의 구조물과 주요 기기는 단단한 암반 위에 건설하기 때문에 토사 지반에 건설된 건물보다 진동의 영향을 약 1/2~1/3 정도 덜 받는다. 또한 원자력발전소가 세워지는 부지로부터 반경 40km, 8km, 1km 이내 지역에 대해서도 지질 구조, 단층 분포, 암질 등을 확인하기 위한 정밀 조사를 실시한다.

❷ g은 중력가속도의 단위로서 1g = 980cm/$sec^2$

이 밖에도 단층의 최종 활동 시기인 지층의 연대를 측정해야 하고 지표에 도랑을 파서 굴착된 측면의 지질 상황을 조사하기도 하며, 탄성파를 발생시켜 지질 형태 및 암질을 파악하는 방법 등 부지 결정을 위해서 여러 가지 지구 물리 탐사 방법으로 조사·검토하여 선정하고 있다.

### 원전 지진 감시 설비와 대응 체계

우리나라의 원전은 가동 후에도 지속적인 확인 점검을 수행하고 있다. 즉, 지진을 계측하고 주기적인 안전 진단 등을 통해 지진에 대한 안전성을 철저하게 관리한다. 만일 지진이 발생하였을 때 원자력발전소 설비의 지진 응답을 측정하여 발전소의 운전을 정지시킬 것인지 아닌지를 판단할 수 있는 자료와 설비의 안전성 평가 자료를 얻기 위한 지진계측설비도 갖추고 있다.

각 원전에 따라 다소 차이가 있지만 격납건물에 10곳, 보조건물에 3곳 등 원전 주요 건물과 부지 지반에 지진 감시 설비를 설치하여 운영하고 있으며, 원전 주변지역에 지진관측 설비를 설치하여 운영 중에 있다. 관측 결과는 기상청, 한국원자력안전기술원KINS, 한국지질자원연구원과 공유하며 원전 지진 감시를 강화하고 있다.

지진 발생 시에는 비상 운전 절차에 따라 원자로가 정지한다. 설계지진값 0.2g의 1/2인 0.1g의 지반 진동이 원전 부지의 자유장에서 감지되었을 때 우선 원자로를 안전하게 정지한 후 비상 운전 절차에 따라 구조물과 기기의 건전성을 확인한다.

현장 검사 및 안전성 평가 결과 안전성에 이상이 없는 경우에는 재가동을 하게 되며, 손상이 발견된 경우에는 정해진 절차에 따라 손상 부위의 보수 및 다양한 검사와 시험 등의 조치를 취하게 된다.

| 지진에너지를 흡수해 구조물에 전달되는 충격을 감소시키는 면진 장치 실증 실험 장치

## 국내 원전 부지의 안전성

동일본 대지진 이후, 국내 일부 원전이 활동성 단층 위에 놓여 있는 것에 대하여 안전성의 문제가 제기되었다.

월성원전의 경우 이미 2003년 2월에서 2005년 11월까지 관련 학계 등의 지질 전문가들이 참여하여 조사·평가한 결과, 읍천단층의 명확한 증거가 확인되지 않은 바 있다. 또한 원전에 대한 안전성을 강화한다는 보수적인 측면에서 활동성 단층으로 가정하여 평가하더라도 월성원전 부지의 안전성에 미치는 영향이 없는 것으로 최종 확인되었다.

우리나라는 안전성 강화 차원의 후속 조치로 월성원전의 읍천단층 거동을 실시간으로 감시하여 지진 및 지표 변형에 대비하고 있다. 현재 읍천단층에 대한 지속적인 감시 차원에서 단층 모니터링 시스템을 구축하여 운영 중이다. 이 운영의 일환으로서 월성원전 인근에 GPSGlobal Positioning System, 응력계, 변형계, 지진계 등과 같은 첨단 계측 장비를 설치하여 읍천단층의 거동을 실시간으로 감시하여 지진 및 지표 변형을 관측하고 있다.

이와 같은 축적된 자료를 분석한 결과 일본 대지진으로 인한 영향은 아직 뚜렷하게 나타나지 않고 있다. 또한 한울과 고리의 부지에 대한 안전성 평가 결과에서도 안전성에 영향을 미치는 활동성 단층은 없는 것으로 확인되었다.

**후쿠시마 원전 사고 원인**

후쿠시마 원전 사고의 원인을 지진 때문이라고 생각하는 사람들이 많다. 하지만 사후 조사 결과 후쿠시마 원전 사고는 지진 발생 이후 비상디젤발진기가 정상적으로 가동되어 안정적인 냉각을 유지하였으나, 이후에 발생한 쓰나미에 의해 발전소가 침수되면서 전력 공급이 끊겨 중대사고로 진전되었다. 지금까지 발간된 4개의 후쿠시마 관련 사고 조사 보고서에서도 지진을 후쿠시마 원전 사고의 직접적인 원인으로 규정하지는 않았다.

후쿠시마와 동일 원전 부지에 있는 5~6호기부지고: 해수면 기준 13m는 1~4호기10m에 비해 높은 부지에 위치하여 쓰나미에 의한 중대사고를 방지할 수 있었다. 이는 사고의 원인이 지진이 아닌 쓰나미에 의한 비상디젤발전기의 전원 상실임을 말해 주는 것이다.

일본 내 국회, 정부, 민간과 동경전력 등 4개의 독립기관으로 구성된 사고조사위원회는 각각 독자적으로 사고 조사를 수행하였고, 그 결과 4개의 보고서를 작성, 발간하였다. 이들 보고서 중 국회에서 발간된 보고서 외에 나머지 3개의 보고서는 쓰나미 이전에 지진으로 야기된 지진동에 의한 손상을 단정하는 사실이 없다는 입장을 표명하였다. 또한 공신력이 가장 높은 국제원자력기구IAEA에 의하면 일본 동북부 지진의 진원지에서 가장 가까운 곳에 위치하여 지진 영향을 가장 많이 받은 일본 오나가와 원전을 점검한 결과 높은 부지13.8m에 위치하여 사고를 피할 수 있었으며, 지진에 의한 손상은 없는 것으로 조사되었다.

인위적으로 지진과 같은 자연현상을 억제하거나 정확하게 예지하기란 사실상 거의 불가능하다. 따라서 보다 정확한 과학적 근거를 가지고 발생 가능한 경우의 수에 대해 철저한 대비책을 세우는 것이 최선이다.

### 지진이 발생해도 원전은 안전한가?

원전을 건설할 때는 부지 조사 단계에서 주변의 단층 등 지질 구조와 과거 지진 등을 고려하여 예측 최대지진값을 선정한 후 여기에 안전 여유도를 감안하여 내진 설계값을 정한다.

내진 설계란 앞으로 발생할 가능성이 있는 최대 잠재 지진에 대한 구조물이 견딜 수 있도록 설계하는 것을 의미하며, 부지 조사 시 반경 320km 이내 단층과 과거 50만 년 안에 2회 이상 단층활동(활성단층)이 있었는지 등을 검토한다.

안전 설계 기준은 기존 원전의 경우는 0.2g(리히터 규모 6.5), 신규 원전인 신고리 3·4호기와 신한울 1·2호기는 0.3g(리히터 규모 7.0)로 설계하였다.

원자력발전소는 지진의 영향을 최소화할 수 있는 단단한 암반 위에 건설하며, 원자로 건물 바로 아래에서 리히터 규모 6.5~7.0의 지진이 발생하더라도 안전하게 정지하도록 설계되어 있으며, 원자로 건물이 지진에 뒤틀리지 않도록 1.2m 두께의 철근 콘크리트 내진 벽으로 건설하였다.

또한 원전의 중요 기기와 설비에 지진 감시 설비를 설치 운영하고 있는데 0.01g 이상의 지진이 발생했을 때는 비상발령 및 원자로 정지, 안전 관련 설비 정밀점검을 실시하며 비상계획에 따른 조치를 취하도록 하고 있다.

원자력발전소의 건설에서
최우선으로 고려하는 것이 안전성이다.
원전은 설계에서부터 안전성 위주로
다중 심층방어의 개념을 고려한다.

# 원전의 안전성



**사고의 단계별 방어 체계 '심층방어'**

원자력발전소의 건설에서 최우선으로 고려하는 것이 안전성이다. 원전은 설계에서부터 안전성 위주로 다중 심층방어의 개념을 고려한다. 심층방어란 사고의 단계마다 적절한 방어 체계를 갖추고 있는 것을 말한다.

첫 번째, 이상 상태의 발생을 가능한 한 방지하도록 여유 있는 안전 설계를 갖춘다.

두 번째, 이상 상태가 발생하였을 때에는 원자로 보호설비를 자동으로 작동시켜 발전소를 정지시키고 이상 상태의 확대를 최대한 억제한다.

마지막으로, 만약 이상 상태가 확대되어 사고로 발전하게 되었을 때에는 사고의 영향을 최소화하며 방사성물질이 외부로 누출되는 것을 방지함으로써 주변 주민과 환경을 보호하도록 한다.

**방사성물질의 누출 방지 '다중방호'**

심층방어 개념의 핵심은 다중방호이다. 다중방호란 방사성물질이 발전소 외부로 누출되는 것을 방지하기 위하여 여러 겹의 방호벽을 설치하는 것을 말한다. 국내 원전은 다음 그림에서와 같이 다섯 겹의 방호벽으로 이루어져 있다.

제1방호벽(연료소결체)은 핵분열에 의해 발생한 방사성물질을 압축 소결 및 성형가공된 산화우라늄 금속 내에 가두는 역할을 한다.

제2방호벽(핵연료피복관)은 핵분열에 의해 생기는 방사성물질 중 연료소결체를 빠져나온 미소량의 가스 성분을 지르코늄 합금의 금속관(피복관) 안에 밀폐시키는 역할을 담당한다.

제3방호벽(원자로 용기)은 핵연료 피복관에 결함이 생겨 방사성물질이 새어 나와도 두꺼운 강철로 된 원자로 용기와 배관에 의하여 방사성물질이 외부로 누출되지 못하도록 한다.

제4방호벽인 원자로 격납건물 내벽에는 두꺼운 강철판이 설치되어 있어서 만일의 사태가 발생하여도 방사성물질을 원자로 격납건물 내에 밀폐시킬 수 있다.

제5방호벽은 원자로 격납건물 외벽으로 120cm 두께의 강화된 철근 콘크리트로 만들어져 최종적으로 방사성물질이 외부 환경으로 누출되는 것을 방지한다.

■ 다중방호벽 구성

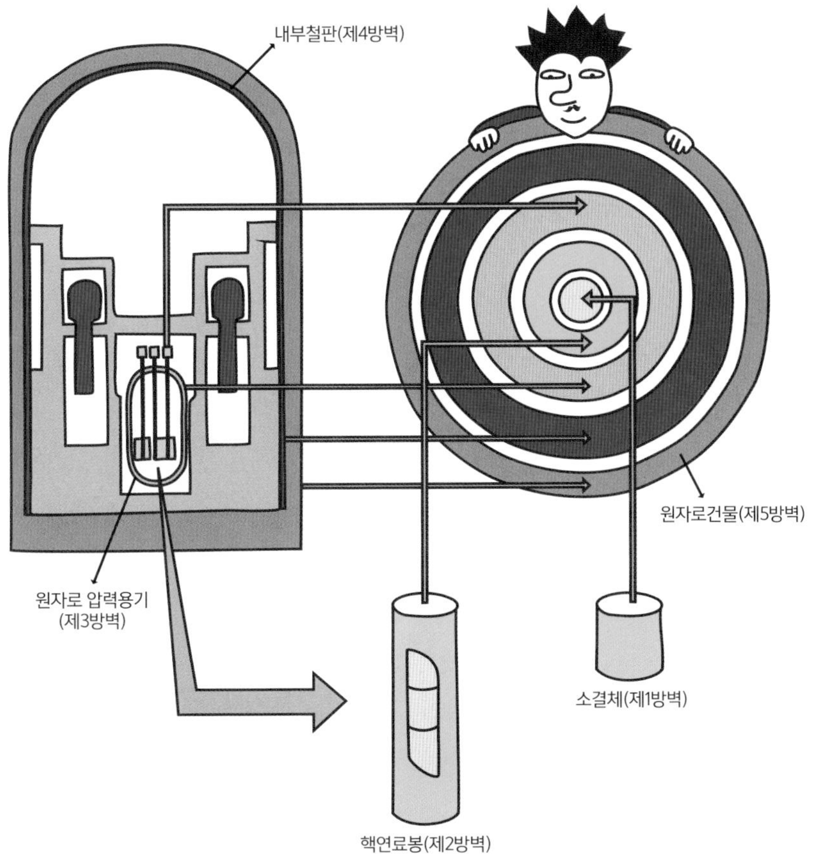

내부철판(제4방벽)
원자로건물(제5방벽)
원자로 압력용기
(제3방벽)
소결체(제1방벽)
핵연료봉(제2방벽)

**원전의 안전 설비** 원전은 심층방어 전략을 수행할 수 있는 다양한 안전설비들을 갖추고 있다. 대표적으로 사고예방설비 및 사고완화설비로 이루어져 있다.

사고예방설비는 원자로 보호 계통, 원자로 정지 계통, 비상 노심 냉각 계통으로 나뉜다. 원자로 보호 계통은 원자로의 이상을 감지하여 경고Alarm나 원자로 정지 신호를 발생시키고 나아가서는 공학적 안전설비를 작동시키는 계통이다. 원자로 보호 계통은 잘못된 신호에 의해서 원자로가 정지되지 않고 실제 신호에 의해서만 안전하게 정지될 수 있도록 다중논리회로(2 out of 3 또는 2 out of 4: 독립적인 회로에서 3개 중 2개, 또는 4개 중 2개 이상의 출력 신호가 설정치를 초과하는 경우 구동) 설계 개념을 채택하고 있다. 원자로 정지 계통은 다른 원리의 독립된 2개의 정지 계통을 보유하고 있다. 1개의 계통은 제어봉을 이용하고 다른 1개의 계통은 보완 장치로서 붕산 주입 계통이 사용되고 있다. 비상 노심 냉각 계통은 노심 내에 축적된 열과 붕괴열을 제거하기 위한 설비로서 원리가 서로 다른 독립된 계통을 다중으로 설치하고 있다.

사고완화설비는 원자로 격납건물, 원자로 격납건물 살수계통, 공기재순환 계통, 비상가스 처리 계통 등을 말한다.

원자로 격납건물은 방사성물질이 수용되어 있는 원자로 및 1차 계통을 기밀성이 유지되는 강화된 철근 콘크리트 건물 내에 수용하여 만일의 사고 시에도 방사성물질의 외부 누출을 방지하도록 설계되어 있다. 원자로 격납건물 살수 계통은 사고 시 격납건물 내의 압력을 단시간 내에 저하시켜 외부로의 방사성물질 누출을 감소시키고 요오드 등의 방사성물질을 격납건물 안에서 제거하기 위한 계통이다.

■ 원자로와 안전설비

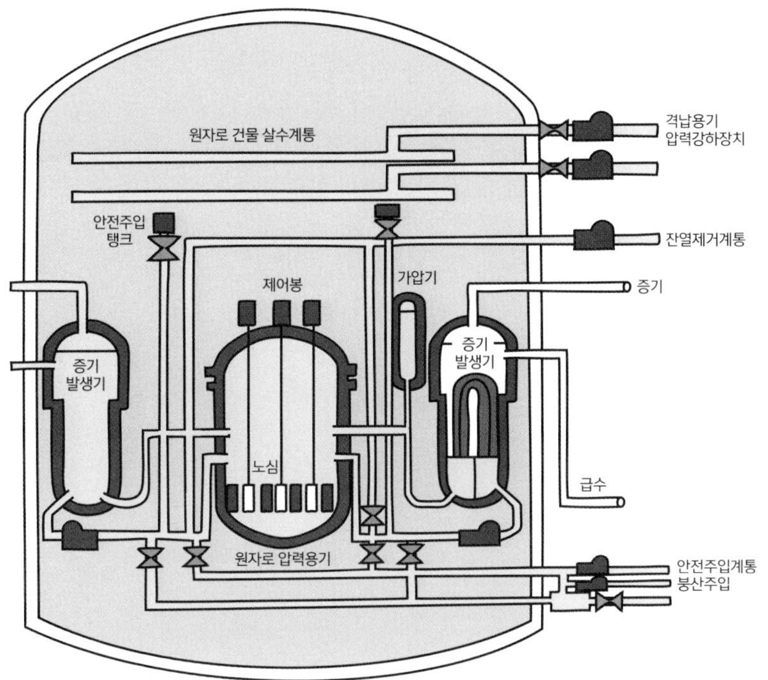


공기 재순환 계통은 원자로 격납건물 내의 공기를 재순환시켜 필터를 이용하여 방사성물질을 제거하는 계통을 말한다. 비상가스 처리계통은 원자로 격납건물 내부 기체의 방사성물질을 필터를 통해 제거하여 깨끗한 기체만 배기 계통으로 배출하는 계통이다.

**안전설비의 설계 특성**

원전은 설계할 때부터 심층방어의 개념을 고려해야 한다. 따라서 설계 시부터 안전 계통의 오작동을 방지하면서 신뢰도를 높이기 위하여 여러 가지 설계 기준을 정해 놓았다. 원전의 안전설비는 다중성, 독립성, 다양성, 견고성, 운전 중 상시 점검 기능, 고장 시 안전한 방향으로 작동, 연동 기능 등의 설계 특성을 갖는다.

다중성Redundancy은 한 계열의 기능이 상실되었을 때 똑같은 기능을 발휘하는 다른 계열이 본래의 기능을 발휘할 수 있도록 같은 기능을 갖는 설비를 2계열 이상 중복해서 설치하는 것을 말한다.

독립성Independence은 2개 이상의 계통, 또는 기기(각각의 기능이 동일하거나 다른 경우 포함)의 기능이 한 가지 원인에 의해 상실 또는 저해되지 않도록 물리적·전기적으로 분리(독립)하여 설계한 것이다.

다양성Diversity은 한 가지 기능을 달성하기 위하여 성질이 다른 계통이나 기기를 2개 이상 설치하는 것이다.

견고성Durability은 원전의 안전성 관련 구조물이나 기기 및 설비가 지진 등 예상되는 각종 정상, 비정상 상태에서도 그 구조적 건전성을 유지하도록 설계하는 것을 의미한다.

운전 중 상시 점검 기능Testability은 안전성 기능 확인을 위하여 운전 중에도 상시 점검이 가능할 수 있도록 설계하는 것이다.

'고장 시 안전한 방향으로 작동Fail to Safe'은 어떤 원인에 의해 설비 본래의 기능을 상실하였을 때 발전소가 안전한 방향으로 유도되도록 하는 설계 개념이다.

연동 기능Interlock은 설비 또는 기기의 오동작 등에 의한 손상 및 사고를 방지하기 위하여 정해진 조건이 만족되지 않으면 기기가 동작되지 못하도록 한다.

| 원전은 심층방어 전략을 수행할 수 있는 다양한 안전설비들을 갖추고 있다. 사진은 안전성을 향상하여 설계한 APR1400 조감도



## 원자력발전소 이용률

현재 우리나라에는 고리, 월성, 영광, 울진 등 4개 부지에 총 24기의 원자력발전소가 가동 중에 있다. 노형별로는 가압경수로형 20기(18,937MW), 가압중수로형 4기(2,779MW)가 운전 중이다. 2014년 말 기준 원자력발전소의 설비 용량은 22%이지만 발전량은 30%를 차지하고 있다.

원자력발전소 이용률은 발전설비 운영의 효율성과 활용도를 나타내는 지표로서, 설비 건전성과 운영 인력의 우수성 등 원자력발전소의 운영 기술 수준을 평가하는 직접적인 척도가 된다. 우리나라의 원자력발전소 운영 능력은 1980년대까지는 이용률이 70%대 수준이었으나 이후 지속적인 발전으로 2000년 이후 10년 연속 90% 이상의 높은 이용률 실적을 기록하였다. 이는 고장·정지 건수의 감소 때문으로 보고 있으며, 선진국과 비교해도 높은 수준이다. 2010년 이용률은 91.2%를 기록하였는데, 이것은 세계 원자력발전소 평균 이용률 76.0%보다 약 15% 상회한다.

■ 우리나라의 원자력발전소 이용률 및 가동률(단위: %)

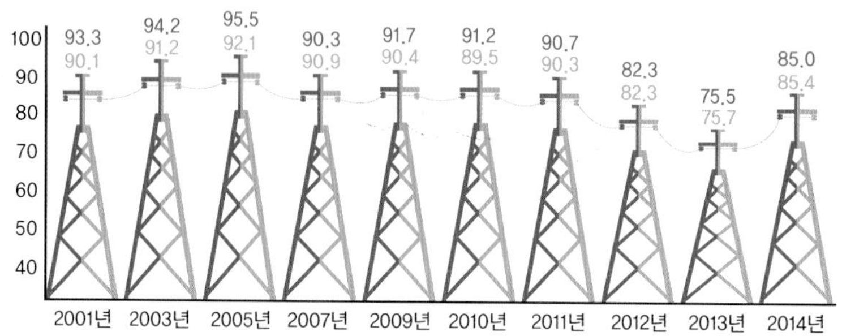




**원전 안전성의 지표, 고장정지율**

원자력발전소의 안전성을 가늠할 수 있는 지표로 고장정지율이 있다. 고장정지율이란 원자력발전소를 운전하면서 계획하지 않은 정지가 몇 번 발생하였는지를 평가하는 수치이다. 따라서 이 수치가 낮으면 원자력발전소가 잘 관리되고 있다는 의미이다.

우리나라는 원자력발전의 초기 단계인 1980년대 중반까지는 호기당 5건 이상의 고장정지율을 기록하였으나, 2009년에는 운전 중인 20기의 원자력발전소에서 1년 동안 7건의 고장정지가 발생하여 고장정지율이 호기당 0.35건을 기록하였다. 이 역시 2009년 세계 원자력발전소의 평균 고장정지율인 5.5건과 비교해 볼 때 매우 낮은 수준이다.

■ 우리나라의 원자력발전소 고장정지율

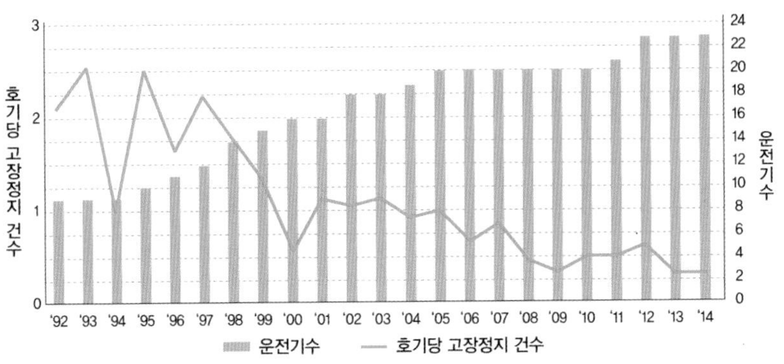


자료: 한국원자력안전기술원

■ 세계 주요국 원전설비 고장정지율(2014, 건/호기)

| 한국 | 독일 | 미국 | 러시아 | 캐나다 | 영국 | 프랑스 |
|---|---|---|---|---|---|---|
| 0.22 | 0.67 | 0.81 | 0.79 | 1.32 | 2.25 | 2.64 |

자료: IAEA PRIS, 2015. 8.

## 후쿠시마 원전과 우리나라 원전의 차이점

2011년 후쿠시마 원전 사고 이후 원자력발전에 대한 국민들의 불안감이 커졌다. 원자력발전에서 가장 중요하게 고려되어야 할 것이 바로 안전이다. 우리나라는 원전 사업자가 안전을 최우선으로 하여 원전을 운영하지만 일본의 경우는 민간기업으로 운영하여 경제성을 우선하기 때문에 정책적인 측면에서 차이가 있다. 또한 설비의 측면에서 보았을 때에도 한국 원전은 일본 후쿠시마 원전과 비교하여 몇 가지 차이를 보인다.

첫 번째로, 우리나라 원전과 후쿠시마 원전은 노형에서 차이가 있다. 원자로 내에서 증기를 발생하는 비등경수로BWR와 달리 우리나라 원전은 가압경수로PWR를 이용하여 터빈에 공급되는 증기가 방사성물질을 포함하지 않는다.

두 번째로, 격납용기의 내부 용적이 크다. 격납용기의 내부 용적이 크다는 것은 원자로 사고 시 다량의 수소가 발생하여도 이에 대처하는 데 시간적·공간적 여유가 있다는 것을 의미한다. 만약 다량의 수소가 발생하여도 철근 콘크리트 구조물로 견고하게 이루어진 격납건물로 인해 다량의 방사성물질이 외부로 유출될 가능성이 매우 낮은데, 이 점에서 일본 후쿠시마 원전과 차이가 있다.

세 번째로, 국내 원전의 경우 소내전원 상실 시에도 전원 없이 작동하는 수소제어설비가 설치되어 있어 수소 농도를 적정 수준 이하로 제어함으로써 수소폭발을 방지할 수 있도록 설계되어 있다.

마지막으로, 후쿠시마 사고 이후 우리나라에서는 이에 대응한 후쿠시마 후속 조치를 실시하여 전 원전에 대한 안전 점검을 실시하였다. 이를 통해 후쿠시마 원전 사고의 원인이 되었던 지진, 쓰나미 등 자연재해에 대해 취약한 부분을 보완하였다. 또한 안전 점검 결과에 따라 안전성을 높이기 위한 여러 가지 종합 개선 대책을 추진하였으며 최근 4년간 후쿠시마 후속 조치가 취해졌다.

■ 후쿠시마 후속 조치

- 원전 해안방벽을 7.5m에서 10m로 증축(2012년 고리원전 설치 완료)
- 비상디젤발전기실 등 침수 방지용 방수문 설치(성능 시험 중)
- 호기별 방수형 배수펌프(이동형 디젤펌프) 2대 확보(2013년 전 원전 확보)
- 부지별 이동형 발전차 확보(2014년 전 원전본부별 확보 완료)
- 원자로 및 증기발생기 비상냉각수 외부 주입유로 설치(월성 1호기 설치)
- 사용후연료저장소 비상냉각수 외부 주입유로 설치(2012년 전 원전 설치)
- 전기 없이 작동 가능한 수소제거설비PAR 설치(전 원전 설치 완료)
- 격납건물 압력 상승 방지 및 방사성물질 여과배기설비 설치(월성 1호기 설치)

원자력의 안전성이 추구하는 최고의 목표는 만약에 일어날 수 있는 사고에 대비하여 방사성물질이 외부로 누출되는 것을 방지함으로써 국민의 생명과 환경을 보호하는 것이다. 원자력발전소는 설계 시부터 이상 상태가 발생하였을 때 더 이상 확대되지 않도록 하며, 사고로 발전하게 되었을 때에도 사고의 영향을 최소화하기 위한 심층방어 개념을 도입하고 있다. 특히, 후쿠시마 원전 사고를 계기로 비상냉각, 지진해일 대비 등 안전성 강화 조치를 취하고 있다.

원자로 정지를 유발하는 사건들은 대부분
'사고(Accident)'가 아니라 '고장(Incident)' 혹은 '등급 이하'에 속하며
원자로 정지는 위험한 것이 아니라
스스로 더 안전한 상태로 진입하는 것이다.

# 원전 역사 40년, 원전 사고 0%



우리나라는 국내 최초의 원자력발전소 고리 1호기가 1978년 상업운전을 시작한 지 40여 년이 지난 현재, 24기의 원전을 운영 중이다. 운영 중인 원전 수로는 세계 6위에 해당한다.

수백만 개의 부품으로 이루어지는 원전에서는 다양한 사건·사고가 발생할 수 있는데, 지금까지 중대사고는 1979년 미국당시 69기 운영 중의 드리마일아일랜드TMI 2호기, 1986년 구소련의 체르노빌 4호기당시 41기 운영 중, 2011년 후쿠시마 제1원전당시 54기 운영 중에서 발생하였다. 중대사고가 일어난 나라들은 많은 수의 원전을 운영하고 있었기에 세계 6위의 원전 운영 국가인 우리나라도 그만큼 사고의 위험에 노출되어 있지 않을까 하는 우려가 있다. 또한 일본의 후쿠시마 원전이 1971년부터 운영된 오래된 원전이었으므로, 설계수명을 넘겨서 계속운전 중인 고리 1호기와 월성 1호기의 사고 위험성이 높다고 여기기도 한다.

그렇다면, 원전 사고는 운영 중인 원전 수나 운전 연수와 직접적인 관계가 있는 것일까?

## 원자력발전소의 '사건, 사고, 고장'의 의미

우리는 언론에서 사건·사고라는 말을 자주 보고 듣는다. 이 단어들을 영어사전에서 찾아보면 Event(사건), Incident(사건), Accident(사고)라고 나와 있다. 우리말에서는 Event와 Incident를 명확히 구별하는 적절한 어휘가 부족하지만, Incident는 작은 사건, Accident는 큰 사건, Event는 이들을 합하여 통칭하는 말이다. 언론에서는 작은 사건, 큰 사건으로 구분하기 어려워 사건·사고라고 통칭하고 있다. 또한 종종 언론에서 원전에서 발생하는 작은 사건, 즉 Incident 혹은 경미한 고장으로 분류되는 '원자로 정지'를 '사고'라는 단어로 지칭하기도 한다.

1986년 구소련현 우크라이나에서 발생한 체르노빌 원전 사고는 원자력 시설에서의 사건 규모에 대한 객관적인 척도가 필요함을 상기시켰다. 즉, 사건 발생 시 관련 국가, 기관 및 대중·언론 등 간에 명확한 정보 전달을 위해서는 사건 규모의 분류 체계사건의 척도와 잣대를 정해야 한다는 것이었다. 그 결과 국제원자력기구IAEA와 경제협력개발기구 원자력기구OECD/NEA는 안전설비에의 영향, 원전 내에서의 방사선 영향, 원전 외부로의 방사선 영향 등 안전성 측면의 세 가지 요소를 평가 잣대로 설정하였다.

■ 국제원자력사고·고장등급(INES) 체계[1]

| 분류 | 등급 | 정의 | 사건 사례 |
|---|---|---|---|
| 사고 (Accident) | 7(대형 사고) | • 방사성물질의 대량 외부 방출(수만 TBq[2] 이상) | • 구소련 체르노빌 사고 (1986)<br>• 일본 후쿠시마 사고(2011) |
| | 6(심각한 사고) | • 방사성물질의 상당량 외부 방출(수천 TBq 이상) | • 구소련 Kyshtym 재처리 시설 사고(1957) |
| | 5(광범위한 외부영향 사고) | • 방사성물질의 제한적 외부 방출(수백 TBq 이상)<br>• 원자로 노심의 중대 손상 | • 미국 TMI 사고(1979)<br>• 영국 Windscale 원전 사고 (1957) |
| | 4(국부적 외부 영향 사고) | • 방사성물질 소량 외부 방출 (1mSv 이상의 피폭)<br>• 원자로 노심의 상당 수준 손상 | • 프랑스 생로랑 원전 사고 (1980년)<br>• 일본 JCO 임계 사고(1999) |
| 고장 (Incident) | 3 (심각한 고장) | • 방사성물질 극소량 외부 방출<br>• 방사성물질에 의한 원전 내 중대 오염 | • 스페인 반델로스 원전 고장 (1989)<br>• 후쿠시마 제2원전(2011) |
| | 2 (고장) | • 방사성물질에 의한 원전 내 상당량 오염<br>• 심층방어체계의 상당한 손상 | • 다수 사례 |
| | 1 (이상 상태) | • 운전제한범위를 벗어난 이상 상태 | • 다수 사례 |
| 등급 이하 (Below Scale) | 0 | • 안전에 중요하지 않은 고장 | • 다수 사례 |

'국제원자력사고·고장등급INES: International Nuclear & Radiological Event Scale'[3] 이라 지칭된 이 평가 체계는 원자력 시설에서 발생하는 사건의 규모를 그 심각도에 따라 0~7등급으로 구분하고 있다. 정상을 벗어난 사건Event에 대해 상태의 심각성을 안전 측면에서 평가하는 국제적인 잣대가

[1] IAEA, 「The International Nuclear and Radiologocal Event Scale」, 2009(1992년 이후 개정본). 드리마일 사고, 체르노빌 사고 등 1992년 이전의 사고는 이 기준에 의해 재평가되어 분류된 것임

[2] 1테라베크렐(TBq)은 27큐리(Ci)에 상당하는 방사능 단위. 1베크렐은 방사능의 국제단위(SI)로 1Bq = 1붕괴/초

[3] 우리나라는 '국제원자력사건등급'이라고 칭함(원자력안전위원회 고시, 원자력 이용 시설의 사고·고장 발생 시 보고·공개 규정)

설정되어 우리나라를 포함한 전 세계가 이를 적용하고 있는 것이다.

INES 체계에 따르면 '사고Accident'란 인체에 대한 방사선장해, 시설의 중대한 손상 혹은 환경에 방사선 피해를 유발하는 4등급 이상의 사건을 말하고, 인체에 대한 방사선장해나 시설에 중대한 손상 혹은 환경에 방사선 피해를 유발하지 않는 3등급 이하의 사건은 '고장Incident'이라고 한다. 원자력안전상 중요하지 않은 경미한 고장은 '0등급'으로 분류한다.



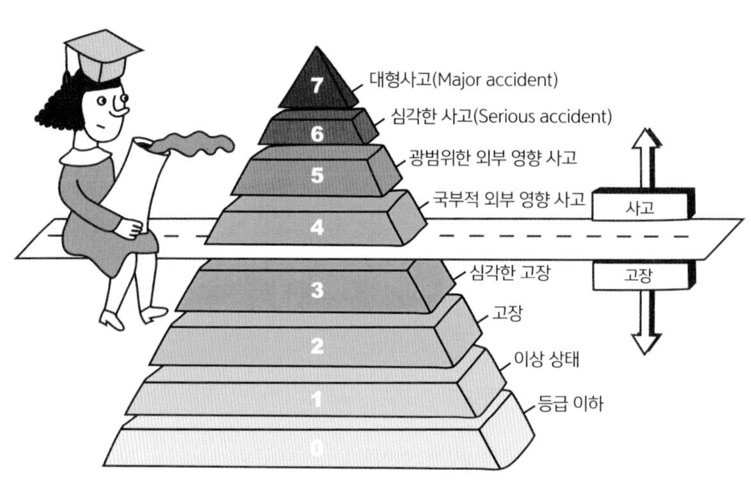

## 국내 원전의 사건 발생 및 등급 평가 현황

우리나라 원전에서는 고리 1호기가 처음 상업운전을 시작한 1978년 4월 이후 2015년 10월 현재까지 원자로 정지를 유발한 사건이 총 695건 발생하였다. 연도별로 총사건 발생 건수와 호기당 평균 발생 빈도를 보면, 원전 도입 초기에는 호기당 발생 빈도가 높았지만, 이후 규제 강화 및 운영 기술 축적 등으로 발생 빈도가 지속적으로 감소해 온 것을 알 수 있다.

■ 국내 원전의 연도별 총 사건 발생 수 및 호기당 사건 발생 빈도 추이

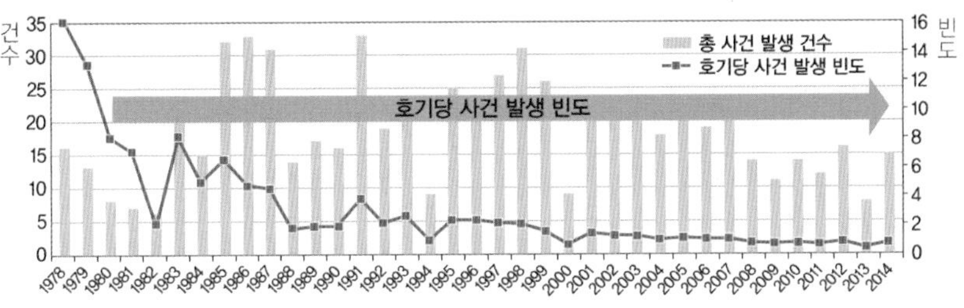


우리나라에서는 국제원자력사건등급 체계를 도입한 1992년 말부터 2015년 10월 현재까지 총 363건의 사건이 발생하였으며 그에 대한 등급 평가를 수행하였다. 평가 결과는 2등급 고장 3건과 1등급 고장 20건을 제외한 340건전체의 93.7%이 모두 등급 이하인 0등급으로 나타났다. 즉, 대부분의 사건이 '안전에 중요하지 않은 고장0등급'으로 분류되었으며, 국제적 기준으로 '사고'라고 구분되는 4등급 이상의 사건사고은 단 한 건도 발생하지 않았다.

사건 등급 평가의 신뢰성은 평가의 객관성, 공정성, 투명성에 의해 좌우된다. 국내의 경우 대학교수 등 내·외부 전문가로 구성된 '사건등급평가위원회'에서 사건 등급을 최종적으로 검증·확인하고 있으

며, 최종 등급 평가 결과는 사건 내용과 함께 한국원자력안전기술원 원전안전운영정보시스템[4]에 공개하고 있다. 또한 2등급 이상이거나 중요 관심 대상이 되는 사건에 대해서는 국제원자력기구에 보고하고, 2년마다 관련 국제 전문가와의 합동회의를 통해 국내 사건 등급 평가 체계와 평가 결과의 평가 타당성을 확인함으로써 국제적 신뢰성을 확보하고 있다.

## 원자력발전소의 설계·운영과 사건과의 관계

원전은 다중성, 독립성 등의 안전 개념에 기초하여 설계되어 있어서, 발전소가 정해진 운전 상태에서 벗어나면 원자로가 자동적으로 정지하여 위험한 상황으로의 진전을 방지하도록 되어 있다. 이를 위해서는 원전의 중요한 변수들을 지속적으로 감시하고, 필요시에는 원자로 정지 신호를 신속하게 발생시켜야 한다.

한국표준형 원전의 경우다른 원전들도 유사 약 10여 가지의 원자로 정지 신호가 설치되어 있다. 실제로 이상 신호가 발생하였거나 신호 발생 장치가 고장 나더라도 원자로는 자동으로 정지되도록 설계되어 있다. 예를 들면 원자로의 출력이 정상 상태라 하더라도 그 출력을 측정하거나 제어하는 계통에 고장이 나는 경우 제어봉은 중력으로 원자로 내에 자동적으로 삽입되어 원자로를 안전하게 정지시킨다는 것이다. 이러한 개념에 기초한 설계는 원전 건설 및 운영허가를 위한 안전심사 시 규제 기관에 의해 독립적으로 확인된다.



❹ http://opis.kins.re.kr/

원자로 보호자동 정지 기능의 지속적 확보 여부는 원전 운영자가 규정[5]에 따라 운전 중에도 주기적 시험을 통해 확인하고, 정부의 규제 기관이 검사를 통해 재확인하고 있다.

원전의 운전은 국가에서 엄격하게 관리하는 조종사 자격면허를 취득한 자에 한하여 상시 조종 업무를 할 수 있다. 또한 주기적으로 모의제어반 훈련을 받아 합격한 자에 한하여 조종하도록 규정되어 있으며, 이에 대해 정부가 규제 검사로 확인한다. 그리고 원전이 있는 곳(이를 '부지'라고 하며 우리의 경우 고리·월성·한빛·한울의 4개 부지가 있음)에는 정부에서 파견된 요원들과 규제 전문가가 상주하는 주재사무소가 설치되어 원전이 규정에 따라 운영되는지를 상시 확인하고 있다.

원전의 설계와 운영 측면의 안전 특성에 대한 이해를 돕기 위해 자동차의 예를 들어 보자. 자동차 운전자는 한 번 운전면허를 받으면 별다른 추가 훈련 없이 면허 갱신이라는 간단한 행정 절차를 거쳐 계속운전할 수 있다. 또한 자동차 엔진오일의 온도 측정기가 고장 나거나 실제로 온도가 정상 범위를 벗어날 경우 자동차가 엔진오일 과열이라는 경고 신호를 제공할 수 있지만 운전자가 고온 경고를 인지하지 못하거나 무시할 경우 엔진 과열, 더 나아가 화재가 발생할 수 있으며 잘못된다면 인명이나 재산에 피해를 미칠 수도 있다.

원전의 경우 이러한 비정상적인 신호가 감지될 경우신호 감지기의 고장 포함 더 이상 가동을 하지 못하도록 원자로가 자동으로 멈추도록 설계되었다. 자동차로 비유하면 엔진오일 고온 경고 시 자동적으로 운행이 정지되고 정비소에 입고되는 것과 같다. 또한 행정상으로도 사건 발



[5] 이를 '운영기술지침서'라 함

생 후 운영자가 마음대로 재가동할 수 없도록 규정되어 있다. 원전에서 사건이 발생하여 원자로가 정지한 경우 규제 전문가의 조사를 통해 사건의 원인과 영향을 평가하고 재발 방지 조치의 적절성 등을 확인한 후 해당 부지 주재사무소의 전문가 확인을 통한 승인 후에만 재가동할 수 있다.

원자로 정지를 유발하는 사건들은 대부분 '사고Accident'가 아니라 '고장Incident' 혹은 '등급 이하'에 속하며 원자로 정지는 위험한 것이 아니라 스스로 더 안전한 상태로 진입하는 것이다.



## 장기가동 원전과 사건의 관계성 – 고리 1호기의 예

원전의 운전 기간이 길어지면 설비들이 노후화하여 안전을 위협하지 않을까 하는 의문을 가질 수도 있다. 일반 산업 시설에서 고장 발생 빈도는 운전 기간에 따라 'U자형' 형태를 보이는 것이 일반적이다. 즉, 시설 운전 초기에 고장이 많이 발생하지만 곧 안정화 추세를 보이다가 시설 노후화에 따라 고장 발생률이 다시 증가한다.

2015년 상반기까지 국내 원전에서 발생한 총 695건의 사건 중 고리 1호기에서만 130건이 발생하였다. 그러나 대부분의 사건은 고리 1호기의 가동 초기 20년간 발생114건, 87.7%하였고, 이후 규제·운전 경험이 축적되고 설비 개선 등이 이루어지면서 사건은 지속적으로 감소하였다. 특히 계속운전 승인2007년 12월 이후 최근 7년 동안에는 5건만이 발생하였고, 이 중 낙뢰나 인적 실수 등을 제외할 경우 고리 1호기 기기고장에 의한 사건 발생률0.29건/원자로·년은 국내 전체 원전 평균치

0.43회/원자로·년보다 낮고, 최근인 2013년 11월 28일 사건 발생 후 현재까지 사건이 거의 발생하지 않았다. 이는 'U자형' 이론에 근거한 일반적인 생각에 반하는 것으로, 지속적인 설비 개선·교체가 이루어진 고리 1호기에서는 실질적인 노후화 문제가 나타나지 않고 있음을 입증하는 것이다.

■ 고리 1호기 연도별 사건 발생 추이

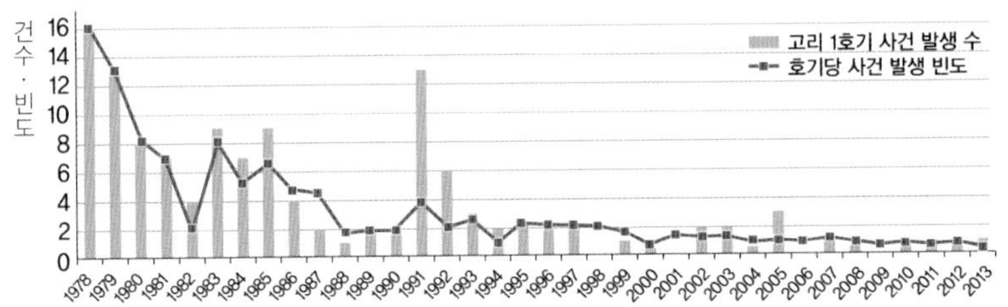


자료: 한국원자력안전기술원, 원전안전운영정보시스템(http://opis.kins.re.kr/)

또한 국제원자력사건등급 체계에 따른 평가를 시작한 1993년 이래 고리 1호기에서는 총 27건의 평가 대상 사건이 발생하였는데, 1등급과 2등급 사건이 각각 1건씩 발생하였고 나머지 25건은 모두 안전에 중요하지 않은 고장인 0등급으로 평가되었다. 이러한 운영이력에 따르면, 고리 1호기가 노후화되어 사건이 빈발하므로 사고에 대한 우려가 크다는 일부의 지적은 바른 평가가 아니다.

**후쿠시마 사고 등급**

후쿠시마 사고의 심각성을 인식하여 원자력발전소에서의 사고 재발 방지를 위해 우리나라를 포함한 국제적인 공조·대응이 진행되고 있다. 손상 원자로에의 직접 접근은 아직 어려운 상태이지만 사고 자체의 심각성에 대해서 3건의 사고 결과를 국제원자력기구의 공식적 발표를 근거❻❼로 비교해 보면, 결론적으로 후쿠시마 사고는 체르노빌 사고보다 환경으로의 방사성물질 누출이 약 1/7 정도라고 평가되고 있다. 물론 후쿠시마의 경우 현재까지도 해양으로 액체 방사성물질을 배출하고 있으나 사고의 특성사고 발생 초기에 고농도의 방사성물질이 대부분 방출됨을 감안한다면 현재의 누출량은 전체 누출량에 비해 소량이라는 것이다.

사고 원자력발전소에서 환경으로 방출된 방사성물질 누출량과 함께 운영 이력과 사고 발생일을 눈여겨볼 필요가 있다. 일본 후쿠시마 사고를 제외한다면 드리마일과 체르노빌 사고는 신규 원자력발전소에서 발생하였다. 따라서 원자력발전소 사고는 운영 이력과의 직접적인 상관관계를 맺기가 어렵다. 또한 환경으로의 방사성물질 방출량에 대해 각 사고 당시의 상황과 해당 원자력발전소 시설체르노빌의 경우 원자로 격납 시설이 없는 발전소과 운영체계 등이 서로 다르다는 것을 인지하고, 사고를 이해해야 한다.

❻ 「IAEA, The International Chernobyl Project: Technical Report」, 1991. 등
❼ 「IAEA, The Fukushima Daiichi Accident Report by the Director General」, 2015. 5. 14. 등

1979년 중대사고가 발생하였던 미국 펜실베니아 주에 위치한 드리마일 원전. 운전원의 실수로 발생한 사고를 계기로 원전 종사자들에 대한 안전 교육 강화, 방사선 차폐 등 원전의 안전이 이전보다 훨씬 강화되었다. 사진은 운영 중인 TMI 1호기 ©연합뉴스



**3대 중대사고 발생원인**

1979년 미국의 드리마일 2호기 원전 사고는 방사성물질 방출 측면에서는 경미하였지만 원전의 핵연료가 심하게 손상되었음이 확인되었고, 이로 인해 당시 운전 중이던 원전에 대해 개선 필요성이 제기되었다. 설계 측면에서 인적 요소의 미흡한 고려가 원전 사고의 주원인으로 제기되면서 원자력발전소 설계에서 인간-기계 연계 요소MMI: Man Machine Interface가 반영되어야 함이 부각되었다. 이에 따라 원자로 조종사의 체계적인 교육 훈련 강화 및 절차서 개선 등과 함께 인간-기계 연계성을 강화한 설계 반영 등 관련 후속 보완조치가 이루어졌으며, 이러한 개선 사항은 우리나라 원자력발전소에도 적용되었다.

1986년의 체르노빌 4호기 사고는 방사성물질 방출 측면에서 원전 역사상 최악의 사고로 기록되었으며, 저출력에서의 출력 불안정성과 원자로 격납건물의 취약성 등 설계상의 문제점과 함께 원자력발전소 종사자의 절차서 미준수를 포함한 안전의식 결여가 주된 원인으로 지목되었다. 이에 따라 원자력발전소의 건설 및 운영에서 원자력 안전을 최우선으로 여기는 종사자의 태도가 절대적으로 중요함을 일깨웠고, 이른바 원자력발전소에서의 '안전문화'가 국제원자력기구의 주도 아래 전개되어 우리나라를 포함한 전 세계 원자력발전소에 적용되기에 이르렀다.

2011년 일본에서 발생한 후쿠시마 사고에 대해 일본 정부와 국회 등은 자연재해를 포함한 '복합재해'에 대한 예측과 대비가 미흡하였던, 즉 자연재해와 인재가 복합적으로 작용하여 사고가 발생한 것을 원인으로 지적하였다.[8][9] 이러한 교훈에 대해 전 세계적으로 자연재해에 대한 재평가 및 사고에 대비한 설비 및 관리에 대한 개선·추가가 이루어지게 되었다.



[8] 동경전력/ 일본 정부/ 민간독립검증위원회/ 국회의 후쿠시마 사고·조사 위원회 보고서(동경전력, 2012. 6. 20./ 일본 정부, 2012. 7. 23./ 민간독립검증위원회, 2012. 2. 28./ 국회, 2012. 7. 6.) 등
[9] 한국원자력학회, 「후쿠시마 원전 사고 분석」, 2013. 3. 11.

■ 각 사고별 비교

| | 미국 | 구소련 | 일본 |
|---|---|---|---|
| | 5등급<br>드리마일 2호기<br>가동 1978.12.30.<br>사고 1979.3.28. | 7등급<br>체르노빌 4호기<br>가동 1984.3.26.<br>사고 1986.4.26. | 7등급<br>후쿠시마 제1원전 1~4호기<br>가동 1971.3.26.<br>사고 2011.3.11. |
| 방사성물질 누출량 | I-131 약 15Ci | Cs-137 약 $2.3\times10^{6}$ Ci<br>I-131 약 $4.6\times10^{7}$ Ci | Cs-137 약 $4.0\times10^{5}$ Ci<br>I-131 약 $4.3\times10^{6}$ Ci |
| 사고 원인 | 운전원실수 | 각종 안전장치를 차단한 상태에서 무리한 시험 강행 | 지진(9.0)과 쓰나미에 의해 전원 완전 상실, 주요기기 침수 및 손상 |
| 사고 결과 | 핵연료 일부 녹고 냉각수 일부 누출, 격납용기에 의해 방사능 누출 차단<br>인명 피해 없음 | 원자로 및 원자로건물 일부 파손, 격납용기가 없어 방사능 누출<br>31명 사망, 237명 부상 | 노심용융 및 수소폭발로 원자로건물 손상, 격납용기 손상 및 누설 추정으로 방사능 누출 |
| 사후 조치 | 사고 원전 2호기 폐쇄[1] | 사고 원전 4호기 폐쇄[2]<br>(1~3호기도 폐쇄) | 1~6호기 모두 폐쇄[3] |

1) US NRC, 「Three Mile Accident Backgrounder」, 2013. 2.

2) OECD/NEA, 「Chernobyl: Assessment of Radiological and Health Impact」, 2002.

3) IAEA, 「The Fukushima Daiichi Accident Report by the Director General」, 2015. 5. 14.

**중대사고 노형별 특성 비교 및 사고와의 연계성**

드리마일 원전은 가압경수로, 체르노빌 원전은 흑연감속 비등경수로, 후쿠시마 원전은 비등경수로로서 드리마일 이외의 원자력발전소는 모두 비등경수로이다.

후쿠시마 원전의 비등경수로는 원자로 내의 냉각수 비등에 의해 생성된 증기가 직접 터빈 발전기를 구동하는 사이클로 원자로 계통의 압력약 70kg/cm²이 낮고, 비등 시 생성되는 기포의 반응계수로 인해 가압경수로에서 원자로 출력제어에 사용하는 붕산을 사용하지 않아 구조물의 부식 정도가 감소하며, 가압경수로에서 해야 하는 증기발생기 세관 점검·정비가 필요 없으므로 작업자의 방사선 피폭이 적을 수 있다.



그러나 비등경수로의 경우 증기발생기가 없으므로 출력 운전 중 원자로 격납건물 외부에 위치한 터빈 발전기 계통에 대해 방사선 피폭 관리가 필요하다. 특히 2011년 후쿠시마 사고와 관련하여 원자로 냉각재를 사용하는 1차 계통과 터빈 발전기가 있는 2차 계통과의 경계 차단설비인 증기발생기가 없음으로 인해 사고 시 방사성물질 차단에 어려움이 있다. 또 설계적으로 원자로 격납건물후쿠시마 Mark-I형의 체적이 작아 사고 발생 시 그 압력을 견디는 능력이 낮다는 취약점이 있다.

체르노빌의 경우 핵연료의 출력 발생을 위해 흑연을 사용하는 흑연감속 비등경수형 원자로로서, 사고 당시 원자로의 고온에 의해 야기된 흑연의 발화에 의한 원자로 폭발이 있었으며, 원자로 격납건물이 취약하여 방사성물질을 포함한 폭발 비산물이 직접 환경으로 확산되었다.

드리마일은 가압경수로로서 사고 초기에는 증기발생기 비상급수와 노심냉각수의 부족으로 핵연료가 과열되어 손상되었으나 사고 진행 과정 중 이들이 복구·냉각되어 용융된 핵연료는 원자로 압력 용기 외부로 누출되지 않았고, 원자로 냉각수가 압력 용기 외부의 원자로 격납건물 내로 방출되었으나 이들 중 일부만 격납건물 외부로 방출되었다. 또한 견고하고 큰 원자로 격납건물은 사고 기간 중의 압력 상승 등을 견뎌 환경으로 방사성물질 방출을 소량으로 제한하였다.

**원자력발전소가 고장이 나 발전소가 정지됐다는 말을 들으면 안전에 이상이 생기지 않았을까 불안한데?**

자동차에 이상이 생기면 고장 났다고 말하듯이 수많은 기기로 구성된 원전도 자동차처럼 고장이 생겨 운전을 멈추고 정비를 하는 경우가 발생한다.
발전소가 정해진 운전 상태에서 벗어나면 원자로가 자동적으로 정지하여 위험한 상황의 진전을 방지하도록 설계되어 있다. 한국표준형 원전의 경우 약 10여 가지의 원자로 정지 신호가 설치되어 있어 고장이 발생하면 원자로를 정지하여 정비하라는 신호가 뜨고 이에 따라 가동을 멈추게 된다. 원자로 정지를 유발하는 사건들은 대부분 '고장' 혹은 '등급 이하'에 속하는데, 원자로 정지는 위험한 것이 아니라 스스로 더 안전한 상태로 진입하는 신호이다.
원전에서 '고장'으로 분류되는 '원자로 정지'를 흔히 위험하다고 여기게 된 데는 사건과 사고의 혼용된 이용에서 비롯되었다.
국제원자력사고·고장 등급에 따르면 '사고'란 인체에 대한 방사선 장애, 시설의 중대한 손상 혹은 환경에 방사선 피해를 유발하는 4등급 이상의 사건을 말하고, 방사선 영향, 중대한 손상이 없는 3등급 이하의 사건은 '고장'이라고 한다.

원자력발전소는 무수히 많은 설비로
구성되어 있으며, 이 설비를 안전하고 신뢰성 있도록 운전하기 위해
정기점검 및 예방정비를 수행하고 있다.

# 원자력발전소 운영



## 원자력발전소의 설계

원자력발전소는 초기 구상단계에서부터 지진 등을 포함한 다양한 자연재해와 설비 고장 및 인적 실수 등에 따른 사건 조건들을 가정하고 어떠한 상황에서도 잘 대처할 수 있도록 설계하여야 한다. 따라서 원자력발전소는 방사성물질에 대해 여러 겹의 방호벽을 설치하고, 방호벽의 손상을 방지하여 인간과 환경을 보호하기 위한 여러 단계의 방호 전략을 적용하는 심층방어Defense-in-Depth 안전 설계를 기본으로 하며, 필수적인 설비, 인력 및 자원을 바탕으로 하는 안전한 운영까지 신경을 쓰고 있다. 또한 운전원의 실수나 기기의 고장이 복합적으로 발생하더라도 심각한 사고로 이어지지 않도록 다음과 같은 설계 원리들을 최대한 적용하고 있다.

- **다중성**Redundancy: 기기나 설비를 꼭 필요한 개수보다 더 갖추어 일부 기기 고장 또는 정비 상황에 대비하도록 설계

- **다양성**Diversity: 특정한 한 가지 안전 기능을 달성하기 위해 작동 원리가 다른 계통이나 기기를 덧붙여 구비하도록 설계
- **독립성**Independence: 2개 이상의 계통 또는 기기가 한 가지 공통적인 원인에 의해 기능을 상실하지 않도록 분리하거나 독립적으로 설계
- **고장 시 안전한 작동**Fail-safe: 어떤 원인에 의해 설비 본래의 기능이 상실될 때 발전소가 안전한 방향으로 유도되도록 설계
- **연동 기능**Interlock: 설비 또는 기기의 오작동에 의한 발전소 손상이나 사고를 방지하기 위해 정해진 조건이 만족되지 않으면 작동하지 않도록 설계



## 원자력발전소의 건설

원자력발전소 건설은 실제 공사 기간만 약 5년 내지 7년에 이르고, 계획부터 준공까지는 10년 정도가 걸리는 대형 프로젝트이다. 원자력발전소의 건설 공기는 발전소 입지 조건, 원자로의 설계 방식, 출력량 등은 물론 공사 관리 능력에 따라 상당한 차이가 나타난다.

건설공사의 주요 특징으로는 첫째, 건축공사와 기계·전기공사가 장기간 병행하여 이루어지는 점, 둘째, 공사 물량이 크고 이에 따라 공사 비용이 많이 책정되는 점, 셋째, 품질관리상의 요구에 의하여 세부적인 항목에 걸쳐 시험·검사가 이루어지는 점 등을 들 수 있다. 물론 이 건설공사 전체에서 원자로 건물의 주요 설비에 대한 설치 공정이 가장 핵심적인 사항임은 두말할 필요가 없다.

예를 들면, 지난 2010년부터 진행되고 있는 신한울 1·2호기 공사

의 경우 원자력발전 사업자가 직접 계약을 맺는 주계약 업체만 190여 개사에 이른다. 여기에 설계 회사, 원자로 설비 및 터빈 발전기 납품 업체, 시공회사 등을 비롯해 다양한 보조기기 공급 업체들이 참여하고 있다.

### 원자력발전소의 일상 운전

원자력발전소는 완공 이후 정상 상태에서 안전하게 운전될 수 있는지를 단계적으로 확인하는 시운전 단계를 거친 후 상업운전Commercial Operation에 들어간다. 원자력발전소 일상 운전은 주제어실Main Control Room의 운전원Operator들을 중심으로 발전소 내 현장 기기 운전원들이 협력하여 이루어지며, 이 과정에서 많은 설비들이 운전 조건에 따라 자동적으로 제어된다. 여기서 주제어실이란 운전원들이 발전소에서 가동되는 각종 핵심 설비들을 집중적으로 감시하고 관리하도록 발전소 내부에 갖추어진 발전소 종합제어센터를 의미한다. 그렇다면 발전소는 어떤 사람들이 운전하게 될까?

원자력발전소의 운전과 관련된 면허로는 엄격한 시험을 통해 발급되고 지속적으로 교육·훈련을 받아야만 유지되는 원자로조종사RO 및 원자로조종감독자SRO 면허가 있다. 발전소 한 기基를 운전하기 위해서는 발전소의 주제어실에 원자로조종감독자 및 원자로조종사 면허소지자가 각각 한 명 이상 동시에 근무하면서 운전해야 한다. 발전소에서 운전을 총괄하는 발전팀장은 모두 원자로조종감독자 면허를 갖고 있다. 통상 국내 표준형 원자력발전소의 운전은 총 10명으로 구성된 운전 교대조가 담당하고 있다.

**원자력발전소 운영절차서**

발전소의 일상 운전과 모든 안전 관련 계통의 운전은 승인된 절차서Procedure를 사용하여 수행된다. 발전소 절차서에는 종합절차서, 정기·주기 점검절차서, 계통운전절차서, 비정상·경보절차서, 비상운전절차서 등이 있다. 그 외에 특정 시험을 위해 별도로 작성되는 임시 절차서들도 있다.

먼저 발전소 운전 종합절차서는 발전소의 운전모드를 변경시킬 때 사용하는 절차를 기술하고 있다. 정기·주기 점검절차서는 주요 기기 및 계통의 기능을 운영기술지침서T/S: Technical Specifications 등의 요건에 따라 정기적·주기적으로 점검하는 데 필요한 절차서이다. 계통운전절차서는 원자력발전소를 구성하고 있는 많은 계통을 개별적으로 조작하는 단계를 기술하고 있다. 비정상·경보절차서는 계통의 비정상 상태에서 발생하는 경보 종류에 따라 운전원이 취할 조치를 기술하고 있으며, 경보절차서는 경보창의 위치에 따라 분류하여 운전원이 관련 내용을 쉽게 찾아볼 수 있다. 비상운전절차서는 발전소 안전조치 수행에 가장 중요한데, 발전소의 비상 상태, 즉 원자로 정지, 발전소 정전, 냉각수 상실 등과 같은 상황에서 운전원이 필수적으로 이행해야 할 조치 사항들을 기술하고 있다.

### 원자력발전소의 정비

원자력발전소는 무수히 많은 설비로 구성되어 있으며, 이 설비를 안전하고 신뢰성 있도록 운전하기 위해 정기점검 및 예방정비를 수행하고 있다.

정기점검은 운전 상태에서 시행하는 것으로서 원자력발전소 운영기술지침서T/S에서 규정하고 있는 주기적인 점검 활동을 포함한다. 물론 점검 결과 고장으로 판명된 기기들은 이를 원상태로 복구하기 위한 고장정비를 수행한다.

예방정비는 통상 계획예방정비Planned Maintenance라고 한다. 법정 검사 요건에 따라 핵연료를 교환하기 위해 발전소를 정기적으로 정지하는 기간에 수행되며, 운영자에 의해 수립된 정비계획에 따라 시행하는 설비 검사, 검정·교정 등의 활동이 포함된다.

현재는 아직 국산화되지 않은 원자력발전소 예방정비 기술의 해외 의존도를 낮추기 위해 기술 확보, 교육 훈련 강화, 전문가 육성, 신형 장비 확보 등의 노력을 기울이고 있다.

**원자력발전소의 안전 관리**

원자력발전소가 심층방어 개념과 안전설계 기준 등을 적용하여 안전하게 설계·건설되었다 하더라도 정해진 규정과 절차에 따라 엄격하게 운영·관리되지 않는다면 결코 안전성이 확보될 수 없다. 따라서 원자력발전소의 안전 관리는 안전 설계에 못지않은 중요성을 갖는다.

첫째, 원자력발전소의 철저한 운영 관리를 위해 운영자는 품질보증계획을 수립하고 있다. 이는 원자력발전소 운전 단계에서 수행되는 제반 구조물, 계통 및 기기의 설비 개선 또는 변경, 구매, 제작, 설치, 운전, 시험 및 검사 등 초기 원전 연료 장전 및 장전 이후의 재장전 그리고 가동 중 검사를 포함한 운전 및 정비 등 운영품질 관련 업무 전반에 대하여 적용한다.

품질보증계획은 최종 안전성 분석보고서에 원자력발전소의 안전성 및 신뢰성 유지에 중요하다고 정의된 안전성 품목(Q)과 안전성 영향 품목(A)에 집중적으로 적용한다. 또한 원자력발전소 안전성을 유지하기 위하여 필요한 화재방호 설비와 안전성에 영향을 미치는 컴퓨터 프로그램의 관리 사항 등에 대해서도 적용한다.

둘째, 원자력발전소의 일상 운전 관리를 위해 운영기술지침서를 적용하고 있다. 운영기술지침서란 원전을 안전하게 운전하기 위하여 운전원이 반드시 지켜야 하는 안전 수칙으로서 안전 규제 기관인 원자력안전위원회의 허가를 받아야 하는 서류이다. 여기에는 원자력발전소의 과도 상태 진입을 차단하기 위한 운전 제한 조건, 설비의 기능 이상을 확인하기 위한 정기점검 요건이나 설계 조건에 따른 발전소 안전 조치를 위한 제반설정치 등이 포함되어 있다.

**원자력발전소의 안전 규제**

원자력발전소 안전에 대한 일차적인 책임은 사업자에게 있다. 그러나 정부도 원자력 이용 개발 과정에서 발생할 수 있는 재해로부터 국민과 국토 환경을 보호하기 위해 필요한 조치들을 취할 책임이 있는데, 이와 관련된 제반 활동을 '안전 규제'라 한다. 이를 위해서 적절한 법 체계를 확립하였으며, 안전 규제를 실제로 수행하는 규제 기관을 설립하여 원자력 사업자와 독립적으로 운영하고 있다. 우리나라의 원자력 안전 규제 기관은 원자력안전위원회NSSC이고, 한국원자력안전기술원KINS과 한국원자력통제기술원KINAC 등 전문 기관이 지원하고 있다.

원자력발전소의 건설 또는 운영을 위한 인·허가 절차는 사업자인 한국수력원자력(주)이 안전성분석보고서 등을 포함한 제반 신청 서류를 갖추어 인·허가 신청을 하면, 원자력안전위원회가 사업자의 신청 사항에 대하여 한국원자력안전기술원에 기술적 안전성 심사를 요청하고 그 심사 결과를 토대로 인·허가 여부를 결정하는 과정을 거친다. 원자력발전소 건설에 착수하기 위한 '건설허가'와 핵연료를 장전하여 운영하기 위한 '운영허가'가 대표적이다.

인·허가와 함께 중요한 규제 활동에 검사Inspection 활동이 있다. 검사에는 원자력발전소 건설 및 시운전 단계에서 수행하는 '사용전검사', 원전 가동 중에 1~2년 주기로 계획예방정비 기간에 수행되는 '정기검사', 안전에 중요한 기기들에 대해 가동 중에 선별적으로 수행하는 '일상검사', 사업자 품질보증 활동의 적합성을 검사하는 '품질보증검사' 등이 있다. 검사의 기본 목적은 원자력발전소가 허가된 안전 상태를 유지하고 있는가를 확인하는 것이다.

한편, 사업자는 10년마다 주기적안전성평가Periodic Safety Review를 수행하여 규제 기관의 심사를 받아야 한다. 또한 원자력발전소의 설계나 운영에 있어서의 중요한 변경을 추진할 때에도 사전에 규제 기관의 승인을 받아야 한다. 다만, 안전에 미치는 영향이 경미한 사항에 대해서는 신고 조치만 필요하다.

원자력발전소의 운영 기간은 보통 설계 시에 설정한 설계수명을 기준으로 한다. 이는 원자력발전소가 처음 건설될 당시 안전 및 성능 기준을 만족하면서 공학적으로 안전하게 운전할 수 있을 것으로 평가된 기간이다. 그런데 건설 당시에는 상당한 여유도를 갖고 안전성을 평가하기 때문에, 설계수명 기간에 도달하더라도 안전성이 유지되는 경우가 대부분이다. 만약 사업자가 발전용 원자로 시설의 설계수명 기간이 만료된 후에도 계속하여 운전하고자 할 경우, 즉 '계속운전'을 원하면 운영 변경허가를 신청할 수 있다. 계속운전을 위한 신청 서류에는 매 10년마다 수행되는 주기적 안전성평가와 계속운전 기간을 고려한 주요 기기의 수명과 운영허가 이후에 변화된 방사선 환경영향에 대한 평가가 추가로 포함되어야 한다.

원자력의 안전성을 확보하기 위하여 원자력 사업자의 전반적인 활동을 검사하고 원전의 시설물들이 규제 기준에 맞게 운영되고 있는지 안전점검 활동을 펼치고 있다. 사진은 지난 2012년 고리 1호기 비상발전기 종합점검 모습 ©연합뉴스

**원자력발전소의 특성**

원자력발전은 전력 계통의 부하 변동에 관계없이 정상 상황에서는 전출력으로 운전하는 기저부하Base Load이다. 여기에 핵연료 교환 및 계획예방정비의 주기가 과거보다 길어지고, 기기 고장 등에 의한 불시정지 횟수도 매우 낮은 편이어서 원자력발전소의 가동률은 다른 발전소에 비해 높게 나타나고 있다.

현재 우리나라의 원자력발전소들을 안전 관리 측면에서 보면 취약설비 개선·교체 및 철저한 사전 정비를 통한 고장 예방, 설비의 성능 및 효율 증대 등에 의해 종합적인 안전성 향상 효과가 나타나고 있다. 이는 원자력발전소를 '원자력안전법'에서 규정한 운영기술지침서에 따라 엄격히 운영하고 있는 점, 사업자와 독립된 규제 기관이 매 계획예방정비 기간 중 집중적인 안전검사를 시행하고 있는 점, 그리고 정상 운전 중에도 규제기관의 전문가가 현장에 상주하여 원전이 안전하게 운영되는지 상시 감시하고 있는 점에 따른 효과를 내포하고 있다.

원자력발전소는 통상 호기별로 기능적·물리적으로 독립성을 확보하도록 요구되고 있으며, 동일 지역에 다수의 호기가 건설되더라도 위험성이 크게 가중되는 것은 아니다. 캐나다, 프랑스, 일본, 중국 등의 경우에도 원전설비 운영의 효율성과 설비 간 유지보수의 호환성 등을 위해 부지 내에 다수의 호기를 건설하여 운영하고 있다.

### 원자력발전소의 해체 안전

원자력발전소의 해체는 원자력 시설 관리 전체 과정의 가장 마지막 단계이다. 해체에 대한 구체적인 정의는 국가나 문헌에 따라 조금씩 차이가 있지만, 대부분 원자력 시설의 오염을 제거한 후 철거함으로써 규제 범위로부터 제외시키기 위한 일련의 과정을 말한다.

최근 개정된 '원자력안전법'에서는 기존의 원전을 해체하려는 시기에 제출하도록 하던 해체 계획서를 건설허가 및 운영허가 시에 미리 제출하도록 하고 이를 주기적으로 갱신하도록 함으로써, 실제 해체 시에 정부가 해체 절차를 면밀히 점검하도록 하여 원자력 안전 수준을 제고하고자 하였다.

'원자력안전법'에는 운전을 계속하지 않는 원자력발전소의 규제 절차를 영구 정지를 위한 운영 변경 허가, 해체 승인, 해체, 최종 운영허가 종료 등의 단계로 규정하고 있다. 규제 기관은 원자력발전소의 해체가 안전하게 진행될 수 있는지 사전에 해체 계획 심사를 통해 확인하고, 해체가 진행되는 과정에서도 검사 활동을 통해 안전성을 확인하고 점검한다.

원자력발전소의 생애는 설계에서부터 시작하여 건설, 일상 운전, 해체에 이르는 총 4단계로 이루어져 있다. 자연재해 및 설비 고장, 그리고 인적 실수 등에 따른 여러 조건들을 가정하여 비상상태에 잘 대처할 수 있도록 설계하며, 시험·검사를 통해 품질관리상 요구에 맞춰 건설이 진행된다. 일상 운전은 절차와 지침서에 근거하여 운영하고 있으며, 설비를 안전하고 신뢰성 있게 운전하기 위한 정기점검과 예방정비를 수행하고 있다. 운전을 종료한 원전은 물론 해체 과정까지 전 생애에 걸쳐 안전성을 확보하고 있다.

심층방어는 원래 군사용어로 최전선에서 후방에 이르기까지
다단계의 방비 대책을 마련한다는 의미로,
방사성물질의 주 생성원인 원자로의 핵연료에서
발전소의 외부 환경에 이르기까지
방사성물질의 유출을 억제하기 위하여
연속적으로 다양한 전략과 수단을 제공하여
안전목표를 달성하자는 개념이다.

# 방사능 누출 방어 다중설비



**원자력발전소 심층방어 개념**

원자력발전소에는 안전성 확보에 가장 중요하고 특징적인 요소로써 심층방어Defense-in-Depth 개념을 적용하고 있다. 심층방어는 원래 군사용어로 최전선에서 후방에 이르기까지 다단계의 방비 대책을 마련한다는 의미로, 방사성물질의 주 생성원인 원자로의 핵연료에서 발전소의 외부 환경에 이르기까지 방사성물질의 유출을 억제하기 위하여 연속적으로 다양한 전략과 수단을 제공하여 안전 목표를 달성하자는 개념이다.

심층방어 개념은 운전원의 실수 또는 기계적 고장에 대비하여 방사성물질이 환경으로 유출되는 것을 방지하기 위한 물리적 다중방벽Multiple Barriers과 더불어 다단계 방호Multiple Levels of Protection를 통하여 이행된다. 궁극적으로 심층방어 개념은 사고의 예방과 완화를 위한 전략이며, 원자로의 출력 제어, 핵연료의 냉각, 방사성물질의 격납과 외부 유출 차단 등 세 가지 기본 안전 기능이 효과적으로 수행될 수 있도록 지원하는 개념이다.

**물리적 다중방벽**

물리적 다중방벽은 방사성물질이 생성되는 원자로에서부터 발전소 외부 환경 사이에서 방사성물질의 외부 유출을 차단하기 위하여 연속적으로 설치된 방벽으로, 원자로의 핵연료소결체제1방벽, 핵연료피복재제2방벽, 원자로냉각재 압력경계제3방벽, 그리고 격납건물 내벽제4방벽, 외벽제5방벽으로 구성된다. 발전소 주변의 제한구역으로 설정된 지역은 물리적인 방벽은 아니나, 일반인의 거주를 허용하지 않기 때문에 가상의 방벽 역할을 할 수 있다. 5개의 물리적 방벽들 중에서 어느 하나라도 건전성을 유지하면 방사성물질의 대량 외부 유출은 발생하지 않는다. 따라서 물리적 방벽을 각각 충분한 여유도를 가지고 보수적으로 설계하여, 방벽에 영향을 미칠 수 있는 발전소의 운전변수들을 제어하고 감시함으로써 그 건전성을 지속적으로 유지하고 있다.

**심층방어 다단계 방호**

심층방어의 다단계 방호는 정상 상태의 유지1단계, 비정상 상태의 제어2단계, 중대사고 예방3단계, 중대사고 완화4단계, 소외 비상 대응5단계의 5단계로 구성되어 있다.

다단계 방호의 제1단계는 보수적 설계, 품질 보증, 안전문화 등의 수단에 의하여 발전소를 정상적인 운전 상태로 유지하는 것이며 이는 상황의 진전을 억제하는 전 과정에 공히 적용된다. 제2단계는 비정상 상태의 제어를 통하여 제1방벽핵연료소결체부터 제3방벽원자로냉각재 압력경계까지의 건전성을 유지하는 것이다. 제1단계가 발전소의 정상적인 운전 상태 유지에 실패한다면, 즉각 제2단계에서 제어 및 보호 계통을 통하여 비정상적인 운전 상태를 제어하고 사고 조건으로의 진전을 방지해야 한다. 제3단계는 공학적 안전 설비와 보호 계통 등을 통하여 사고를 설계 기준 범주로 제어함으로써 핵연료가 녹아내리거나 크게 손상되는 중대사고를 막는 것이다. 제4단계는 다양한 중대사고 대응 설비와 사고관리 수단에 의하여 방사성물질이 발전소 외부로 누출되는 것을 억제하는 것이다. 여기서는 제4방벽인 격납건물의 건전성 유지가 매우 중요하다. 제5단계는 방사성물질의 외부 유출을 최소화하면서 일반 대중을 보호하기 위해 다양한 비상 대응 조치를 취하는 것이다.

■ 심층방어 다단계 방호

1 단계

**정상 상태의 유지**

보수적 설계, 품질보증 등
수단에 의해 사고 가능성 최소화

2 단계

**비정상 상태의 제어**

문제 발생 시 조기 탐지해
신속한 대응으로 사고 진전 방지

3 단계

**중대사고 예방**

사고를
설계 기준 범주로 제어

4 단계

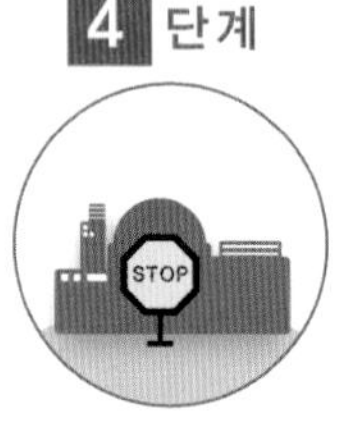


**중대사고 완화**

방사성물질 발전소 외부로
누출되는 것을 억제

5 단계

**소외 비상 대응**

방사성물질 외부 유출
최소화로 일반 대중 보호

**격납건물의 기능과 설계**

격납건물의 외벽은 두께가 약 1.2m인 철근 콘크리트 구조물로서 정상 운전 시 또는 사고 시에 원자로 계통으로부터 누출된 방사성물질의 외부 유출을 제한하는 최후의 방어벽이다. 이 외에도 비행기 충돌 등의 외부 위협 요인으로부터 원자로 계통을 보호하고 장기적인 원자로 냉각을 위한 수원을 제공하기도 한다.

격납건물의 관련 계통은 격납건물 외부로 방사성물질의 유출을 최소화할 수 있는 누설밀봉과 방호벽 역할을 할 수 있도록 안전 기준에 적합하게 설계하고 있다.

안전 설계를 통하여 격납건물은 원자로냉각재 계통의 배관 파단에 의한 냉각재상실사고, 주증기관 또는 주급수관 파단사고 등의 가상적인 설계기준사고 시 발생하는 격납건물 내부의 고온·고압에 견딜 수 있다.

또한 설계기준사고의 최대 압력 상태에서 처음 24시간 동안의 격납건물 외부로의 누설률은 격납건물 공기 질량의 0.1%, 이후에는 24시간 누설률이 0.05%를 초과하지 않도록 하고 있다.

궁극적으로 원전에서 심각한 사고가 발생하더라도 방사성물질의 외부 유출에 의한 발전소 부지의 제한구역 경계일반적으로 600~900m에서의 방사선량이 안전제한치전신 0.25Sv, 갑상선 3Sv를 초과하지 않도록 하고 있다.

**격납건물 구조물**

격납건물 구조물은 콘크리트 바닥기초, 원통형 콘크리트벽, 반구형 돔 형태의 콘크리트 지붕으로 구성되어 있으며, 구조물 내부에는 밀봉을 위해 탄소강 라이닝Lining이 용접되어 있다. 격납건물에는 설비출입구Equipment Hatch, 작업자출입구Personnel Access Hatch, 작업자 비상출구Personnel Emergency Exit Hatch 등의 관통부가 있다. 또한 격납건물 벽에 설치된 주요 관통부는 주증기, 급수, 공기조화 계통 등의 배관통로이며, 그 외의 관통부는 다양한 프로세스 배관, 전기선 관통부, 핵연료 이송관 등의 통로이다.

방사성물질의 외부 유출을 제한하는 최후의 방어벽 역할을 하는 원전의 격납건물은 외벽의 두께가 약 1.2m의 철근 콘크리트 구조물이다.



### 격납건물 열제거 계통

격납건물 열제거 계통Containment Heat Removal System은 크게 능동 열제거원인 격납건물 살수 계통Containment Spray System과 피동 열제거원인 격납건물 구조물로 구분한다.

격납건물 살수 계통은 사고 발생 시 격납건물 내부의 열에너지를 제거함으로써 격납건물 내부의 압력과 온도를 안전 제한치 이내로 유지하고, 격납건물이 방사성물질의 외부 유출에 대한 최종 방어벽 역할을 수행하도록 한다. 이 외에도 사고 시 격납건물 대기로부터 요오드를 포함하는 방사성물질을 제거하고, 가연성 기체의 국부적 침적을 방지하기 위해 격납건물 대기를 혼합시키는 역할을 한다.

원자로냉각재 계통의 배관 파단에 의한 냉각재상실사고, 제어봉 인출사고, 격납건물 내부의 주증기관 또는 주급수관 파단사고 등의 가상사고(중대사고)가 발생하면 고온·고압의 유체가 격납건물 대기로 방출되면서 격납건물 내의 압력과 온도가 급격하게 상승하여 격납건물의 건전성을 위협하게 된다. 따라서 격납건물 내의 압력이 상승하면 격납건물 살수 계통이 살수노즐을 통해 물을 분사하여 수증기를 응축시킴으로써 격납건물 내의 압력과 온도를 적절히 감소시킬 수 있도록 설치되어 있다. 가상사고 발생 시 격납건물 내부의 최대 압력과 온도는 설계 압력과 설계 온도를 초과하지 않아야 한다. 또한 24시간 이내에 격납건물 압력을 최대 압력의 50% 이하로 감소시킬 수 있어야 한다.



**격납건물 가연성 기체 제어 계통**

사고 시에 격납건물 내에는 여러 요인에 의하여 생성된 수소가 축적된다. 격납건물 내에 축적되는 수소가 일정 농도 이상 높아지면 폭발의 위험이 있으며 이로 인하여 격납건물의 심각한 손상이 우려되므로, 수소의 농도를 감시하고 제어하기 위하여 가연성기체 제어 계통을 설치한다.

설계기준사고에 대해서는 격납건물 내의 수소 농도를 최소 연소 제한치인 체적비 4% 이하로 유지해야 하고, 격납건물 내의 공기가 균일하게 혼합되어 국부적인 수소 농도가 4.5%를 초과하지 않아야 하며, 수소 농도를 감시할 수 있는 기기를 설치해야 한다.

가연성기체의 제어를 위하여 발전소에는 수소 제거 계통, 수소 혼합 계통, 수소 감시 계통이 설치되어 있다. 수소 제거 계통Hydrogen Removal System은 일반적으로 수소 재결합기 계통Hydrogen Recombiner System과 중대사고 시의 수소폭발의 위험성을 고려하여 수소 제거 능력을 강화하기 위하여 점화기Igniter를 설치하고 있다. 최근에는 일본 후쿠시마 원전 사고의 교훈을 반영하여 전원상실의 경우에 대비하기 위하여 전원이 필요 없는 피동촉매형 수소 재결합기를 설치하여, 별도 전원 없이도 원자로 내 수소를 제거할 수 있도록 한다.

**격납건물 격리 계통**

격납건물 격리 계통Containment Isolation System은 사고 발생 시 원자로냉각재 계통과 격납건물 내의 방사성물질이 발전소 외부 환경으로 유출되는 것을 차단하기 위하여 정상 운전을 할 때에는 개방되어 있으나 사고의 완화에 이용되지 않는 격납건물 관통배관을 자동적으로 격리시키는 기능을 수행한다. 이 기능은 격납건물 관통배관에 격리밸브를 설치하고 격납건물 격리 작동신호에 의하여 자동으로 격리밸브를 작동시킴으로써 이루어진다.

격납건물의 격리를 위하여 격납건물 관통배관에는 관통부의 내부와 외부에 각각 한 개의 격리밸브를 설치하고 있으며, 계통 신뢰도가 확보된다면 한 개의 밸브만 설치할 수 있다. 또한 격납건물을 관통하는 배관과 격리밸브의 설계 온도와 압력은 격납건물 설계 조건을 만족시키며, 격리밸브는 격납건물 격리 작동신호를 받았을 때 각 밸브에 정해진 시간 이내에 닫히도록 하고 있다.

**격납건물 누설시험**

격납건물, 격납건물 관통부와 격납건물 격리 계통들은 주기적으로 누설률 시험을 할 수 있도록 설계하는데,

격납건물 내부로부터의 누설률이 안전제한치 이내임을 입증해 준다.

누설률의 안전제한치는 설계기준사고 시 격납건물 내부의 최대 압력 상태에서 24시간 동안의 누설량이 격납건물 공기 질량의 0.1% 이하이어야 한다.

누설시험은 격납건물 자체에 대한 종합 누설시험Type-A, 격납건물 관통부 누설시험Type-B, 격납건물 격리밸브 누설시험Type-C 등 세 가지 형태가 있다.

격납건물 종합 누설시험Type-A은 격납건물 대기에 최대 압력을 가하여 누설률을 측정하며, 관통부와 격리밸브 등 일련의 국부 누설시험들이 완료된 후 수행한다.

격납건물 관통부 누설시험Type-B은 작업자 출입구, 기기 출입구, 핵연료 이송관, 전기관통부 등의 관통부에 대하여 수행하며, 각 관통부는 밀봉을 유지하면서 격납건물의 최대 압력 상태에서 시험한다.

격납건물 격리밸브 누설시험Type-C은 시험 대상의 격리밸브들을 추가적인 조정 없이 사고 후 정렬되는 상태에서 국부적으로 압력을 가하여 시험을 수행한다. 관통부 및 격리밸브 누설시험에 대한 총누설률은 누설률 제한치의 60% 이하로 유지하고 있다.

원자력발전소의 안전성 확보는 심층방어 개념의 적용에서 출발하며, 사고의 예방과 완화를 위한 전략까지 망라되어 있다. 방사능 누출 방어를 위한 다중설비를 갖추고 있으며 격납건물은 원자로 계통으로부터 누출된 방사성물질의 외부 유출을 방어하는 물리적인 최후의 방어벽이다. 원자력발전소는 사고 시에도 방사성물질의 유출을 억제하기 위한 연속적이고 다양한 전략과 수단을 적용하여 안전 목표를 달성하고자 한다.

IAEA 권고 및 후쿠시마 원전 사고의 교훈을 반영하여
방사선 비상 대책을 집중적으로 마련하기 위한 지역으로서,
기존의 8~10km이던 방사선비상계획구역을
예방적보호조치구역(반경 3~5km)과
긴급보호조치계획구역(반경 20~30km)으로
확대·세분화한 '방사능 방재 대책법'이 개정되었다.

# 6 방사능 방재



**방사선 비상** | 방사선 비상은 방사성물질 또는 방사선이 누출되거나 누출될 우려가 있어, 긴급한 대응 조치가 필요한 상황을 말한다. 방사선 비상이 발생하면 신속하고 체계적인 대응을 위하여 중앙행정기관, 지방자치단체, 원자력 사업자, 군·경·소방기관, 원자력안전·방사선의료전문기관 등은 '원자력시설 등의 방호 및 방사능 방재 대책법(이하 방사능 방재 대책법)' 및 '원전안전분야(방사능누출) 위기관리 표준매뉴얼' 등에 규정된 임무·역할에 따라 대처하여야 한다. 이들은 방사선 비상 계획에 따라 방사능 재난 대응 총괄(중앙방사능방재대책본부), 현장 사고 수습 총괄(현장방사능방재지휘센터), 주민 보호 조치 이행(지역방사능방재대책본부) 등의 대응 활동을 수행한다.

**방사능 방재 조직** 원자력 시설에서의 방사성물질 누출로 인해 비상 발령 조건을 충족하는 방사선 비상시 해당 기관 및 관련 기관 소속으로 별도의 비상 대응 기구를 설치·운영한다. 중앙방사능방재대책본부(원자력안전위원회)는 주민 보호와 환경 보전 등 방사능 방재 대책을 총괄·조정하고, 현장방사능방재지휘센터(원자력안전위원회 주관, 지방자치단체 및 한국원자력안전기술원 등 참여)는 재난 현장에서 사고 수습 총괄 및 주민 보호 조치(옥내 대피, 소개, 음식물 섭취 제한 등) 결정 및 이행 지시 등의 임무를 수행한다. 이와 더불어 방사능 방재에 관한 기술적인 사항을 지원하기 위한 방사능방호기술지원본부(한국원자력안전기술원), 방사선 비상 진료 활동을 총괄하기 위한 방사선비상의료지원본부(한국원자력의

■ 국가 방사능 방재 체계도

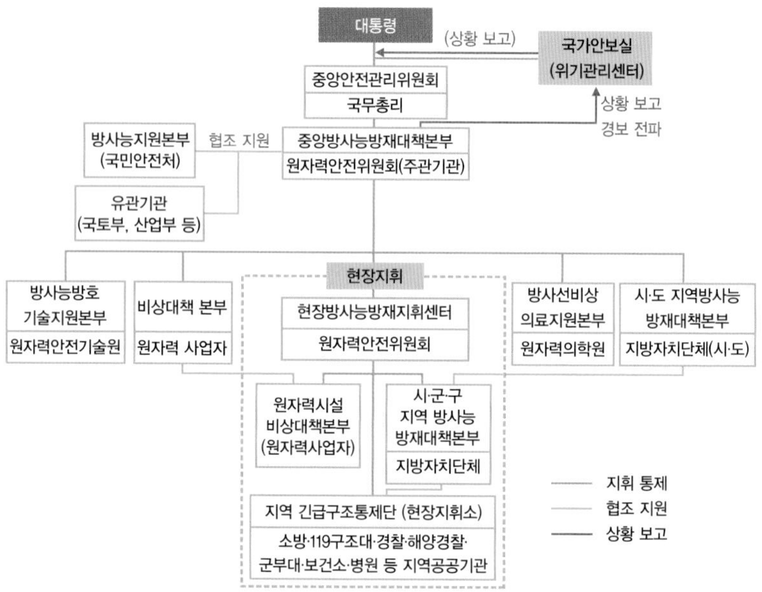


자료: 원전안전분야(방사능누출) 위기관리 표준매뉴얼

학원), 지역 주민 보호 조치 이행을 위한 지역방사능방재대책본부(지방자치단체), 원자력 시설 사고 수습과 사고 확대 방지 및 시설 복구 등을 수행하는 원자력 사업자 방사선비상대책본부가 설치·운영된다.

한편, 방사선 비상 및 방사능 재난 발생 시 현장 중심의 대응 능력 강화를 위하여 원자력 시설이 위치한 인접 지역에 현장방사능방재지휘센터를 설치·운영하고 있다. 월성방사능방재센터를 시작으로 울진, 영광, 고리, 대전 지역에 연차적으로 건설하여 총 5개의 현장방사능방재지휘센터가 운영 중이다. 현장방사능방재지휘센터는 의사 결정 자문기구로 합동방재대책협의회를 운영하며, 방사능 재난에 대해 정확하고 통일된 정보를 제공하기 위한 연합정보센터와 사고분석반, 주민보호반 등 분야별 실무반을 두고 방사능 재난에 대해 신속한 지휘와 상황 관리, 재난 정보의 수집과 통보, 주민 보호 등의 임무를 수행한다.

■ 현장방사능방재지휘센터 구축 현황

**방사능 재난 대응 시설**

원자력안전위원회는 방사능 재난 발생 시 사고 대응 총괄 지휘를 위해 방사능중앙통제상황실과 비상장비를 확보하고 있으며, 비상시 현장에서의 신속한 상황 관리 업무를 수행하기 위해 원자력 시설 인근 지역에 현장방사능방재지휘센터를 구축하고 있다.

원자력 사업자의 비상 대응 시설에는 비상 초기 대응 및 원자로운전을 총괄하는 주제어실MCR: Main Control Room, 비상운전 시 사고 수습을 위한 기술 지원 및 비상관리의 임무를 수행할 비상기술지원실TSC: Technical Support Center, 정비·보수 인력의 대기 장소인 동시에 비상 대응 지원 활동을 수행할 비상운영지원실OSC: Operation Support Center 그리고 비상시 발전소 비상 대책을 총괄·조정할 비상대책실EOF: Emergency Operation Facility이 있다.

또한 원자력 시설 내 계통과 주변지역 방사능 감시를 위한 기기, 방사선 방호 장비, 제염 시설, 방사성물질의 외부 방출량을 계산하고 그 영향을 지속적으로 평가하기 위한 시설·장비풍향, 풍속, 강수량, 대기안정도 측정 기상탑 등와 환경실험실, 기후 및 지진과 같은 자연재해 정보를 획득할 수 있는 시설·장비를 보유하고 있다. 그리고 원자력발전소의 경우에는 발전소로부터 반경 2km 이내의 지역 주민에게 방사성물질 누출 우려 등 긴급 상황을 신속히 전파할 수 있도록 비상경보용 방송망을 갖추고 있으며, 개정된 비상계획구역을 반영하여 예방적보호조치구역~5km에 대해 방송망을 확대할 예정이다.

한편, 원자력안전위원회는 방사능 재난 발생 시 방사선 피폭자 등의 신속한 치료를 위해 한국원자력의학원을 중심으로 한 국가방사선비상진료체제를 구축·운영하고 있으며, 방사성요오드에 의한 갑상선 피폭 방지를 위해 비상시 주민에게 갑상선방호약품안정옥소제을 배포할 수 있는 체계를 구축하고 있다.

**방사선비상 계획구역**

IAEA국제원자력기구 권고 및 후쿠시마 원전 사고의 교훈을 반영하여 방사선 비상 대책을 집중적으로 마련하기 위한 지역으로서, 기존의 8~10km이던 방사선비상계획구역을 예방적보호조치구역반경 3~5km과 긴급보호조치계획구역반경 20~30km으로 확대·세분화한 '방사능 방재 대책법'이 개정되었다. 개선된 방사선비상계획구역 해당 지역은 광역지자체 8개 지역, 기초지자체 21개 지역으로 구성되어 있으며 해당 인구수는 약 209만 명에 이른다.

방사선비상계획구역은 원자력안전위원회가 원자력 시설별로 고시하는 지역을 기초로 원자력 사업자가 인구 분포, 도로망, 지형 등 그 지역의 고유한 특징과 비상 대책 시행의 실효성 등을 종합적으로 고려, 방사선비상계획구역 관할 광역자치단체장과 협의하여 설정한 후 원자력안전위원회의 승인을 받아 확정한다.

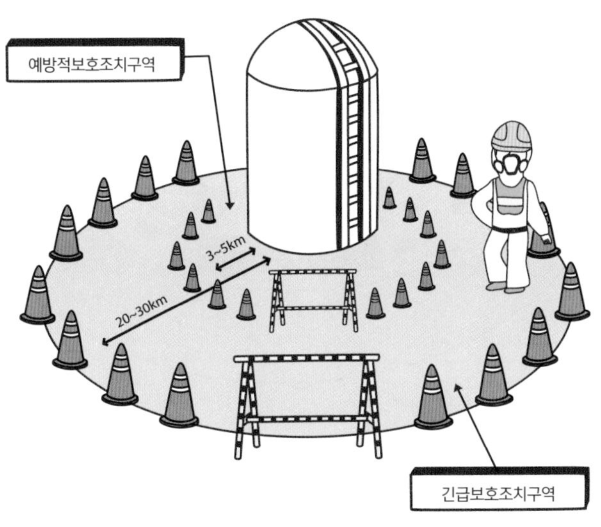

**방사선 비상 등급** 원자력 시설에서는 방사선 비상시 발생된 방사선 비상사태의 범위와 심각성을 객관적으로 표시하고 이에 상응하는 대응 조치의 정도를 예측하기 위해 비상 등급을 설정·운영하고 있다. 등급은 방사성물질의 누출로 인한 방사선 영향이 원자력 시설 건물 내에 국한될 것으로 예상되는 백색비상, 원자력 시설 부지 내에 국한될 것으로 예상되는 청색비상, 원자력 시설 부지 외부까지 확대될 것으로 예상되는 적색비상으로 구분한다.

■ 방사선 비상의 종류에 대한 기준

| 구분 | 기준 |
| --- | --- |
| 백색 비상 | • 방사성물질의 밀봉 상태가 손상되거나, 원자력 시설의 안전 상태 유지를 위한 전원 공급 기능에 손상이 발생하거나 발생할 우려가 있는 등의 사고<br>• 방사성물질의 누출로 인한 방사선 영향이 원자력 시설의 건물 내에 국한될 것으로 예상되는 비상사태 |
| 청색 비상 | • 백색비상 등에서 안전 상태로 복구되는 기능의 저하로 원자력 시설의 주요 안전 기능에 손상이 발생하거나 발생할 우려가 있는 등의 사고<br>• 방사성물질의 누출로 인한 방사선 영향이 원자력 시설 부지 내에 국한될 것으로 예상되는 비상사태 |
| 적색 비상 | • 노심의 손상 또는 용융 등으로 원자력 시설의 최후 방벽에 손상이 발생하거나 발생할 우려가 있는 사고<br>• 방사성물질의 누출로 인한 방사선 영향이 원자력 시설 부지 밖에까지 미칠 것으로 예상되는 비상사태 |

자료: 방사능 방재 대책법 시행령



### 사고 초기의 대응

원자력 시설에서 방사선 비상이 발생하면 원자력 사업자는 사고의 영향을 최소화하기 위한 긴급 조치를 취해야 한다. 동시에 원자력안전위원회 및 지방자치단체, 한국원자력안전기술원 등 관계기관에 사고 상황을 신속히 알려야 한다.

주민 스스로 원자력 시설의 방사성물질 누출 사고를 알기 어려우므로 주민에게 사고 내용을 신속하고 정확하게 알리는 것이 중요하다. 따라서 사고 초기에 인근 주민을 대상으로 동원 가능한 모든 방법으로 비상 통보를 하고 사고가 확대될 경우 대중매체라디오, TV 등를 활용한다. 발표 내용은 사고 발생 사실뿐만 아니라 행동 요령 등을 이해하기 쉽게 짧고 정확히 전달해야 하며, 주기적으로 변화된 상황에 대한 정보를 계속 제공해야 한다.

**주민 보호 조치** 방사능 재난 발생 시, 지역 주민의 소개疏開와 같은 주민 보호 조치를 효과적으로 수행하기 위해 원자력시설 주변에 방사선비상계획구역을 설정·운영하고 있다. 지방자치단체는 방사선비상계획구역 내의 주민 소개를 위해 소개 예상 인원, 소요 시간, 거리 등을 고려해 지역별로 공공건물을 지정하여 사고 발생 시 현장방사능방재지휘센터장이 결정한 주민 소개 조치를 이행한다. 또한 방사능 재난의 특수성을 감안하여 원자력 사업자와 함께 원자력 시설 주변 주민에 대한 비상 통지를 실시한다. 원자력 사업자는 지방자치단체에 주민 보호 조치를 위한 정보를 제공할 의무가 있다.




■ 긴급 주민 보호 조치 결정 기준

| 주민 보호 조치 | 결정 기준 |
|---|---|
| 옥내 대피 | 10mSv/2일 |
| 소개 | 50mSv/1주일 |
| 갑상선 방호약품 배포 | 100mGy* |
| 일시 이주 | 30mSv/처음 1월<br>10mSv/그 다음 1월 |
| 영구 정착 | 1Sv/평생(70년) |

자료: 방사능 방재 대책법 시행규칙

* 갑상선 장기 피폭에 따른 흡수선량을 의미함

방사능 재난 발생 시 방사성물질의 방출로 인한 음식물 섭취 제한 조치는 현장방사능방재지휘센터장이 결정하며 농림축산식품부, 환경부, 식품의약품안전처 등 관련 중앙행정기관 및 지방자체단체 등에서 이를 이행한다.

**주민 홍보** 방사능 사고는 일상에서 경험할 확률이 극히 낮다는 점과 '방사능' 그 자체가 주는 공포감, 방사선·방사능의 특수성으로 인해 개인 차원에서의 효과적 대응이 어렵다. 따라서 주민의 혼란을 방지하기 위해 평상시에 주민 행동 요령에 대한 홍보와 교육이 충분히 이루어져야 한다.

방사능 재난의 특수성을 감안하여 원자력 사업자 및 지방자치단체로 하여금 원자력발전소 주변 주민에게 방사능 사고 시 행동 요령 등에 대한 홍보 활동을 지속적으로 수행하도록 하고 있으며, 원자력 사업자로 하여금 방사선비상계획구역 내의 주민에 대하여 비상계획 관련 정보를 제공하고 평시 및 비상시의 홍보 대책을 지방자치단체와 협의하여 마련하도록 하고 있다.

**피해 복구 대책** 지방자치단체장은 '지역 방사능방재계획'에 따라 방사능 오염 제거에 필요한 장비 동원 등 모든 조치를 취한다. 사고가 나면 비상 상황이 끝나기 전에 복구 계획을 수립하여 원자력 시설의 상태가 안정되고 시설 외부의 방사능 오염 분석 및 범위가 확인되면 즉시 복구 조치를 시행해야 한다. 원자력 사업자는 시설 안전 조치 후 장기적인 복구 체제를 강구해야 한다.

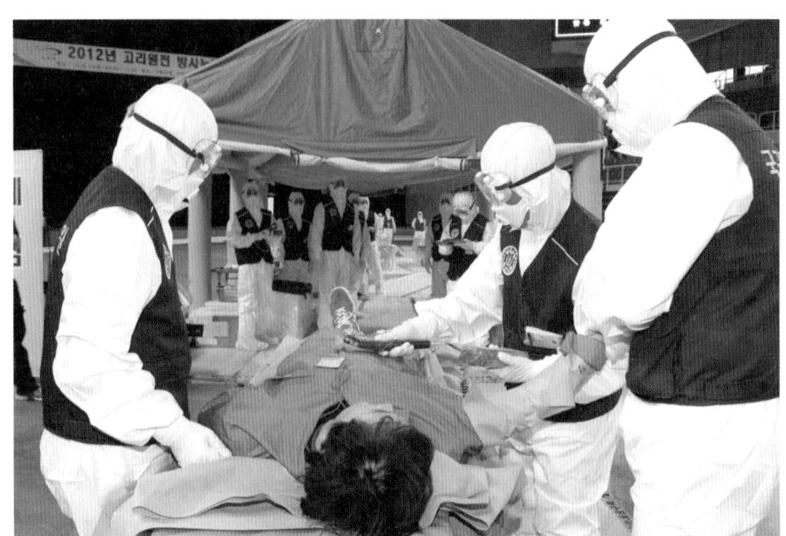

| 고리원자력발전소에서 쓰나미로 인해 원자로에서 방사능물질이 누출되는 상황을 가정하여 실시한 2012년 고리 방사능 방재 합동훈련 모습으로 현장응급의료소에서 방재요원들이 방사능 피폭환자를 대상으로 제염과 응급조치를 하고 있다. ⓒ연합뉴스



**방사능 방재 훈련 실시**

'방사능 방재 대책법'은 원자력 시설에서 방사선 사고가 발생할 경우를 대비해 방사능 방재 훈련을 주기적으로 실시하도록 하고 있으며 실전적 방사능 방재 훈련을 위해 훈련 주기를 강화하였다. 방사능 방재 훈련은 원자력 시설 부지의 비상 조직별로 참여하는 부분 훈련과, 원자력 시설 부지 내 전 비상 조직이 참여하는 전체 훈련이 있다. 그리고 소규모 원자력 사업자를 제외한 원자력 사업자, 원자력안전위원회, 지방자치단체 및 전문 기관 등이 참여하는 합동 훈련, 관련 중앙행정기관을 비롯한 국내 전 대응 기관이 참여하는 연합 훈련 등이 있다.

방사능 방재는 원자력 시설 등의 방사선 비상 시 효과적으로 대처하기 위한 모든 단계를 의미한다. 여기에는 방사능 재난이 발생하지 않도록 예방하는 단계와 방사능 재난 발생에 대비한 계획을 사전 수립하는 단계, 방사능 재난이 발생하였을 때 이에 대처하고 수습하기 위한 전 단계를 포함하고 있으며 사고에 대비해 주기적으로 방재 훈련도 실시하고 있다.

■ 방사능 방재 훈련 주기

| 구분 | 주관 기관 | 참여 기관 |
|---|---|---|
| 연합훈련*<br>(국가, 매년) | 원자력안전위원회 | 원자력안전위원회, 중앙부처, 지방자치단체, 사업자, 관계기관, 군·경·소방 등 |
| 합동훈련<br>(부지별, 매 2년) | 관할 지자체 | 지방자치단체, 사업자, 관계기관, 군·경·소방 등 |
| 주민보호조치훈련<br>(부지별, 매년) | 관할 지자체 | 지방자치단체, 군·경·소방 등 |
| 전체훈련<br>(발전소별, 매년) | 원자력 사업자 | 사업자 자체 비상 조직 |
| 부분훈련<br>(발전소별, 분기) | | |

* 방사능 방재 대책법 제37조 개정 예정, 현재 5년마다 1회 실시

원자력발전소에서 중대사고가 발생할 가능성을 줄이고
중대사고가 발생하더라도 공중에게 가해질 수 있는 위험을 최소화하기 위해서
발전용 원자로 설치·운영자로 하여금 중대사고를
예방·완화하는 조치를 취하도록 하고 있다.

# 중대사고와 후쿠시마 후속 조치



**중대사고의 의미**

중대사고란 '원자로 시설의 설계 기준을 초과하여 원자로 노심이 손상되는 사고'를 말한다.[1] 원자로 시설의 설계 기준은 원자력발전소를 설계할 때 수명기간 동안 발생할 가능성이 매우 희박한 사고가 발생하더라도 공중의 안전 보호 목적으로 원자로의 노심이 손상되지 않도록 고려하여 설계함을 의미한다.

원자로의 출력은 제어봉을 이용하여 조절할 수 있다. 하지만 붕괴열은 제어봉으로 조절되지 않기 때문에 원자로가 제어봉에 의해서 정지된다고 하더라도, 핵연료는 정상 운전 중에 발생하는 열출력의 일정 부분정지 3시간 후 1%이며 이후 시간에 따라 감소 열에너지를 계속 방출한다.

만약 붕괴열을 제거하는 설비가 정상적으로 작동하지 않는다면, 핵연료의 붕괴열은 외부로 방출되지 않고, 핵연료를 가열하여 핵연

[1] 2001년 공포된 우리나라의 중대사고 정책성명의 정의

료를 녹게 한다. 이렇게 원자로 노심이 손상을 입거나 용융되는 사고를 중대사고라고 한다.

**세계의 중대 사고**

후쿠시마 원전 사고 및 드리마일TMI 원전 사고는 모두 원자로가 성공적으로 정지되었음에도 불구하고 노심 붕괴열을 제거하지 못해 노심이 용융되면서 중대사고로 이어졌다. 체르노빌 사고는 출력제어에 실패하여 노심의 열출력이 폭증하면서 발생하였다.

드리마일 원전의 경우 원자로 노심이 용융되어 중대사고가 발생하였으나 원자로 격납건물 밖으로는 방사성물질이 유출되지 않아 방사선에 의한 문제는 발생하지 않았다.

원자로 격납건물이 없었던 체르노빌 원전의 경우는 핵연료의 방사성물질이 외부로 방출되었다. 후쿠시마 원전의 경우는 원자로의 크기에 비해 원자로 격납건물의 크기가 상대적으로 작았으며, 원자로심의 용융으로 인해 발생된 수소의 농도가 높아져 폭발이 발생하여 격납용기가 손상되었고 이에 따라 방사성물질이 외부로 방출되었다.

3건의 중대사고를 통해 원자로가 정지하더라도 계속 발생되는 붕괴열 제거 여부,

방사성물질의 외부 유출을 막을 수 있는 격납건물의 중요성을 알 수 있다. 우리나라는 2001년 발표된 '중대사고 정책'에 의해서 중대사고 시 위협 요소들로부터 격납건물이 파손되지 않도록 대처 설비를 설치하고 사고관리를 하도록 되어 있다.

**중대사고 정책**

원자력발전소에서 중대사고가 발생할 가능성은 매우 낮지만, 체르노빌 원전 사고와 같이 원자력발전소에서 중대사고가 발생하는 경우에는 사회적·경제적으로 큰 영향을 끼칠 수 있다. 그러므로 원자력발전소에서 중대사고가 발생할 가능성을 줄이고 중대사고가 발생하더라도 공중에게 가해질 수 있는 위험을 최소화하기 위해서 발전용 원자로 설치·운영자로 하여금 중대사고를 예방·완화할 수 있는 조치를 취할 필요성을 인식하게 되었다.

이에 따라 정부는 2001년 8월 28일 제17차 원자력안전위원회에서 원전 설치·운영자에게 정량적 안전 목표, 확률론적 안전성 평가 수행, 중대사고 대처 능력, 중대사고 관리 계획을 수립하도록 심의·의결하였다.

■ 안전 목표

원자력발전소의 사고로부터 부지 인근의 주민 개인이 받을 수 있는 초기 사망 위험도는 기타 사고에 의한 전체 초기 사망 위험도의 0.1%를 초과하지 않아야 한다. 또한 원자력발전소 주변 지역의 주민 집단이 원자력발전소의 운전으로 인해 받을 수 있는 암 사망 위험도는 기타 원인에 의한 전체 암 사망 위험도의 0.1%를 초과하지 않아야 한다. 이러한 안전 목표를 달성하기 위해 원자로 노심의 손상을 예방하고 격납 시설에 의한 방사성물질의 방출을 저감하기 위한 성능 목표를 설정한다.

■ 확률론적 안전성 평가

발전용 원자로 설치·운영자는 위험도를 가능한 한 낮출 수 있는 방안을 찾기 위해 확률론적 방법으로 원자력발전소의 안전성을 평가하여야 한다. 특히 원자로 노심의 손상을 초래할 가능성이 큰 사고 시나리오에 대해서는 발전소 설계나 운영 절차의 사고 예방과 완화 능력을 향상시킬 수 있는 사항들을 평가하고 비용·편익을 고려하여 이를 보완하여야 한다.

■ 중대사고 대처 능력



원자력발전소는 중대사고 예방을 위해 원자로 노심의 손상을 방지하는 능력을 갖추어야 한다. 또한 원자로 노심이 손상되더라도 사고 결과(영향)를 완화할 수 있도록 원자로 격납 시설에 대해 구조적 건전성과 핵분열 생성물의 방출에 대한 방벽 기능을 유지하여야 한다.

■ 중대사고 관리 계획

발전용 원자로 운영자는 중대사고 발생에 대비하여 중대사고 관리 계획을 수립하고 이를 이행하여야 한다. 이 계획은 사고관리 전략, 사고관리 수행 조직, 사고관리 지침서, 교육·훈련, 계측기 및 필수 정보 분석 등에 관한 사항을 포함하여야 한다.

**후쿠시마 원전 사고 후속 조치**

후쿠시마 원전 사고 이후 원전을 보유한 각국은 원자력 안전의 기반인 심층방어의 취약점을 다양한 관점에서 보강하기에 이르렀다. 우선, 예상을 뛰어넘는 자연재해로부터 원전을 보호하기 위한 제반 조치들을 취하게 되었고, 이어서 이러한 조치들이 원전 보호에 실패할 경우에 대비해 어떠한 경우에도 전원이 반드시 확보될 수 있도록 비상디젤발전기의 침수를 방지하고 추가로 이동식 비상발전기를 설치하였으며, 노심 냉각을 위한 비상냉각 시스템을 보강하게 되었다. 또한 노심이 용융되어 수소가 대량으로 발생하더라도 원자로 격납건물 내에서 폭발이 가능한 농도가 되기 전에 연소시킬 수 있도록 하여 후쿠시마 사고와 같은 수소폭발의 가능성도 차단하였다. 즉, 후쿠시마 사고 이전에 비해 설계 기준을 초과하는 자연재해 및 중대사고에 대한 대책을 마련하였고, 궁극적으로 이러한 조치들이 모두 실패하여 방사성물질이 외부로 방출될 것에 대비한 비상 대응도 강화하게 되었다. 다음은 세부 조치 내용이며 모두 2015년까지 완료하도록 하였다.

■ 지진에 대한 중대사고 예방 능력을 증진시키기 위한 조치

- **지진 자동정지설비 설치**: 일정 규모0.18g 이상의 지진이 감지될 경우 원자로가 자동 정지되도록 설비 개선
- **안전정지유지계통 내진 성능 개선**: 가동원전의 안전 설비노심봉괴 열제거설비의 내진 성능을 신형 원전의 수준0.3g으로 보강
- **원전 부지 최대 지진에 대한 조사·연구**: 국내에서 발생 가능한 최대 지진에 대한 재검토 연구 수행
- **주제어실 지진 발생 경보창 등의 내진 성능 개선**: 지진이 발생하더라도 주제어실의 경보창이 정상적으로 작동하도록 설비를 개선하고, 운전원을 보호하기 위하여 지진 시 조명·사무집기 등이 낙하되지 않도록 구조적으로 보강

■ 지진해일쓰나미에 대한 중대사고 예방 능력을 증진시키기 위한 조치

- 고리원전 해안방벽 증축: 낮은 위치에 건설된 고리원전의 지진해일쓰나미 대처 능력을 향상시키기 위해서 해안방벽을 설치하여, 지진해일쓰나미에 대한 대처 능력을 타 원전 수준으로 향상
- 방수문 및 방수형 배수펌프 설치: 안전 설비 등이 설치된 곳에 지진해일쓰나미에 의한 침수를 방지하기 위하여 건물 출입구를 방수문으로 설치하며, 침수된 상황을 대비하여 배수펌프를 설치
- 원전 부지 설계 기준 해수위 조사·연구: 원전 설계 시 고려된 해수위에 대한 타당성 재검토
- 냉각해수 취수 능력 강화 및 해일 대비 시설 개선: 해수 취수펌프의 취수 능력을 강화하고, 지진해일쓰나미에 의한 침수를 대비하여 자재창고를 안전한 곳으로 이동

후쿠시마 사고 이후 우리나라의 원전은 예상을 뛰어넘는 자연재해로부터 원전을 보호하기 위한 제반조치들을 취하게 되었다. 사진은 지진해일에 대비하여 해안방벽의 높이를 7.5m에서 10m로 증축한 고리원전

■ 전력·냉각·화재 등에 대한 중대사고 예방 능력 증진을 위한 조치

- 이동형 발전차량 및 축전지 등 확보: 비상예비전원의 침수에 의한 장기 정전 상황을 대비하여, 이동형 비상발전기 및 축전지를 침수에 안전한 위치에 부지별로 1대씩 구비
- 대체 비상디젤발전기 설계 기준 강화: 대체 비상디젤발전기의 용량 및 연료보유량을 개선
- 사용후핵연료저장조 냉각 기능 상실 시 대책 확보: 사용후핵연료저장조 냉각 계통 작동 불능을 대비하여, 소방차 등을 이용한 냉각수 보충 방안을 마련하고 연결 부위를 설치
- 최종 열제거설비 침수 방지 및 복구 대책 마련: 대형 폭풍 및 지진해일에 대비하여 기기냉각 해수 계통 펌프의 전동기와 전력함 등 전기설비에 대하여 방수 조치, 전동기 예비품 확보
- 소방계획서 개선 및 협력체계 강화: 외부소방대 지원 요청, 출입절차 개선, 대형 화재에 대한 조치 계획 등 소방계획서를 개선하고, 원전과 소방서 간의 협력체계를 강화

■ 중대사고 완화를 위한 조치

- 피동형 수소제거설비 설치: 전력 공급 없이도 수소 농도가 일정 수준2% 이상이 되면 자동적으로 수소가 제거될 수 있는 수소제거설비 설치
- 격납건물 배기·감압설비 설치: 안전설비의 작동 불능 시 격납건물의 압력 증가에 대비하여 격납건물 파손을 방지하기 위한 중대사고 전용 배기·감압설비 설치
- 원자로 비상냉각수 외부 주입유로 설치: 원전에 설치된 노심붕괴열제거설비예: 정지 냉각 계통 등가 장기적으로 작동되지 않는 상황을 가정하여 이동형 펌프 등 별도의 냉각수 공급설비 설치

- **중대사고 교육 훈련 강화:** 중대사고 발생 시 운전원들의 대응 능력을 강화하기 위해서 중대사고 진행 모의 장치 등을 이용하여 2년에 8시간 교육에서 1년에 10시간 교육으로 확대
- **사고관리 전략 실효성 강화를 위한 중대사고관리지침서 개정:** 원자로 공동 냉각수 충수 및 노외 냉각 전략 등에 대한 유효성을 재검토하고 필요시 중대사고관리지침서를 개정
- **정지저출력 운전 중 중대사고관리지침서 개발:** 정지저출력 운전 중에 중대사고 발생을 대비한 중대사고관리지침서를 개발

### 후쿠시마 원전 사고 후 우리나라는 어떤 안전 조치를 취했나?

후쿠시마 원전 사고는 지진과 지진해일(쓰나미)에 의해 전원이 끊기면서 일어난 사고이다. 우리나라는 이와 같은 사고를 방지하기 위해 여러 가지 안전 대책을 마련하였다. 상대적으로 낮은 위치에 건설된 고리원전의 해안방벽을 10m로 높여 해일에 대비하고 있다. 또 비상발전 설비를 강화, 발전소 정전 시에도 전기를 공급할 수 있도록 보강하였으며, 최악의 상황에도 발전소에 전원을 공급할 수 있도록 이동용 발전기를 추가 배치하여 대비하고 있다. 또한 원전에 설치한 노심붕괴열 제거 설비가 작동되지 않을 때를 대비하여 이동형 펌프 등을 이용한 별도의 냉각수 공급 설비를 설치하였고, 사용후핵연료 저장조 냉각계통 작동 불능에 대비하여, 소방차 등을 이용한 냉각수 보충 방안을 마련, 연결 부위를 전 원전에 설치하였다. 아울러 수소 농도가 일정 수준 이상이 되면 전력의 공급 없이도 자동적으로 수소가 제거될 수 있는 수소제거 설비를 전 원전에 설치 완료하였다.

■ 후쿠시마 원전 사고 후속 조치 사항

## 지진에 대한 중대사고 예방 능력 증진을 위한 조치

**지진 자동정지설비 설치**
일정 규모(0.18g) 이상 지진
감지 시 원자로 자동 정지

**원전 부지 최대 지진 조사 연구**
국내에서 발생 가능한 최대 지진에
대한 재검토 연구 수행

**안전정지유지계통 내진 성능 개선**
가동원전 안전설비 내진 성능
신형 원전 수준으로 보강

**주제어실 지진 발생 경보창 개선**
주제어실 경보창 개선과
운전원 보호를 위한 구조적 보강

## 지진해일(쓰나미)에 대한 중대사고 예방 능력 증진을 위한 조치

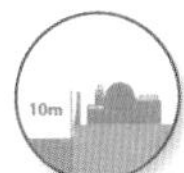


**고리원전 해안방벽 증축**
낮은 위치의 고리원전
대처 능력 향상 해안방벽 설치

**부지 설계 기준 해수위 조사 연구**
원전설계 시 고려된 해수위에
대한 타당성 재검토

**방수문 및 방수형 배수펌프 설치**
안전설비 등의 침수 방지를 위한
출입구 방수문 설치, 배수펌프 설치

**냉각해수 취수 능력 및 시설 개선**
해수 취수펌프의 능력 강화,침수 대비
위해 자재창고 안전한 곳으로 이동

## 전력 · 냉각 · 화재 등에 대한 중대사고 예방 능력 증진을 위한 조치

**이동형 발전차량 등 확보**
장기정전 상황 대비
이동형 발전기 및 축전지 구비

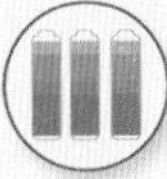

**사용후핵연료 저장조**
**냉각 기능 상실 시 대책 확보**
냉각수 보충 방안, 연결부위 설치

**대체 비상디젤발전기 강화**
대체 비상디젤발전기
용량 및 연료 보유량 개선

**소방계획서 개선 및 강화**
외부소방대 지원 요청 등
소방계획서 개선, 협력체계 강화

**최종 열제거설비**
**침수 방지 및 복구 대책 마련**
전기설비, 방수 조치, 전동기 예비품 확보

## 중대사고 완화를 위한 조치

**피동형 수소제거설비 설치**
수소 농도 일정 수준(2%) 이상 시
자동으로 수소제거 설비 설치

**원자로 비상냉각수 외부 주입유로 설치**
노심붕괴열 제거설비 장기 작동 불능
대비 별도의 냉각수 공급설비 설치

**격납건물 배기 · 감압 설비 설치**
안전설비의 장기적 작동 불능 대비
중대사고 전용 배기 · 감압설비 설치

**중대사고 교육 훈련 강화**
대응 능력 강화 위해 모의장치로
1년에 10시간으로 교육 확대

**사고 관리 전략 실효성**
**강화 위한 지침서 개정**

**정지저출력 운전 중**
**중대사고관리지침서 개발**

원자력발전소의 계속운전이란 운영허가 기간이 만료된
원자력발전소에 대한 계속운전 심사 지침서에서 규정한 기술 수준에 따라
안전성을 평가하여 만족한 경우, 운영허가 기간 만료일 이후에도
운전을 계속하는 것을 의미한다.

# 8 계속운전

**계속운전과 설계 수명의 이해**

원자력발전소의 계속운전이란 운영허가 기간이 만료된 원자력발전소의 계속운전 심사 지침서에서 규정한 기술 수준에 따라 안전성을 평가하여 만족한 경우, 운영허가 기간 만료일 이후에도 운전을 계속하는 것을 의미한다. 운영허가와 유사한 의미로 사용되고 있는 설계수명이란 자칫 기계 수명의 뜻으로 해석되어 사용 연한이 제한되어 있다는 인상을 주지만 사실, 원전 설계 시 설정된 기간으로 안전성과 성능 기준을 만족하면서 운전 가능한 최소한의 기간을 의미한다. 즉, 계속운전이 불가능한 기술적 제한 기간을 의미하는 것은 아니다. 본래 설계수명이라 함은 기기의 설계 시 기기가 고유 기능을 유지할 수 있다고 보는 최소한의 기간이다. 원전 사업자가 경제성 등을 고려하여 설계 최우선 요건Top-tier을 설정하면 원전 공급자는 원전이 그 요건에 의해 정의된 안전 여유도를 갖고 정상적으로 운전될 수 있도록 모든 계통, 구조물 및 기기들을 설계한다. 이 가운데 교체가 불가능한 주요 안전 관련 기기들의 경우 그 건전성의 유지에 중점을 두고 설계하며 설계수명 기간은 일반적으로 최종안전성분석보고서 FSAR: Final Safety Analysis Report에 명시하고 있다.❶

원전의 일반적 설계수명은 대체로 경수로는 40년, 중수로는 30년이며, 기타의 원자로는 설계 특성에 따라 25년 미만인 경우도 있다. 최근 설계의 보완 및 강화된 재료의 사용 등으로 60년 수명의 신형 원자로도 개발되어 설치되고 있다. 우리나라 원자로의 대다수를 차지하는 경수로의 설계수명이 40년으로 설정된 데는 1950년대 미국이 원전 설계를 시작한 초기에 전력 사업자의 투자금 회수 등의 경제성을 고려하여 설정한 운영허가 기간으로부터 비롯되었다.❷



한편 설계수명의 개념을 전제하더라도 원전을 실제로 운영할 수 있는 기간은 원전의 초기 설계 상태, 운영 중의 고장 또는 사고 이력, 유지 및 보수 등에 좌우되므로 최악의 조건하에서는 설계수명 기간보다 단축될 수 있다. 그러나 이러한 상황은 극히 예외적이며, 오히려 대부분의 경우 모든 안전 규제 요건을 준수할 경우 실제 운영 기간은 설계수명 기간보다 훨씬 길다는 것이 최근 연구 결과로 확인되고 있다. 최근 향상된 기술 및 경험을 바탕으로 각국 노후 원전의 사용 기간을 재평가한 결과 평가 대상 원전의 대부분이 초기에 가정하였던 설계수명 대비 20년 이상의 여유도가 있는 것으로 보고되었다. 결국 설계수명이란 개념도 원자력발전 변천사와 함께 변모되어 왔고, 현 시점의 설계수명을 기계 연한과 동일하게 보는

❶ 함철훈, 『원자력법제론』, 법영사, 2009.

❷ 우리나라 고리 1호기의 경우 동 원전이 미국으로부터 도입되었음에도 불구하고 FSAR 제5장에 설계수명이 30년으로 명시된 것은 당시 국내 검사 관행 및 원자력 안전 규제를 수행함에 있어서 법령 체계 및 문화적 관습이 유사한 일본의 사례를 참고(일본의 경우 경수로의 설계수명 30년)한 것으로 판단된다. 고리 1호기는 그 공급업자인 웨스트하우스사가 동일 시기에 공급한 유사 참조 원전의 설계수명(40년)과 일부 기기들의 설계 문서 내용을 토대로 할 때 대부분의 기기들의 사실상 설계수명은 40년으로 고려할 수 있다(함철훈, 2009).

것은 오류가 있다. 원전 계속운전은 설계수명에 도달한 원전이 관련 법령에서 요구하고 있는 안전 기준을 만족해 설계수명 이후에도 계속해서 운전하는 것을 말한다.

**계속운전의 인·허가 절차**

설계수명 기간 만료일 이후 계속운전을 하고자 할 때에는 원전 운영자가 주기적 안전성 평가PSR, 주요 기기에 대한 수명 평가 그리고 운영허가 이후 변화된 방사선 환경영향평가 등의 보고서를 설계수명 기간 만료일을 평가 기준일로 하여 평가 기준일로부터 5년 내지 2년 이전에 정부에 제출하여야 한다. 정부는 평가 보고서를 제출받은 경우에 18개월 이내에 심사하고 그 결과를 원전 운영자에게 통보한다.





**계속운전의 국내 안전 기준**

계속운전은 원전의 장기 가동으로 인해 발생하는 경년열화의 문제에 능동적으로 대처하고 안전 성능을 향상시키는 수단이다.[3] 우리나라의 원전은 운영허가 이후 매 10년마다 국제원자력기구IAEA가 제시한 국제적 안전 기준에 따라 대상 호기의 안전성을 종합적으로 확인하고 개선 상황을 도출하여 시행한다.[4] 2005년 9월 도입한 우리나라의 계속운전 안전성 평가 기준은 국제원자력기구IAEA에서 권고한 PSR주기적 안전성 평가 기준에 미국의 NRC미국원자력규제위원회 운영허가 갱신LR:

[3] 정영식, 「원전 계속운전을 위한 안전성 평가」, 전기저널, 2015. 8.

[4] 가동운전 계속운전 시행 근거는 원자력안전법 제23조(주기적 안전성평가)와 동법 시행령 제36조~제39조(평가 내용, 방법, 시기 및 기준 등)이다.

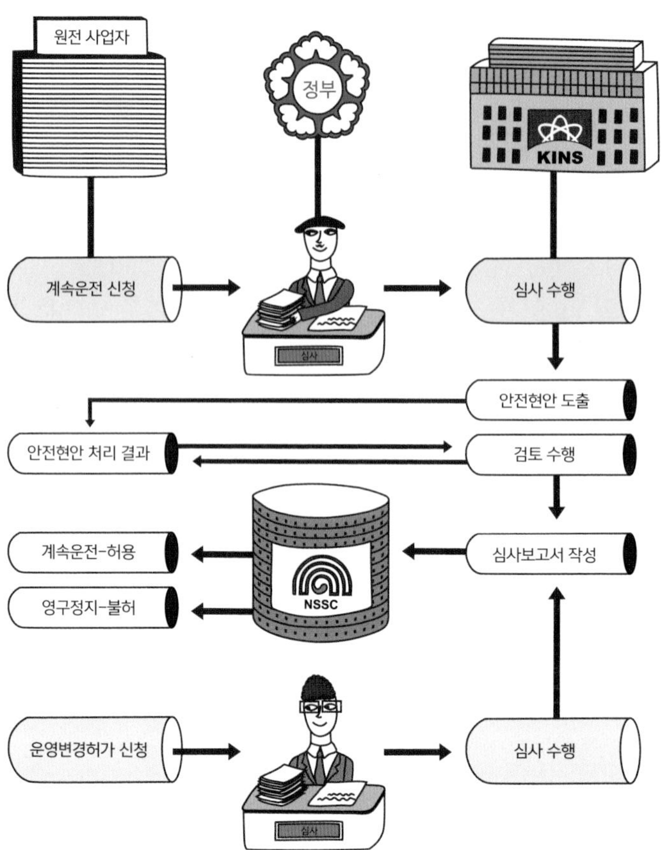


License Renewal 규정을 추가로 적용하여 하이브리드식으로 해외 원전보다 엄격한 평가 기준을 유지하고 있다. PSR에서 원자로 시설의 설계 사항 등 14개 분야 68개 항목을 평가하도록 되어 있고, 추가로 LR 규정에서 주요 기기 수명 평가 및 방사선 환경영향평가로 10개 분야 77개 항목을 법적 최소 항목으로 평가하도록 되어 있다. 엄격한 안전성 평가 기준에서 국제적 수준의 규제가 국내에도 적용됨에 따라 계속운전의 안전성을 세계적인 수준으로 유지할 수 있다.

## 우리나라 계속운전 현황

우리나라의 첫 계속운전 사례는 2007년 고리 1호기이다. 한국수력원자력(주)은 2006년 고리 1호기와 관련하여 원자력안전위원회(이하 원안위)에 계속운전을 신청하여 18개월 동안 심사를 받고 2007년 12월 우리나라 원전 중 처음으로 계속운전 허가를 받았다. 이어서 2015년 2월 27일 원안위는 3년째 가동이 멈춘 월성 1호기에 대해 2022년까지 운전할 수 있도록 허가하였다. 당시 월성 1호기의 계속운전 여부는 유럽연합EU, 미국 등과 같은 선진국 수준의 안전성 평가 기준을 적용한 스트레스 테스트Stress Test와 기존의 주기적 안전성 평가를 종합적으로 평가하여 결정하였다. 한편 2017년 가동 시한이 만료되는 고리 1호기 2차 계속운전과 관련하여 원안위의 영구 정지 권고와 2015년 6월 16일 한국수력원자력(주)의 2차 계속운전 미신

우리나라의 첫 계속운전 사례는 2007년 고리 1호기이고, 이어서 2015년 2월 월성 1호기(사진)가 계속운전 허가를 받아 2022년까지 운전할 예정이다.

청 결정에 따라 고리 1호기는 우리나라 첫 폐로 영구 정지 사례가 되었다. 우리나라의 원전은 향후 20년 동안 15기 원전의 설계수명이 도래될 예정이므로 계속운전을 위한 합리적인 의사결정이 더욱 중요해질 것으로 전망된다.

### 세계 계속운전 현황

2015년 11월 기준, 전 세계에서 가동 중인 원전을 연령대(운영 연수)별로 살펴보면 30년 이상 가동한 원전이 250기로 전체 원전 기수의 56.7%를 차지하고 있어 절반의 원전이 30년 이상 장기 운전 중임을 알 수 있다. 설비용량 기준 30년 이상 운영 중인 원전의 총 설비용량은 205,364MW로 전체 원전 총설비용량의 약 53.8%를 차지한다. 2013~2015년간 연령대 기준 30년 이상 가동한 원전의 비율은 11.5%(45.2% → 56.7%) 증가하였으며, 설비용량 기준 30년 이상 운영 중인 원전의 비율은 13.9%(39.9% → 53.8%) 증가하였다.

2000년에서 2014년 사이에 가동을 개시한 원자로는 62기에 불과하다. 2030년까지 전 세계 원전 동향을 전망해 보면, 향후 10년 이내에 최초 설계수명 종료에 따라 원자로 160기 이상의 원자로가 가동 중지할 것으로 예상된다. 후쿠시마 원전 사고 이후 전 세계적으로 신규 원전 건설이 둔화된 현 상황에서 기존 원전을 계속운전하지 않는 한, 원전 비중은 향후 10년 내 급감할 것으로 전망된다. 그러나 원자력은 저렴한 비용으로 안정적인 기저부하 생산이 가능한 발전원이므로, 기존 원전의 개선 작업과 계속운전은 OECD 회원국들이 원자력 산업의 경쟁력을 갖추는 데 중요한 요소이다.

■ 연령대별 세계 원전 운영 현황(2015년)

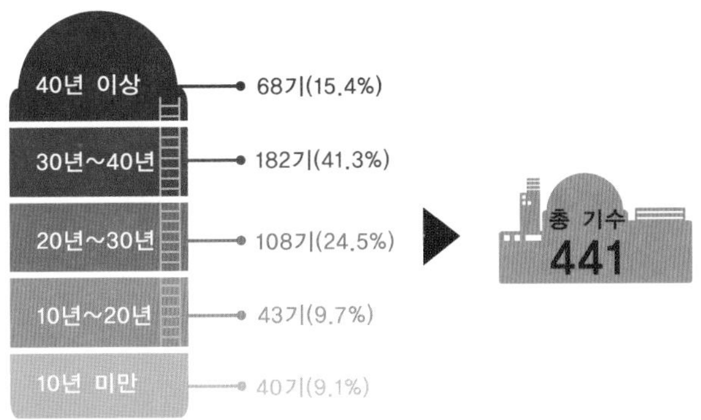


자료: IAEA PRIS, 2015. 11.

■ 30년 이상 운영 중인 세계 원전 현황

| 운영 연수 기준 | | |
|---|---|---|
| 구분 | 30년 이상 운영 | 40년 이상 운영 |
| 기수 | 250기 | 68기 |
| 비중 | 56.7% | 15.4% |
| **설비용량 기준** | | |
| 구분 | 30년 이상 운영 | 40년 이상 운영 |
| 용량 | 205,364MW | 44,260MW |
| 비중 | 53.8% | 11.6% |

자료: IAEA PRIS, 2015. 11.



### 계속운전의 경제성

원전 계속운전의 경제성 평가에 대해 보고된 공신력 있는 연구는 OECD/NEA[5]가 발표한 보고서이다. OECD/NEA는 우리나라를 포함한 7개국벨기에, 핀란드, 프랑스, 헝가리, 한국, 스위스, 미국의 원전들을 대상으로 계속운전의 경제성을

[5] OECD/NEA(2012), The Economics of Long-term Operation of Nuclear Power Plants, No.7054, Report

평가하였다. 원전 계속운전의 경제적 타당성 평가 기준으로는 질적 평가 기준과 양적 평가 기준을 이용하였다. 기준은 1) 생산 및 자산 포트폴리오, 2) 미래 전력 가격 전망 능력, 3) 원전 설비 업그레이드 및 교체 필요성, 4) 10년 주기의 평균 에너지 가동률EAF: Energy Availability Factor에 대한 설비 보수 작업의 영향, 5) 불확실성 및 리스크(원전 부지 의존도, 정치·재무적 위험 및 규제 위험 등), 6) 설비 변수 등에 대한 비용Overnight Cost, 7) 계속운전 후의 균등화발전비용, 8) 국가의 에너지 공급 안정성 및 온실가스 감축 정책이다. 이 기준들 중에서 7번째 기준인 계속운전의 균등화발전비용LCOE: Levelized Costs of Energy을 추정할 때에는 다음 식을 사용하였다.



$$LCOE = \frac{\sum_{t=t_c}^{lifetime} \frac{investmemt_t + OM_t + Fuel_t + Carbon_t + Decommissioning_t}{(1+r)^t}}{\sum_{t=1}^{lifetime} \frac{Elctricity_t}{(1+r)^t}}$$

$Electricity_t$ ………… t기의 발전량
$investment_t$ ………… t기의 투자 비용
$OM_t$ ………… t기의 운영·유지보수비
$Fuel_t$ ………… t기의 연료비
$Carbon_t$ ………… t기의 탄소 비용
$Decommissoning_t$ ………… t기의 폐기물 처리비
lifetime ………… 수명 기간
r ………… 할인율[6]
$t_c$ ………… 건설 기간

OECD/NEA(2012)의 평가 기준에 따른 회원국들의 원전 계속운전 경제성 평가 결과, 향후 최소 10년 이상 대부분 국가의 원전 산업 수익성이 클 것으로 예상된다.

⑥ 할인율이 전체 기간에 대해서 불변이라고 가정하는 경우이다.

프랑스의 경우 8개 분야 평가 항목 중 7개 부문에서 최적의 결과를 보이고 있고, 일부 평가 항목에 대한 자료가 부재하기는 하나 핀란드의 경우에도 대부분 항목에서 최적의 평가를 받았다. 한국 원전의 경우 고리 1호기는 8개의 평가 기준 항목 중 5개에서 최고를 부여받았다.

■ 국가별 계속운전 프로그램 경제성 평가 결과

| | 벨기에 | 핀란드 | 프랑스 | 헝가리 | 한국 | 스위스 | 미국 |
|---|---|---|---|---|---|---|---|
| 생산 및 자산 포트폴리오 | ★★ | ★★★ | ★★★ | ★★★ | ★★★ | ★★★ | ★★★ |
| 미래 전력 가격 전망 능력 | ★ | ★★★ | ★★★ | ★★★ | ★★/ ★★★ | ★★ | ★★ |
| 원전 설비 개선 및 교체 필요성 | ★★ | ★★★ | ★★★ | ★★ | ★★★ | ★★★ | ★★★ |
| 10년 주기 EAF*에 대한 설비 보수 작업의 효과 | ★★/ ★★★ | ★★★ | ★★★ | ★★ | 월성 1: ★ 고리 1: ★★★ | ★★★ | ★★/ ★★★ |
| 불확실성 및 리스크 (원전 부지 의존도, 정치·재무적 위험 및 규제 등) | ★ | ★★/ ★★★ | ★★ | ★★★ | ★★ | ★/ ★★★ | ★★★ |
| 설비 변수 등에 대한 비용 | ★★★ | 자료 없음 | ★★/ ★★★ | ★★★ | ★★★ | ★★ | ★★★ |
| 계속운전 이후 LCOE | ★★★ | 자료 없음 | ★★★ | ★★★ | ★★★ | ★★★ | ★★/ ★★★ |
| 해당 국가의 에너지 공급 안정성 및 온실가스 감축 정책 | ★★ | ★★★ | ★★★ | ★★/ ★★★ | ★★ | ★★★ | ★★ |

자료: OECD/NEA, 2012.

* EAF(Energy Availability Factor): 에너지 가동률
* LCOE(Levelized Costs of Energy): 균등화 발전비용

OECD/NEA(2012) 보고서에서는 우리나라 원전 운영사인 한국수력원자력(주)이 자체적으로 추정한 계속운전 10년, 20년, 30년에 대한 단위당 발전비용USD/MWh 결과를 보고하고 있다. 먼저 한국수력원자력(주)이 보고하고 있는 계속운전 기간별10년, 20년, 30년 투자 금액 추정치는 10년 계속운전의 경우 1억 8,590만 달러, 20년 계속운전 2억 3,300만 달러, 30년 계속운전 4억 9,000만 달러였다. 이 투자비용 추정치와 균등화비용접근법LCOE을 이용하여 추정한 단위당 발전비용은 10년 계속운전에서 약 26.28달러/MWh, 20년 계속운전은 약 25.27달러/MWh, 30년 계속운전은 약 30.32달러/MWh로 보고하고 있다. 이는 원전 운영자 입장에서는 고리 1호기가 20년간 계속운전하는 것이 경제성 측면에서는 가장 효율적이라고 말할 수 있는 것이며, 이 경우에 신규 원전을 건설하는 것보다 계속운전을 하는 것이 경제적 수익이 높게 나타난다는 것을 의미한다.❼



### 고리 1호기와 대체 발전원 비교

고리 1호기 LCOE와 대체발전원 LCOE를 비교한 결과를 보면 천연가스 가격 추정치는 13달러/MMbtu이고, 석탄 가격 추정치는 90달러/톤metric ton이다. 이러한 가정하에 고리 1호기 계속운전에 대한 LCOE는 대체발전원에 대한 LCOE보다 낮게 나타나, 고리 1호기 계속운전 경제성은 1400MW급 신규 원전APR1400 및 석탄,

❼ OECD/NEA는 자체 조사한 고리 1호기 실제 투자 금액(500달러/kW)과 개선 작업 이후 운영 및 유지보수 비용 8.25달러/kW, 연료 비용 4.38달러/MWh 가정하에 고리 1호기 계속운전을 위한 균등화비용접근법(LCOE)을 재산정하였다. 석탄, LNG 발전과는 다르게 원자력발전은 사후처리 비용(고준위폐기물 처리 비용, 중·저준위 폐기물 비용, 해체 비용)이 발생하므로, 이를 비용 항목으로 고려하여 균등화발전비용(LCOE)을 산정한다. 우리나라의 경우 균등화비용법을 적용하여 원전의 발전비용을 산정할 때, 사후처리 비용(사용후핵연료 및 중·저준위 폐기물 처리 비용, 해체 비용)은 운전 유지비에 포함시키는 반면, OECD/NEA는 사용후핵연료 및 중·저준위 폐기물 처리 비용, 재처리 비용은 연료비에 포함시키고, 해체 비용은 독립된 비용 항목으로 처리하여 발전비용을 산정하고 있다.

LNG 복합발전 대비 우위에 있다고 평가되었다.

■ 고리 1호기 LCOE와 대체발전원 LCOE의 비교

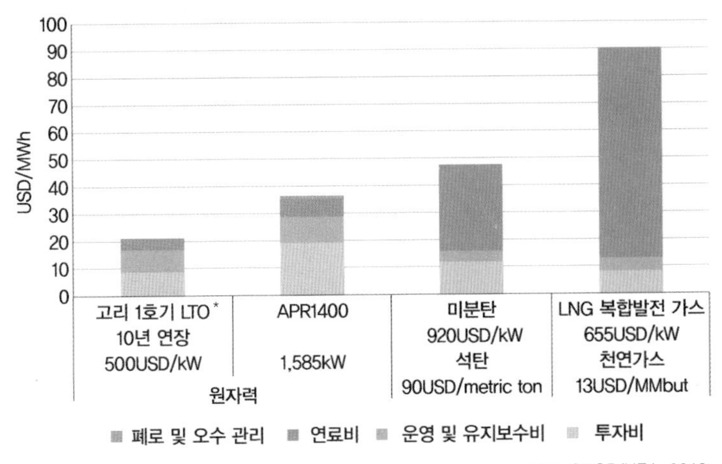


자료: OECD/NEA, 2012.

* LTO: Long-term operation, 계속운전

원전의 계속운전을 논할 때 가장 우선시되는 개념은 안전성 평가이다. 계속운전 심사 지침서에서 규정한 기술 수준에 따라 안전성을 평가하여 만족한 경우, 운영허가 기간 만료일 이후에도 운전을 계속할 수 있다. 계속운전이 필요한 이유는 경제성에서 접근할 수 있다. 안전성과 성능 기준을 만족하는 기존의 원전을 더 이용하는 것이 신규 원전 건설에 비해 경제적으로 유리하기 때문이다. 여기에는 후쿠시마 사고 이후 신규 원전 건설이 둔화되고 있는 상황에서 기존 원전을 계속운전하지 않는다면 안정적인 전력 생산이 어렵다는 사정도 포함한다. 엄격한 기준을 통해 안전성을 검증한 후에 계속운전을 승인해야 하며, 이를 위해 제도적 보완이 지속되어야 할 것이다.

원자력 사이버 보안의 목적은 '원자력 시설 및 핵물질에 대한 사보타주 및 핵물질 불법 이전을 위한 사이버 공격을 예방·탐지·대응하는 체계를 구축하여, 사이버 공격에 따른 영향을 최소화하고자 하는 것'이라고 정의할 수 있다.

# 원자력 시설 사이버 보안



2010년에 발생한 이란 나탄즈 원전의 스턱스넷 바이러스 공격 사건은 원자력 시설 사이버 공격의 대표적인 사례이다. 당시 이란 나탄즈 원심분리기의 1/5에 해당하는 1,000여 개의 원심분리기가 파괴되었는데, 이는 여러 면에서 시사하는 바가 크다. 첫째, 폐쇄망 구성이라는 사실만으로는 더 이상 원자력 시설을 사이버 공격으로부터 방어할 수 없게 되었다. 둘째, 원자력 제어 시스템이 산업 제어시스템ICS: Industrial Control System에 특화된 통신 방식 및 언어를 사용하여 사이버 공격으로부터 안전할 것이라는 믿음은 더 이상 지지를 받지 못하게 되었다. 셋째, 사이버 공격의 행위자가 금전적 이득이나 단순 호기심을 목적으로 하는 해킹 수준을 넘어서 이제는 테러리스트나 원전 반대 그룹 등이 개입하여 재정적 지원을 받아 수행하는 사이버전으로 개념이 확대되고 있다. 이와 더불어 현재의 원자력 IT 환경은 사이버 공격에 용이하도록 변화하고 있다. 즉, 원자력발전에 사용되는 시스템들이 아날로그 방식에서 디지털로 교체되고 있고, 해당 원자력에 특화된 제품보다 상용화된 제품의 도입이 늘고 있으며, 기존 IT 환경에서 사용되던 통신 방식, 즉 TCP/IP가 원자력 제어 시스템에까지 도입되고 있다.

최근 원자력 시설의 사이버 테러 위협이 증대하면서, 대응을 위한 보안의 중요성이 커지고 있으며 사이버 보안 강화의 필요성도 높아지고 있다.

## 원자력 시설 사이버 보안 개요



국가정보원의 '국가 정보 보안 기본지침'에서는 정보 보안을 "정보의 수집, 가공, 저장, 검색, 송신, 수신 도중에 정보의 훼손, 변조, 유출 등을 방지하기 위한 관리적·기술적 방법"으로 정의하고 있다. 정보를 보호한다는 것은 일반적으로 정보의 기밀성Confidentiality, 무결성Integrity, 가용성Availability을 유지한다는 것으로 인식된다. 기밀성이란 허락되지 않은 사용자 또는 객체가 정보의 내용을 알 수 없도록 하는 것으로 비밀이 유지되도록 하기 위한 것이다. 무결성은 승인되지 않은 사용자 또는 객체가 정보를 함부로 수정할 수 없도록 하는 것이다. 가용성은 허락된 사용자 또는 객체가 정당하게 정보에 접근하려 할 때 정상적으로 방해받지 않고 접근할 수 있어야 한다는 것이다. 2011년과 2013년에 국내에서 발생한 77DDoS[1] 및 33DDoS는 가용성을 해친 대표적인 사이버 공격이라고 볼 수 있다.

원자력 시설에 대한 사이버 보안은 정보 보안과 동일하게 기밀성, 무결성 및 가용성을 보장하도록 하는 일체의 관리적·기술적 및 운

[1] DDoS(Distributed Denial of Service, 분산 서비스 거부 공격): 정상적인 사용자가 홈페이지 등 서비스에 접근 불가하도록 자원을 독점하는 것

영적 조치들을 포함하고 있다. 하지만 근본적으로 정보라는 데이터의 보호에 초점을 맞추기보다는 정보를 담고 있는 컴퓨터 시스템에 초점을 맞추고 있다. 이는 원전 컴퓨터 시스템이 사이버 공격에 의해 침해를 받을 경우 핵물질 불법 이전 혹은 원자력 시설 사보타주sabotage를 야기할 수 있기 때문이다. 불법 이전의 예로, 원전 정문에서 출입 통제를 수행하는 컴퓨터 시스템이 사이버 공격에 의해 변조 혹은 기능 상실이 발생할 경우, 승인받지 않은 외부자가 불법적으로 핵물질에 접근할 수 있게 된다. 결과적으로 사이버 공격의 지원으로 외부자의 핵물질 탈취가 가능해질 수 있는 것이다. 사보타주의 예로는, 원전의 이상 상태 발생 시 원자로를 안전하게 정지시키거나 원자로 사고를 완화시키는 안전 시스템계측제어시스템이 악성 코드 등의 사이버 침해로 인해 비정상 작동 혹은 데이터 변조가 이루어져, 허용할 수 없는 방사선적 영향을 끼치게 하는 것이 있다.

사이버 보안의 목적은 전통적인 물리적 방호의 목적과 근본적으로 동일하다. 원자력 시설 등의 방호 및 방사능 방재 대책법 제2조에서는 물리적 방호에 대해 "핵물질 및 원자력 시설에 대한 내·외적 위협을 사전에 방지하고, 위협이 발생한 경우 이를 신속하게 탐지하여 적절한 대응 조치를 취하며, 사고로 인한 피해를 최소화하기 위한 일체의 조치"라고 정의한다. 여기에서 하나의 차이는 사이버 보안의 경우 '물리적 위협'이 아닌 '사이버 위협'에 대한 예방, 탐지 및 대응을 수행하여야 한다는 점이다. 즉, 원자력 사이버 보안의 목적은 '원자력시설 및 핵물질에 대한 사보타주 및 핵물질 불법 이전을 위한 사이버 공격을 예방·탐지·대응하는 체계를 구축하여, 사이버 공격에 따른 영향을 최소화하고자 하는 것'이라고 정의할 수 있다.

**원자력 시설에 대한 국제 사이버 보안 권고**

국제원자력기구IAEA 사이버 보안 지침서NSS#17: Nuclear Security Series No.17에 따르면 규제 기관은 원자력 사업자가 사이버 보안에 관련한 법적 의무 사항을 정확하게 이해하고, 이행할 수 있는 수단을 제공하여야 한다. 그 수단의 대표적인 예는 '기준'과 '지침'이다. 기준과 지침을 통해 원자력 사업자는 사이버 보안 대책을 수립·이행할 수 있게 되며, 규제 기관에서는 원자력 사업자의 사이버 보안 대책이 법적 요건을 만족하는지 심사하기 위하여 수립된 기준과 지침을 활용하게 된다. 아울러 동 기준과 지침은 원자력 사업자의 사이버 보안 이행에 대한 규제 기관의 검사 기준도 제시한다.

미국 원자력규제위원회NRC: Nuclear Regulatory Committee의 규제 이행 체계를 보면, 10CFR[2] 73.54라는 '상용 원전 사이버 보안'에 관한 연방 규정에서 원자력 사업자가 준수해야 할 사이버 보안에 관한 사항을 명확히 규정하고 있으며, 이와 별도로 동 규정의 구체적인 이행 내용을 제시하는 규제 지침을 「Regulatory Guide 5.71」에서 제시하고 있다. 미국 내 원자력 사업자는 연방 규정 및 규제 지침을 기준으로 사이버 보안 대책에 대한 상세 이행 계획이 담긴 사이버 보안 계획서 CSP: Cyber Security Plan를 작성하고 이를 NRC에 제출하면 NRC에서는 사업자 사이버 보안 계획서의 적합성 여부를 심사하게 된다.

IAEA NSS#17에서는 이러한 사업자의 사이버 보안 계획서가 반드시 원자력 시설 보안 규정SSP: Site Security Plan의 일부로 포함되도록 규제 요건에 명시할 것을 권고하고 있다. 이러한 국제 기준은 미국의 이행 사례에서도 동일하게 제시되고 있다. 즉, 미국은 원자력 사업자로 하여금 사이버 보안 계획서를 전체 보안 계획의 일부로 포함시키도록 10CFR73.54에서 규정하고 있으며, 구체적인 지침을 관련 문서 RG5.71에서 제시하고 있다.

규제 요건과 관련하여, 원자력 물리적 방호에 관한 IAEA의 최상위 국제 권고 문서INFCIRC225[3]에서는 핵물질 불법 이전 및 원자력시설 사보타주 방호를 위한 사이버 보안 규제 요건으로 다음과 같이 위협평가나 설계 기준 위협DBT[4]에 정한 사이버 위협까지 방호되어야 함을 명시하고 있다.

[2] CFR: Code of Federal Regulation

[3] IAEA INFCIRC225_Rev.5

[4] DBT(Design Basis Threat): 물리적 방호 설계의 기준으로, 원자력 사업자가 방호하여야 할 최대의 위협임

INFCIRC225_Rev.5 4.10(불법 이전 방호 요건) 및 5.19(사보타주 방호 요건)

물리적 방호, 원자력 안전, 핵물질 계량 관리에 활용되는 전산 시스템은 위협 평가나 설계기준위협(DBT)에 따라 사이버 공격, 임의 조작, 위조와 같은 위해에 대하여 방호되어야 함

동 문서에서는 사이버 보안의 대상이 되는 시스템을 물리적 방호, 원자력 안전 및 핵물질 계량 관리에 활용되는 전산 시스템으로 한정하고 있으며, DBT 혹은 위협 평가에서 정한 사이버 위협까지를 사업자가 방호해야 함을 명시하고 있다. 이러한 사이버 보안에 관한 요건은 현재 우리나라 '원자력 시설 등의 방호 및 방사능 방재 대책법'(이하 방사능 방재 대책법) 시행령 붙임2의 불법 이전 및 사보타주 방호 요건 각각에 포함되어 원자력 사업자로 하여금 동 요건들을 준수하도록 규정하고 있다.

IAEA NSS#17에서는 사이버 보안에 관한 규제 기관의 활동이 명확히 핵안보, 즉 핵물질의 불법 이전 및 방사선적 영향을 미치는 사보타주의 방호에 목적을 두어야 한다고 명시하고 있다. 아울러 원자력 안전 및 핵안보는 사이버 보안 규제 시에 함께 고려되어야 한다고 명시하고 있다. 이는 사이버 보안의 주요 보호 대상이 되는 안전 기능을 수행하는 디지털 계측제어시스템이 사이버 보안 대책으로 인해 시스템 고유의 안전 기능 및 성능에 악영향을 미칠 경우가 발생될 수 있기 때문에 반드시 사이버 보안 대책의 적용 전 안전 기능에 대한 평가가 선행되도록 하여야 한다는 것이다. 이러한 측면에서 안전 분야와의 긴밀한 협력은 필수적이다.

이러한 안전과 보안과의 연계에 대한 구체적인 가이드라인을 IAEA INSAG-24 및 NRC 10CFR73.58, RG5.74에서 제시하고

있다. 이러한 가이드라인들은 공통적으로 안전 및 보안 각 영역별 협력의 중요성을 강조하고 있으며, 구체적으로 사이버 보안의 대책이 안전 기능에 영향을 미칠 경우 해당 대책에 준하는 다른 대안적인 대책물리적 대책 등을 강구하고 적용하도록 권고하고 있다. 반대로 안전 대책에 따른 보안 기능에 악영향을 미칠 시에도 동일하게 적용된다.

구체적인 사이버 보안 이행을 위한 방안으로, IAEA NSS#17에서는 원자력 사업자로 하여금 사이버 보안에 관한 정책 결정권자의 의지가 담긴 최상위 문서, 즉 사이버 보안 정책을 수립하도록 권고하고 있으며, 이에 대한 구체적인 이행을 사이버 보안 계획에 포함하여 수립토록 권장하고 있다. 아울러 동 문서에서는 원자력 사업자가 지속적으로 사이버 보안의 이행 내용들이 사이버 보안의 목적을 달성하고 있음을 보장하도록 '위험 평가 및 관리'에 관한 가이드를 제공하

| 원자력 시설에 대한 사이버 보안은 정보라는 데이터의 보호에 초점을 맞추기보다는 정보를 담고 있는 컴퓨터 시스템에 초점을 맞추고 있다. 사진은 원전의 주제어실 모습

고 있다. '위험 평가 및 관리'에 관한 사항은 보호 대상 시스템들에 대한 사이버 취약성을 파악하고, 급변하는 사이버 위협이 해당 식별된 취약성을 악용할 수 있는지 여부를 평가하여, 도출된 사이버 위험의 정도를 분류하고, 그 위험의 영향도에 따라 이를 제거 혹은 감소시킬 자원 혹은 대책을 마련하는 과정이다. 이때의 위협은 국가가 위협평가 혹은 설계 기준 위협 설정 과정을 통해 제시하여야 하며, 취약성은 시스템에 대한 취약점 분석이나 스캔 등을 통해 원자력 사업자가 도출해야 하는 사항이다.





### 한국의 원자력 시설 사이버 보안 이행 현황

핵안보를 위협하는 사이버 공격의 예방, 탐지 및 대응에 관한 사항은 '원자력 시설 등의 방호 및 방사능 방재법'에 명시되어 있으며, 규제 기관 및 원자력 사업사의 역할이 명확히 명시되어 있다. 동법의 주요한 내용은 다음과 같다.

- 동법 시행령 7조에 따라 원자력안전위원회는 원자력 사업자가 방호해야 하는 수준을 정한 설계 기준 위협을 설정하여야 하며, 원자력 사업자는 동 설계 기준 위협에 따른 위협에 방호할 수 있는 체계를 갖추어야 함
- 동법 제9조에 따라 원자력 사업자는 물리적 방호 규정의 일부로 사이버 보안 계획을 수립하고 원자력안전위원회의 승인을 받아 동 승인된 계획에 의거 사이버 보안을 이행하여야 함
- 원자력 사업자는 동법 시행령 16조 및 별표2에 따른 사보타주 및 불법 이전 방호 요건을 준수하여야 함

• 원자력안전위원회는 동법 제12조에 의거 원자력에 대한 사이버 보안 검사를 수행하여야 하며, 검사 결과 시행령 별표2의 방호 요건을 위반하거나, 승인받은 사이버 보안 규정을 위반하였을 경우에는 지적 사항 발급 등을 통해 시정을 명할 수 있도록 규정함

아울러 동법 제45조에서는 상기 나열된 원자력안전위원회의 사이버 보안 규제 업무를 한국원자력통제기술원KINAC: Korea Institute of Nuclear Nonproliferation And Control에 위탁하고 있다. 이에 따라 KINAC한국원자력통제기술원에서는 원자력 시설에 대한 사이버 위협 평가 및 사이버 보안 심사·검사 업무를 수행하고 있다. KINAC에서는 위탁받은 원자력 사이버 보안 규제 업무 수행을 위해 관련 기준KINAC RS-015(원자력 등의 사이버 보안 기술기준서)을 2014년에 제정하였다. 동 기준서에서는 원자력 사업자로 하여금 다음의 기능을 수행하는 컴퓨터 시스템(필수 디지털 자산)을 식별하고 보호하기 위한 대책, 즉 사이버 보안 계획을 수립하는 구체적인 기준을 제시하고 있다.

• 안전 기능 및 안전에 중요한 기능을 수행하는 컴퓨터 시스템Safety
• 보안 기능을 수행하는 컴퓨터 시스템Security
• 비상 대응을 수행하는 컴퓨터 시스템Emergency Preparedness
• 침해 시 상기 3개의 기능에 악영향을 미치는 지원 시스템Support System

사이버 보안 계획은 원자력 사업자가 핵안보를 위협하는 사이버 공격을 예방, 탐지 및 대응하기 위한 전반적인 사항이 기술되어야 하며, 세부적인 사항은 RS-015 부록1에서 상세히 제시하고 있다. 사이버 보안 계획의 상세 내용을 살펴보면, 우선 사이버 보안에 관

한 독립적인 역할을 수행하는 사이버 보안팀에 관한 사항 및 필수 디지털 자산을 식별하는 사항이 기술되어야 한다. 그리고 각 필수 디지털 자산을 보호하기 위한 전략, 즉 심층방호 전략을 수립하여 서로 다른 등급에 놓인 자산 간에 통신을 통제하도록 하여야 한다. 심층방호 전략은 높은 등급에 속한 자산에서 낮은 등급에 속한 자산으로 통신이 되지 못하도록 하는 것이 원칙이다.

■ 심층방호 전략

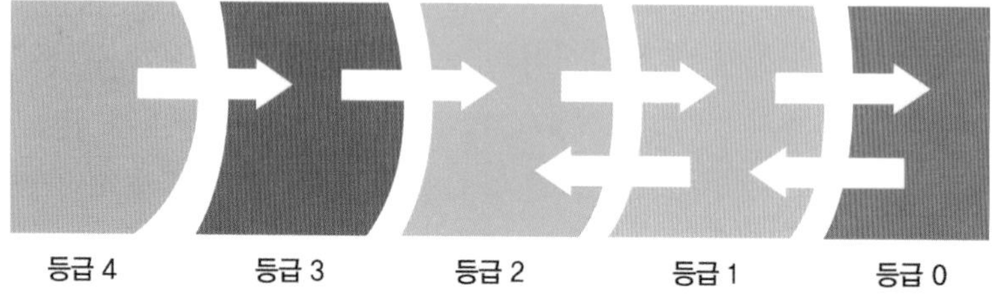




필수 디지털 자산에 대한 등급별 통신 통제 대책을 수립한 후에는 각 자산별로 사이버 공격을 예방, 탐지 및 대응하기 위한 보안 대책이 마련되어야 한다. 이에 대한 상세한 사항이 기술 기준 부록2에서 기술적·관리적 및 운영적 보안 대책 101가지로 제시되고 있다. 마지막으로 사이버 보안 계획에 포함되어야 할 사항은 이러한 보안 대책이 지속적이고 효과적으로 사이버 공격에 대한 예방, 탐지, 대응 역할을 하는지에 대한 평가를 수행하는 것이다. 이를 위해 최신 사이버 위협이 각 자산에 악영향을 끼칠 취약성이 있는지를 평가하는 것이 필요하다. 그리고 최종적으로 식별된 취약성을 보완하기 위한 대책을 적용하여 해당 위협이 효과적으로 차단되는지를 확인하여야 한다. 만약 해당 대책이 없거나, 효과적이지 않을 시에는 별도 대책을 수립하고 이행하여야 한다.

**사이버 보안 정기 검사 수행**

원자력 사업자는 방사능방재대책법 및 KINAC 규제기준에 의거 사이버 보안 계획을 작성하고 원자력안전위원회의 승인을 받아야 한다. 아울러 승인된 계획에 따른 적절한 이행을 통해 핵안보를 위협하는 사이버 공격의 예방, 탐지 및 대응이 철저히 이루어짐을 보장하여야 한다. 현재 전체 규제 대상 원자력 시설에서는 사이버 보안 계획을 마련하고, 2015년 4월에 원자력안전위원회로부터 승인받았으며, 사이버 보안 계획에 따른 이행을 2018년까지 7단계에 걸쳐 완료토록 추진하고 있다. 이와 더불어 KINAC에서는 각 단계별 사업자의 이행 결과가 기준KINAC RS-015에 맞게 적절히 이행되었는지 검토하고 있다. 또한 KINAC에서는 2년 주기로 사이버 보안 정기 검사를 통해 핵안보를 위협하는 사이버 공격에 대한 예방, 탐지 및 대응 체계와 대책에 대해 확인하고 있다. 특히 KINAC은 최근 지능화되고 급속히 변화하는 사이버 위협에 대한 분석을 수행하였고, 그 결과를 사이버 보안 설계의 기준이 되는 '사이버 설계 기준 위협'에 반영 중에 있다. 설계 기준 위협은 원자력 시설이 방호해야 할 최대 위협으로서, 원자력 사업자는 동 설계 기준 위협에 따라 시설별 공격 대응 시나리오를 작성하고 자체 대응 능력을 평가하여야 한다. 아울러 평가 결과에 따른 보완 대책을 수립하고 적절히 해당 대책들을 조치함으로써 최근의 사이버 위협까지 대응할 수 있는 체계를 갖추어야 한다. KINAC에서는 설계 기준 위협에 따른 공격 대응 시나리오 작성 가이드라인을 제공하여 시설별 시나리오가 적절히 작성될 수 있도록 하고 있다. 시나리오에 따른 대응 능력 평가 및 후속 조치에 대해서도 그 적절성을 검토하여 실제 원자력 시설이 최신의 사이버 위협까지 대응할 수 있도록 하고 있다.



**사이버 침해 대응을 위한 국제 공조 강화**

사이버 공격은 물리적 공격과는 달리 공격의 비가시성으로 인해 공격의 근원지 및 방법 등을 찾기가 어려운 실정이다. 특히 여러 국가의 취약한 서버를 경유하여 공격해 오는 상황에서 실제 공격의 원천을 추적하여 공격자를 찾기란 거의 불가능하다. 통상 현재는 악성 코드의 소스를 분석하여 개발 기법의 유사성 및 악성 코드 전파 기법 등을 통해 그 근원지를 유추하는 수준에 머물러 있다. 따라서 공격자를 추적하여 이를 근절하기 위해서는 국제적 공조가 중요하며, 이를 통해 사이버 사건 발생 시 신속히 공격자를 파악하는 것은 물론, 분석된 공격 방법 등을 신속히 전파하여 유사한 사건이 동일한 시스템을 지닌 원자력 시설 혹은 다른 전력 시설에서 발생되지 않도록 하여야 한다.

현재 IAEA에서는 국제 공동 연구를 통해 사이버 사건에 따른 조사, 분석 및 대응 등에 관한 정책적·기술적 협력을 추진하고 있어, 이러한 공동 연구가 적절히 수행된다면 효과적인 사이버 침해 탐지 및 대응 체계가 수립될 것으로 기대된다. 우리나라는 실제 원자력에 대한 사이버 사건을 겪은 나라이기 때문에 여타 원자력 선진국에 비해 사이버 침해에 대한 대응 능력이 높을 것이라고 본다. 따라서 우리나라가 이러한 국제 공동 연구에 선제적·적극적으로 참여하여 원자력 시설 사이버 침해 대응 능력을 향상시킴은 물론, 국제사회에서 원자력 시설 사이버 보안에 대한 선도적인 역할을 수행하는 체계를 갖추어야 한다.

## 원전의 다중방호벽

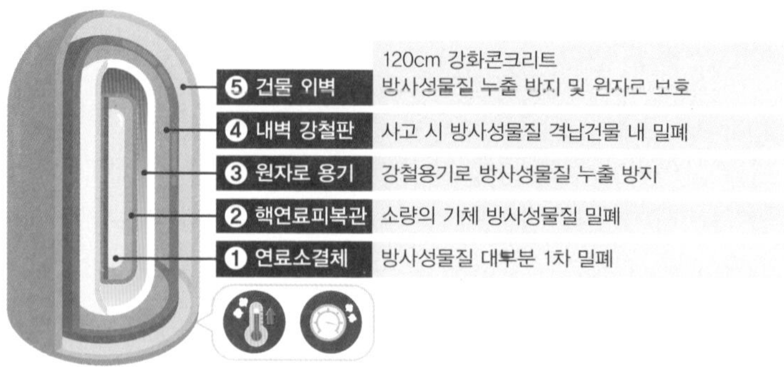


## 지진 대응

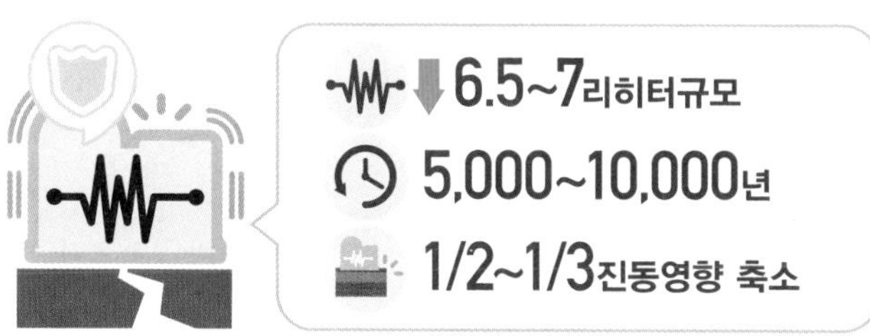


원자력발전소는 6.5~7리히터 규모의 지진이 발생하여도 견딜 수 있을 만큼 내진설계
앞으로 5,000~10,000년 동안의 일어날 수 있는 가장 큰 지진에 대비할 수 있도록 설계
단단한 암반에 건설하여 진동의 영향을 1/2~1/3까지 최대한 축소

## 후쿠시마 사고 후속 조치

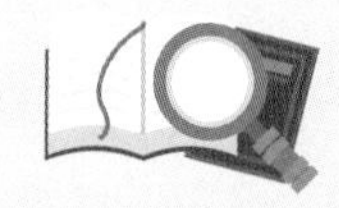

**중대사고**
설계 기준을 초과하여
원자로 노심이 손상되는 사고

**후쿠시마 원전 사고**

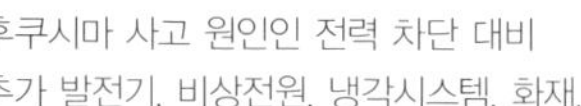

후쿠시마 사고 원인인 전력 차단 대비
추가 발전기, 비상전원, 냉각시스템, 화재, 지진, 해일 대비 후속 조치

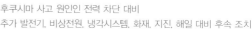

추가 발전기 | 비상 전원 | 냉각시스템 | 화재 대비 | 지진 대비 | 해일 대비

## 방사선 비상 대응방법

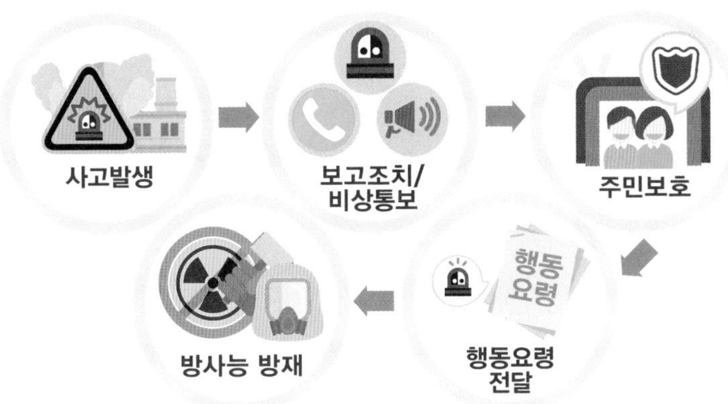


## 사이버 보안

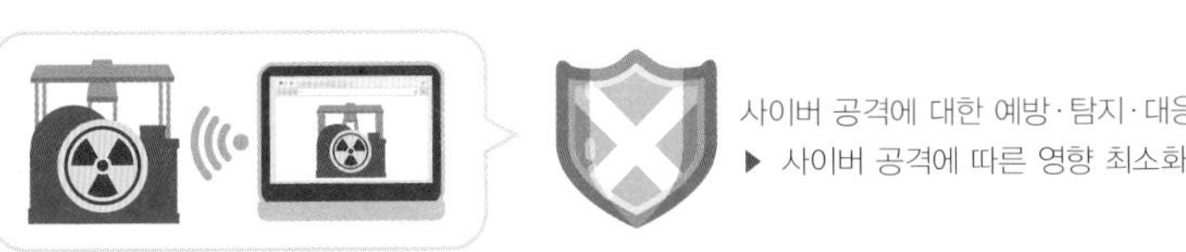

사이버 공격에 대한 예방·탐지·대응
▶ 사이버 공격에 따른 영향 최소화


## 사고와 고장

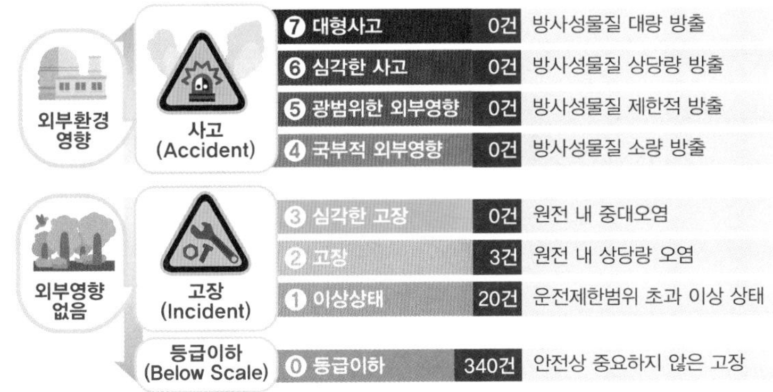

원자력
상식사전

# 방사성폐기물이 궁금하다

1. 방사성폐기물이란
2. 중·저준위 방사성폐기물 처분시설
3. 사용후핵연료 관리
4. 원전 사후 관리

방사성폐기물은 통상 원자력발전소의 연료로 사용하였던 사용후핵연료를 비롯해
원자력발전소 내의 방사선 관리 구역에서 방사선 작업 종사자들이 사용하면서
방사성물질에 오염된 작업복, 장갑, 덧신, 걸레, 기기교체 부품 등과
방사성동위원소(RI)를 사용하는 산업체, 연구기관, 병원에서 발생하는
시약병, 주사기, 튜브 등의 RI 폐기물을 망라한다.

# 방사성폐기물이란



**방사성폐기물의 정의**

방사성폐기물은 원자력을 이용하는 과정에서 발생하는 부산물이다. 방사성폐기물로 간주하는 대상과 범위는 법으로 정하고 있다. '원자력안전법'에는 방사성폐기물을 "방사성물질 또는 그에 따라 오염된 물질로서, 폐기의 대상이 되는 물질(제35조 제4항에 따라 폐기하기로 결정한 사용후핵연료를 포함)을 말한다."라고 규정하고 있다.

방사성폐기물은 통상 원자력발전소의 연료로 사용하였던 사용후핵연료를 비롯해 원자력발전소 내의 방사선 관리 구역에서 방사선 작업 종사자들이 사용하면서 방사성물질에 오염된 작업복, 장갑, 덧신, 걸레, 기기 교체 부품 등과 방사성동위원소RI: Radioisotope를 사용하는 산업체, 연구기관, 병원에서 발생하는 시약병, 주사기, 튜브 등의 RI방사성동위원소 폐기물을 망라한다.

사용후핵연료의 경우, '원자력안전법'이 개정된 2014년을 전후하여 방사성폐기물에 속하는 범위가 변경되었다. 2014년 이전에는 모든 사용후핵연료를 방사성폐기물로 간주하였지만, 현재는 원자력진흥위원회의 심의·의결을 거쳐 폐기하기로 결정한 사용후핵연료만을 방사성폐기물로 간주하고 있다.

**방사성폐기물의 종류**

방사성폐기물은 원자력발전소, 원자력 연구시설, RI 이용 시설 및 장비 등 다양한 시설에서 발생하며 방사능 농도와 물리적·화학적 조성도 다양하다. 방사성폐기물은 분류 목적과 체계에 따라 분류하는데, 일반적으로 방사능 농도의 높고 낮음, 폐기물의 상태, 발생원 등에 따라 분류할 수 있다.

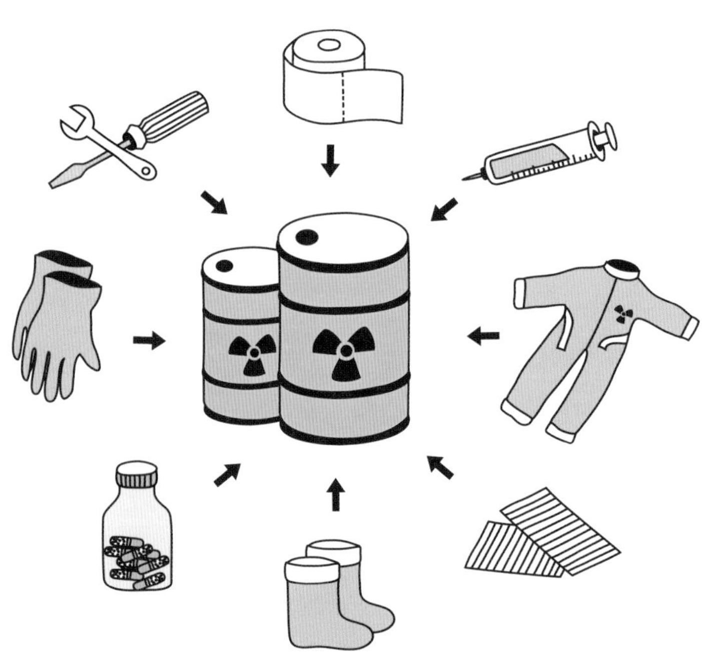

가장 잘 알려진 분류는 열 발생과 방사능 농도에 따른 것이다. 열 발생률이 2kW/m³ 이상이고 반감기 20년 이상의 알파선 방출핵종 농도가 4,000Bq/g 이상인 폐기물이 고준위 방사성폐기물이다. 고준위 이외의 방사성폐기물에 대한 분류는 중·저준위 방사성폐기물로 포괄하여 분류되었는데, '방사성폐기물 분류 및 자체처분 기준에 관한 규정'이 2014년 개정·공포되면서 세분화되었다.

**방사능 농도에 따른 분류**

중·저준위 방사성폐기물은 방사능 농도에 따라 중준위, 저준위, 극저준위 방사성폐기물로 나뉜다. 방사성폐기물 내 방사성핵종의 농도가 규정치[1] 미만으로 방사학적 위험도가 매우 낮은 방사성폐기물은 자체처분할 수 있다. 따라서 우리나라는 열 발생과 방사능 농도에 따라 방사성폐기물을 고준위, 중준위, 저준위, 극저준위, 자체처분 폐기물로 분류하고 있다.

국제원자력기구IAEA의 신분류기준2009년에서는 방사성폐기물을 고준위, 중준위, 저준위, 극저준위, 극반감기, 규제면제 방사성폐기물로 분류하고 있다. 여기서 극반감기 방사성폐기물은 연구 및 의료 목적으로 사용된 단반감기[2](100일 이하) 방사성핵종을 포함한 방사성폐기물로서, 일정 기간 저장하여 방사능을 낮추면 무제한적 처분이 가능하다. 규제 면제 방사성폐기물은 방사선 안전 규제로부터 면제



[1] 자체처분 허용 농도를 말한다. 자체처분이란 방사성폐기물 내의 핵종별 농도가 자체처분 허용 농도 미만임이 확인된 방사성폐기물로서, '원자력안전법'의 적용 대상에서 제외하여 방사성폐기물이 아닌 폐기물로 소각, 매립 또는 재활용의 방법으로 관리하는 것을 말한다.

[2] 반감기: 방사능이 원래의 반으로 줄어드는 데 걸리는 시간

Exemption❸, 해제Clearance❹, 또는 제외Exclusion❺되는 기준을 만족하는 폐기물이다. 규제 면제 폐기물은 우리나라의 '자체처분 폐기물'과 동일한 개념이다.

**폐기물 상태에 따른 분류**

방사성폐기물은 물리적 상태에 따라 기체, 액체, 고체 방사성폐기물로 분류할 수 있다. 국내 원전의 대부분을 차지하고 있는 가압경수로의 경우, 기체 방사성폐기물은 주로 냉각재 탈기, 체적제어탱크 배기, 커버가스 교환, 붕소 재순환공정 등에서 발생한다. 이들 기체 방사성폐기물은 다양한 방사성핵종을 함유하고 있다. 이 중에서 중요한 핵종은 불활성가스, 요오드, 부유입자이다. 액체 방사성폐기물은 원자로냉각재 계통, 가압기 방출밸브, 원자로냉각재펌프 밀봉, 안전 주입탱크, 핵연료 재장전 커낼 배수, 기기 배수 및 누설 등으로부터 발생한다. 고체 방사성폐기물은 발생원이 매우 다양하다. 액체 방사성폐기물 처리 시 발생하는 증발기 농축물, 폐이온교환수지, 폐필터 카트리지, 기체 폐기물 처리 시 발생하는 폐필터, 기타 원자력발전소 유지보수 시 발생하는 종이, 피복, 장갑, 오염된 기기 등의 잡고체 등이 고체 방사성폐기물에 해당한다.



❸ 어떤 행위나 방사선원에 대한 기준을 미리 정해 놓고 그 기준을 만족하면, 규제 기관이 그 행위나 방사선원을 규제 대상에서 제외하는 것이다. 이때 기준은 면제를 함으로써 얻는 이득이 그 행위나 방사선원이 개인 또는 사회에 미치는 방사선 위해를 충분히 상쇄하고도 남을 수 있게 정한다.

❹ 면제와 유사한 개념이지만, 면제는 신규 선원이나 행위를 처음부터 규제 대상에서 제외하는 것인 반면, 해제는 기존에 규제 대상이던 선원이나 행위를 규제 대상에서 제외하는 것이라는 차이가 있다.

❺ 방사선원 또는 행위에 대한 규제 관리가 현실적으로 거의 불가능하여 이를 규제하지 않는 경우이며, 예를 들면 우리 몸에 있는 K-40, 우주에 날아오는 우주방사선에 의한 피폭이 여기에 해당한다.

■ 방사성폐기물의 분류 체계

| |  |  |  | 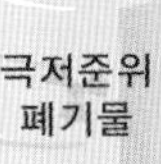 |
|---|---|---|---|---|
| 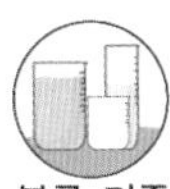 분류 기준 | 반감기 20년 이상 알파선 방출핵종 농도 4,000Bq/g 이상 열발생률 2kW/m³ 이상 | 저준위 폐기물 농도 기준 이상 | 방사능 농도 자체 처분 허용 농도 100배 이상, 저준위폐기물 농도 기준 미만 | 방사능 농도 자체 처분 허용 농도 이상 자체처분 허용 농도 100배 미만 |
|  방폐물 예 | 사용후핵연료 | 핵연료 손상 기간 중 발생된 폐수지, 폐필터 등 | 중준위에 해당하지 않는 잡고체, 폐수지 폐필터 등 | 오염도 낮은 잡고체, 해체 중 발생된 콘크리트 |
|  처분 방식 | 심층처분 | 심층, 천층 (동굴) 처분 가능 | 심층, 천층 (동굴, 표층) 처분 가능 | 심층, 천층 (동굴, 표층, 매립형) 처분 가능 |

* 자체처분 폐기물: 방사성핵종의 농도가 규정치 미만으로 위험도가 매우 낮은 방사성폐기물

## 발생원에 따른 분류

방사성폐기물은 발생원에 따라 핵연료주기 방사성폐기물과 비핵연료주기 방사성폐기물로 분류할 수도 있다. 핵연료주기란 우라늄 채광에서 원자력발전소 연료로 사용된 사용후핵연료의 재처리 또는 방사성폐기물로 영구 처분하기까지 우라늄의 전 일생을 말한다. 핵연료주기는 우라늄의 채광, 정련, 변환, 농축 및 성형가공까지의 선행 핵연료주기와 원자력발전소의 운전 및 해체 그리고 마지막으로 사용후핵연료의 관리재처리 또는 처분 포함까지의 후행 핵연료주기로 구성된다. 이러한 과정에서 발생하는 방사성폐기물이 핵연료주기 방사성폐기물이다.

선행 핵연료주기에서 발생하는 방사성폐기물은 대부분 우라늄을

함유한 중·저준위 방사성폐기물이다. 우리나라는 우라늄 정련 및 농축 시설을 보유하고 있지 않아, 핵연료 성형가공 과정에서 우라늄 함유 폐기물이 발생한다. 이 폐기물은 공정 폐기물, 유지보수 폐기물, 그리고 해체 폐기물로 분류할 수 있는데, 유지보수 폐기물은 작업자 피복, 오염 공·기구 등이고, 해체 폐기물은 수명이 종료된 시설 해체 시 발생하는 폐기물이다.

원자력발전소를 운영하면서도 공정 폐기물, 유지보수 폐기물 그리고 해체 폐기물이 발생한다. 공정 폐기물은 앞서 기술한 기체 및 액체 방사성폐기물들이다. 유지보수 폐기물은 원자력발전소 내의 방사선 구역 출입 방사선 작업 종사자의 피복, 휴지, 오염 공·기구 그리고 잡고체 폐기물이다. 해체 폐기물은 원자력발전소를 해체할 때 발생한다.



후행 핵연료주기 방사성폐기물은 사용후핵연료의 저장, 운반, 재처리 또는 직접 처분 단계에서 발생한다. 사용후핵연료의 저장, 운반, 직접 처분 단계에서는 사용후핵연료가 밀폐된 용기 내에 존재하기 때문에 소량의 중·저준위 방사성폐기물만이 발생한다. 그러나 사용후핵연료를 재처리하면 화학적·방사학적으로 다양한 방사성폐기물이 발생한다.

비핵연료주기 방사성폐기물은 RI를 사용하는 연구, 의료, 산업 활동 중에 발생하며, 크게 개봉선원[6] 폐기물과 밀봉선원[7] 폐기물로 나눌 수 있다. 개봉선원 폐기물은 RI 이용 과정에서 발생하고 방사선 준위가 낮은 작업자 피복, 휴지, 주사기, 방출 액체, 동물 사체, 폐필터 등이다. 밀봉선원 폐기물은 방사능이 감쇠되어 사용 가치가 없거나, 사업의 일부 또는 전부를 휴지 또는 폐지함으로써 폐기의 대

⑥ 밀봉되지 않은 방사선원

⑦ 기계적인 강도가 충분하여 파손될 우려가 없고 부식되기 어려운 재료로 된 용기에 방사성동위원소를 넣어, 사용할 때에 방사선은 용기 외부로 방출하지만 방사성동위원소는 누출되지 못하게 한 방사선원

상이 되는 밀봉선원들이다.

■ 핵연료주기

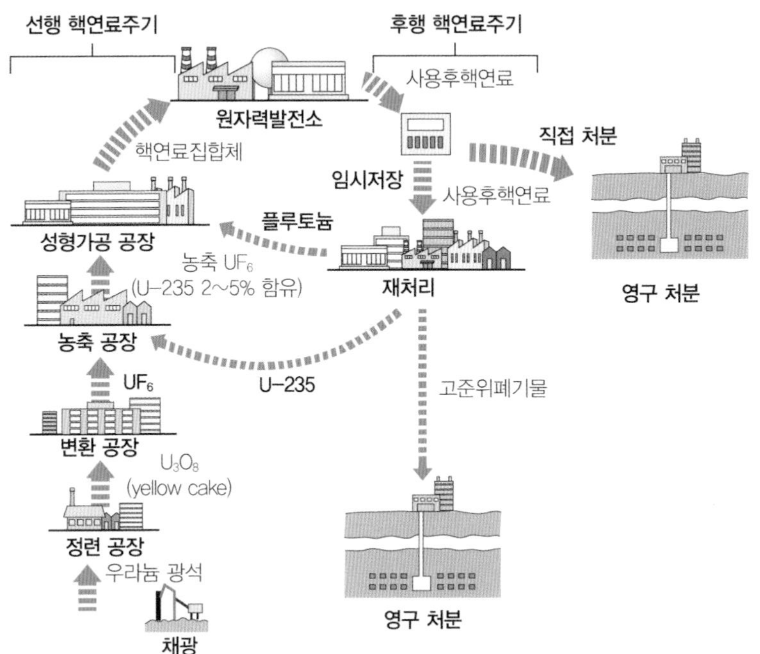




## 방사성폐기물의 처리

'방사성폐기물관리법'에 의하면 방사성폐기물의 처리는 "방사성폐기물의 저장·처분·재활용 등을 위하여 방사성폐기물을 물리적·화학적 방법으로 다루는 것"이다. 방사성핵종의 반감기는 인위적으로 변경할 수 없으나 방사선 작업 종사자의 피폭을 최소화하고 방사선 안전을 보장하기 위해, 방사성폐기물을 재활용, 농축 및 저장, 희석 및 분산, 지연 및 붕괴, 감용 등의 원칙에 따라 처리·처분한다.

• **재활용:** 유용한 물질은 가능한 제염을 한 후 재활용
• **농축 및 저장:** 장기 관리가 필요한 폐기물은 그 부피를 감소(감용)시킨 후 고화시켜, 처분할 때 관리가 용이한 형태로 전환하여 생태계로부터 격리한다. 중·고준위 폐액 처리에 사용
• **희석 및 분산:** 주로 희석을 통하여 방출 허용치 이하까지 방사능 준위를 낮춰 대기 또는 공해로 방출한다. 저준위 폐액 처리에 많이 사용
• **지연 및 붕괴:** 반감기가 짧은 방사성핵종을 함유한 폐기물을 적당한 기간 저장하여 방사능을 감쇠
• **감용:** 방사성폐기물의 정확한 분류, 처리 과정 변경, 체적 최소화 등의 방법을 사용하여 부피를 감소



실제 처리 방법은 방사성폐기물의 방사능 준위와 물리적·화학적 상태 및 함유하고 있는 방사성핵종의 종류를 고려하여 선택한다.

기체 방사성폐기물 중 통상 처리 대상이 되는 방사성핵종들은 아르곤, 크립톤·제논과 같은 불활성가스, 방사성요오드, 부유입자 등이다. 아르곤-41 등과 같이 반감기가 짧은 방사성핵종은 일정 기간 저장 탱크에 수집·저장하였다가 방사능이 충분히 감소되었을 때 방출한다. 크립톤, 제논 등의 불활성가스는 원자 구조가 물리적·화학적으로 안정하여 활성탄 지연법, 저온증류법, 저온흡착법, 흡수법, 격막법 등으로 처리하고 있다.

방사성요오드는 활성탄여과법, 질산은법, 알칼리 세정법 등을 사용하여 처리한다. 삼중수소는 재결합 공정을 통해 액체 방사성폐기물로 전환시키는 공정과 액체 방사성폐기물 내의 삼중수소 제거 공정 등으로 처리한다. 원자력발전소에서 발생하는 초미립자들은 적절한 여과

장치를 사용하여 부유 입자를 제거한 후 대기 중으로 방출한다.

액체 방사성폐기물은 핵연료주기 공정에서 주로 발생하며, 그 외에 RI 생산 시설, 연구소, 병원 등에서 발생한다. 액체 방사성폐기물은 폐액 내의 성분, 조성, 방사능 준위, 방사성핵종 및 발생량 등에 따라 적절한 방법으로 처리한다. 액체 방사성폐기물 처리의 기본 개념은 먼저 부피를 감용하고, 그 다음 농축된 폐기물을 고화하는 것이다. 앞 단계는 희석된 액체 방사성폐기물을 농축하는 전처리 공정으로, 응집 및 침전을 이용한 화학처리법, 이온교환법, 역삼투압법, 증발농축법, 건조법, 결정화법 등을 사용한다. 이들 농축된 폐액은 고화시켜 저장소에서 장기 보관을 한다. 고화 공정으로는 시멘트 고화, 아스팔트 고화, 플라스틱 고화 등이 있다. 고준위 방사성폐기물은 일반적으로 유리고화를 한다. 액체 방사성폐기물을 농축하여 부피를 작게 만들면 임시저장과 고화를 위한 시설 규모를 작게 할 수 있고, 고화 공정에서 사용하는 물질의 양도 줄일 수 있다.

고체 방사성폐기물은 원자력 시설 또는 RI 생산 시설의 정상 운전이나 제염 또는 보수 작업 시 발생한다. 고체 방사성폐기물에는 폐필터, 종이, 피복, PVC, 기타 오염 기기 등 잡고체 등이 포함된다. 주로 가연성, 비가연성, 압축성, 비압축성 등으로 분류할 수 있다. 가연성 폐기물은 소각 처리하고, 압축성 폐기물은 기계적 힘을 가해 압축 처리를 하여 부피를 감용한다.

원자력발전소에서 발생하는 방사성폐기물은 차폐가 되는 폐기물 드럼에 보관하였다가 방사성폐기물 처분시설로 운반하여 관리한다. 사진은 발전소에 임시저장 중인 방사성폐기물

**방사성폐기물의 저장과 처분의 차이**

저장과 처분의 가장 큰 차이는 나중에 회수할 의도가 있는지 여부이다. 저장은 방사성폐기물을 나중에 회수할 의도를 가지고 시설이나 부지에 보관하는 것이며, 처분은 나중에 회수할 의도 없이 보관하는 것이다. 저장과 처분의 공통점은 폐기물을 인간 생활권으로부터 필요한 기간 동안 격리한다는 점이다. 그러나 저장은 그 이후 어떤 행위가 예정되어 있는 임시 조치이며, 그 행위로는 폐기물의 추가 처리나 포장 또는 처분이 있다.

처분 방식은 심층처분과 천층처분으로 분류하고, 다시 천층처분은 동굴처분, 표층처분, 매립형처분으로 세분하고 있다. 심층처분은 지하 깊은 곳의 안정한 지층 구조에 천연 방벽[8] 또는 공학적 방벽으로 방사성폐기물을 처분하는 것이다. 이는 미국에서 1960년대 제안된 이후 국제적으로 가장 안전하고 신뢰성이 높다고 인정하는 고준위 방사성폐기물 처분 방식이다. 지하 심부 300~1,000m 깊이에 처분장을 건설하고 방사성폐기물을 정치한 후 폐쇄한다. 이러한 처분 시스템은 1,000~10,000년의 공학적 방벽 성능 유지와 10~100만 년 이상의 천연 방벽 기능 유지가 보장되어야 한다. 현재 프랑스, 스위스, 일본, 중국, 스웨덴 등을 중심으로 지하 실험시설에서 관련 기술을 개발하고 있다.

동굴처분은 지하의 동굴 또는 암반 내에 천연 방벽 또는 공학적 방벽[9]을 사용하여 방사성폐기물을 처분하는 것이다. 독일, 스웨덴, 핀란드, 헝가리 그리고 우리나라에서 동굴처분시설을 운영하고 있다.

[8] 천연 방벽이란 처분장의 지표 및 지하 구조로서 방사성핵종의 이동을 지연시킬 수 있는 자연적인 방벽 구조를 말하며, 폐기물 처분시설 또는 폐기물을 둘러싼 토양 및 암반 등을 포함한다.

[9] 공학적 방벽이란 폐기물 처분시설로부터 폐기물 및 방사성핵종의 이동을 지연시키거나 제한할 수 있는 인공 구조물을 말한다.

표층처분은 지표면 가까이에 천연 방벽 및 공학적 방벽을 사용하여 방사성폐기물을 처분하는 것이다. 영국, 미국, 러시아, 프랑스, 스페인, 일본에서 관련 시설을 운영하고 있다. 매립형처분은 지표면 가까이에서 천연 방벽만으로 방사성폐기물을 처분하는 것이다. 방사능 준위가 매우 낮은 경우에 사용하며 프랑스, 스페인, 일본에서 관련 시설을 운영하고 있다.

방사성폐기물 분류에 따라 처분 방식도 다르다. 고준위 방사성폐기물은 현재로서는 심층처분 방식으로만 처리할 수 있다. 중준위 방사성폐기물은 표층 또는 매립형처분 방식을 제외한 다른 방식으로 처분할 수 있다. 저준위 방사성폐기물은 매립형처분을 제외한 다른 모든 방식으로 처분할 수 있다. 극저준위 방사성폐기물은 천층 또는 심층처분 방식, 어느 것으로도 처분할 수 있다. 자체처분 방사성폐기물은 소각, 매립, 재활용 등의 방법으로 처분할 수 있다.

**원전에서 발생하는 폐기물은 어떻게 처리하나?**

원자력을 이용하는 과정에서 발생하는 폐기물은 방사성물질 또는 그에 따라 오염된 물질로서, 폐기의 대상이 되는 물질이다.
방사성폐기물은 방사능의 세기에 따라 고준위방사성폐기물과 중·저준위방사성폐기물로 구분한다. 고준위폐기물은 원전에서 전기를 생산하고 난 사용후핵연료와 사용후핵연료를 재활용하기 위해 재처리하는 과정에서 발생하는 폐기물로 방사능 수치가 높다. 현재 우리나라는 각 원전 내의 시설에서 사용후핵연료를 저장하고 있으며, 장기적으로 영구 처분할 수 있는 처분시설이 필요하다.
중·저준위폐기물은 방사성폐기물 발생량의 90%를 차지하는데 방사선관리구역에서 사용된 작업복 등과 기기 교체 부품 및 병원이나 산업체에서 발생하는 방사능 수치가 낮은 폐기물을 말하며 현재 우리나라는 동굴방식으로 건설한 경주 중·저준위 방사성폐기물 처분시설에서 관리하고 있다.

중·저준위 방사성폐기물 처분시설의 안전성도
부지 고유의 특성인 천연 방벽과 인위적으로 시설에 추가한
공학적 방벽의 성능을 종합적으로 고려하여 평가한다.

# 중·저준위 방사성폐기물 처분시설



## 중·저준위 방사성폐기물 처분시설 건설 과정

2005년 11월 경주가 처분시설 최종 후보 지역으로 확정된 후, 정부는 중·저준위 방사성폐기물 처분 방식 선정을 위해 2006년 4월부터 6월까지 '처분 방식 선정위원회'를 구성·운영하였다. 이 위원회에는 지역 주민의 의사 반영을 위해 지방자치단체 및 지역 주민 대표들을 비롯하여 환경, 지질·지진, 토목, 수리 및 원자력 분야 전문가 등 16명이 참여하였다. 또한 효율적 운영을 위해 지역·사회 환경 및 기술 분과위원회도 두었다. 이후 수차례에 걸친 분과 및 전체 위원회 회의를 통해, 천층처분(표층처분)과 동굴처분에 대한 기술적 타당성과 장단점 등을 심층 검토하였다.

2006년 6월 28일 개최된 제4차 전체 회의에 참석한 15명의 위원들은 안전성, 기술성·운영성, 인·허가, 주민 수용성, 친환경성, 경제성 등 6개 항목에 대해 각 처분 방식을 평가하고, 종합된 결과를 바탕으로 처분 방식을 선정하였다. 그 결과 참석 위원 15명 중 12명이 동굴처분 방식을, 3명이 천층처분(표층처분) 방식을 선택함에 따라, 다수가 채택한 동굴처분이 중·저준위 방사성폐기물 처분 방식으로 최종 선정되었다.

1단계 중·저준위 방사성폐기물 처분시설은 동굴처분시설이다. 동굴처분시설은 해수면 아래 지하 80~130m 지점에 원통형 구조물 6개로 건설되어 총 10만 드럼의 방사성폐기물을 처분할 수 있다. 시설 면적은 약 214만$m^2$로 2014년 6월에 준공되었다. 현재는 12.5만 드럼 규모의 표층처분시설 건설을 위한 2단계 사업을 추진 중이다.

우리나라의 중·저준위 방사성폐기물 처분시설은 동굴처분시설로 완공되어 운영 중이다. 사진은 크레인을 이용해 폐기물이 담긴 처분 용기를 사일로로 옮기는 작업 현장 ©연합뉴스



### 방사성폐기물 처분 시설 부지 적합성

다른 원자력 시설과 마찬가지로 중·저준위 방사성폐기물 처분시설의 안전성도 부지 고유의 특성인 천연 방벽과 인위적으로 시설에 추가한 공학적 방벽의 성능을 종합적으로 고려하여 평가한다. 이러한 종합적 안전성이 처분시설의 건설·운영허가 등 안전 규제와 시설 운영의 밑바탕이 된다.

중·저준위 방사성폐기물 처분시설은 심층방어 전략을 채택하여 안전성을 확보하고 있다. 시설을 건설하기 위한 부지를 선정하기 위해 처분시설 부지의 기상 조건, 지표면 상태, 지질학적 상태, 지진 등 법이 정한 바에 따라 조사를 시행한다.

지질학적 상태는 해당 부지가 천연 방벽으로서 방사성핵종이 방출되었을 때 이를 지연시킬 수 있는가에 초점을 맞추어 조사한다. 방사성핵종의 이동 속도를 증가시킬 가능성이 있는 활성단층이나 지진의 가능성도 심층 검토한다. 이를 위해 처분장 부지에서 일어난 역사 지진의 발생 빈도와 규모 등을 종합적으로 조사한다. 이러한 처분 부지 조사 결과는 천연 방벽으로서의 부지 성능을 평가하는 것뿐만 아니라 처분시설의 내진 설계를 비롯한 공학적 방벽 설계에 반영한다.

중·저준위 방사성폐기물 처분시설은 4단계의 다중방벽[폐기물 고화 및 철제드럼 – 처분 용기 – 처분 동굴(사일로) – 자연암반]을 설치하여 방사성폐기물로부터 생태계로 방사성핵종이 누출되는 것을 막고 있다. 폐기물 드럼은 중·저준위 방사성폐기물을 압축하고 견고한 용기로 포장하여 안전성을 확보한다. 다중방벽 개념을 적용하여 설계한 처분시설은 누출되는 방사성물질에 의한 최대 예상 피폭선량이 연간 법적 기준치인 0.1mSv보다 낮은 수준을 유지하고 있다.

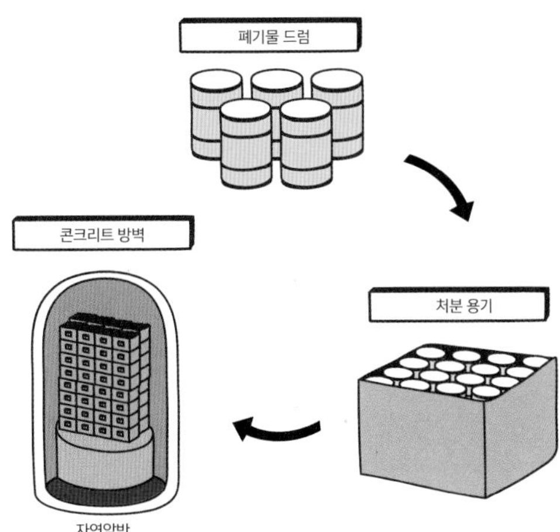

### 방사성폐기물의 처분 절차

중·저준위 방사성폐기물이 발생하면, 발생한 곳에서 처리 및 포장을 하여 임시저장을 한다. 임시저장되어 있는 방사성폐기물은 발생지에서 예비 검사를 실시한다. 방사성폐기물들은 바코드를 통하여 고유번호, 발생 지점 및 시점, 종류, 중량, 기술 사항 등과 같은 정보들이 폐기물의 이력으로 관리된다. 자체 검사에서 문제가 발견되지 않으면 처분시설로 운반을 시작한다.

원자력발전소에서 발생한 중·저준위 방사성폐기물은 선박을 이용하여 해상으로 운반한다. 고리, 한울, 한빛 원자력발전소 내에 저장하고 있는 중·저준위 방사성폐기물은 운반 전용 선박인 청정누리호를 통해 운반되며, 방사성 동위원소 폐기물은 육상으로 운반한다. 한국원자력안전기술원이 이러한 폐기물 포장 및 운반 전 과정에 대해 안전성을 확인하고 있다.

중·저준위 방사성폐기물 처분시설로 운반된 폐기물은 바로 처분시설로 가지 않고 먼저 인수 건물에 저장되는데 여기에서 엑스레이 초음파 검사 등을 통해 정밀한 인수 검사를 한다. 운반 중 손상 여부, 인수 의뢰 서류와 일치 여부 및 처분 적합성을 확인한다. 운반된 모든 폐기물에 대해서 서류 검사, 육안 검사 및 표면선량률과 중량을 측정한다. 표본 추출된 폐기물에 대해서는 핵종 농도, 채움률, 표면오염도, 유리수 등을 검사하며 필요한 경우에는 파괴 검사도 수행한다. 인수 검사 후 폐기물들에 대한 처분 적합성을 평가하며 처분 적합성이 확인된 폐기물은 콘크리트 처분 용기에 넣어 처분시설 내 미리 정한 지점으로 옮겨 저장한다.

■ 원자력발전소 중·저준위 방사성폐기물 처분까지의 과정

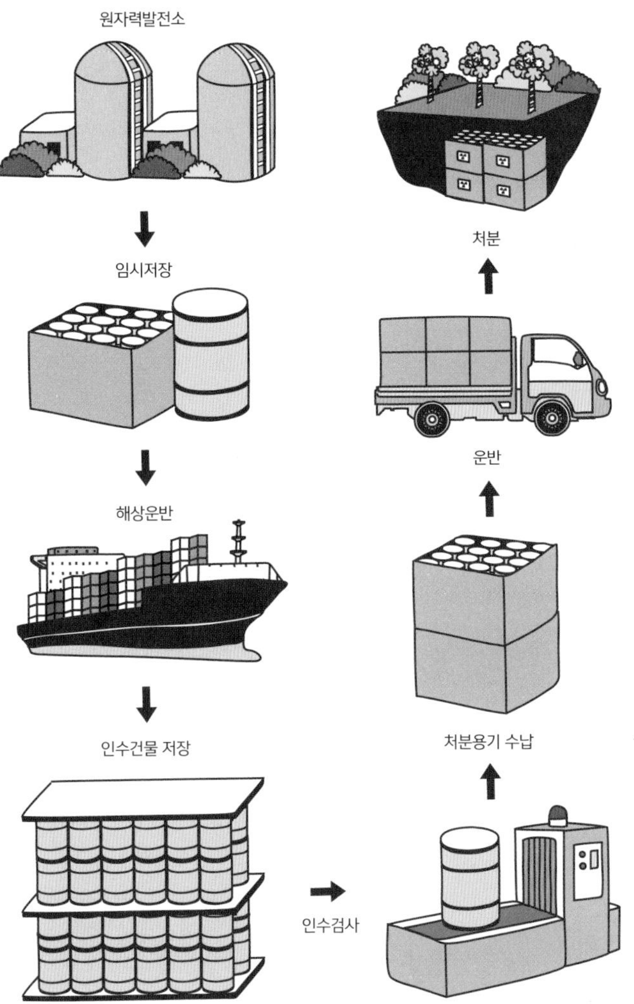

**방사성폐기물 처분시설 폐쇄 후 안전성**

방사성폐기물 처분시설의 안전성은 고려하는 시간대 측면에서 다른 원자력 시설과 차이가 있다. 방사성폐기물 처분시설은 설계수명에 따라 운영을 마치고 폐쇄한 후에도 방사성폐기물이 저장되어 있기 때문에, 방사능이 자연 방사능 수준으로 떨어질 때까지 처분시설의 격리와 차폐 성능이 유지될 수 있는지를 확인해야 한다. 따라서 처분시설 폐쇄 후에도 긴 시간에 걸친 안전성 확인이 필요하다.

중·저준위 방사성폐기물 처분시설에 대한 폐쇄 후 안전성 평가는 시나리오 평가에 기반을 둔다. 현재의 인간 능력으로는 미래에 시스템이 어떻게 변화할지에 대한 지식이 부족하기 때문에 이를 극복하기 위해 일련의 시나리오를 도출하여 평가를 한다.

먼저 국제원자력기구IAEA의 지침에 따라 처분시설에서 방사성핵종 거동에 영향을 미칠 수 있는 적절한 요인들을 포괄적으로 파악하고 목록을 만든다. 이를 토대로 처분 시스템(처분시설, 자연 방벽, 생태계)의 특성을 고려하여, 폐쇄 후 안전성 평가를 위한 시나리오들을 개발한다. 시나리오는 '정상적인 자연현상'을 고려한 시나리오와 '자연적 또는 인위적 요인에서 비롯된 예상하기 어려운 현상'을 고려한 시나리오로 구분하여 개발한다. 이렇게 만들어진 시나리오들에 대해 성능 목표치를 설정하고, 이의 만족 여부를 평가하게 된다.

원자력안전위원회 고시인 '중·저준위 방사성폐기물 처분시설에 관한 방사선 위해 방지 기준'을 보면 폐쇄 후 결정 집단의 개인에게 미치는 방사선 영향으로 정상적인 자연현상으로 인한 연간선량은 0.1mSv를 초과하지 않고, 자연적 또는 인위적 요인으로 비롯된 예

■ 중·저준위 방사성폐기물 처분시설 폐쇄 후 안전성 평가 절차

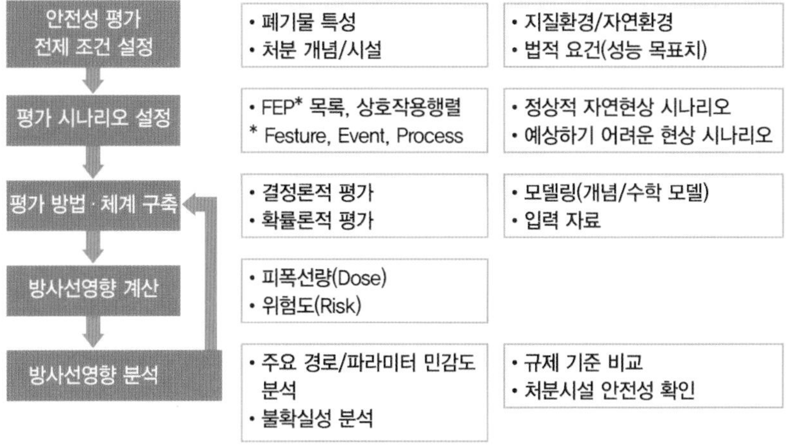


상하기 어려운 현상으로 인한 연간 위험도는 1/1,000,000 이하로 제한되어야 한다고 규정하고 있다.

경주 중·저준위 방사성폐기물 처분시설에 대한 폐쇄 후 안전성 평가 결과❶, 폐쇄 후 지하수 이동 경로에 의한 예상 피폭선량은 $3.74 \times 10^{-3}$mSv/yr, 공기 이동 경로에 의한 예상 피폭선량은 $5.38 \times 10^{-5}$ mSv/yr, 자연적 또는 인위적 요인에서 비롯된 예상하기 어려운 현상에 의한 총 연간 위험도는 $8.05 \times 10^{-8}$mSv/yr로 예측되었다. 경주 중·저준위 방사성폐기물 처분시설은 피폭선량 및 위험도 측면에서의 규제 기준을 모두 만족하고 있다.

❶ 「중·저준위 방사성폐기물 처분시설 안전성 분석 보고서」, 2008. 7. 31.

원자력발전소에서 발생하고 있는
사용후핵연료의 발생량과 현재 저장 시설의 포화 시점을 고려할 때
발전소 부지 내 혹은 외부에
저장 시설을 건설하는 것은 불가피한 선택이다.

# 사용후핵연료 관리



**사용후핵연료란**

사용후핵연료는 '상업용 또는 연구용 원자로에서 연료로 사용된 핵연료 물질 또는 기타의 방법으로 핵분열시킨 핵연료 물질'이다. 사용후핵연료는 사용전핵연료와 외관상으로 차이는 없으나 원자로 내에서 일어나는 방사선 조사와 핵분열 연쇄 반응 등을 통해 물질 구성이 달라지고, 방사선과 높은 열을 방출한다.

우리나라에서 발전용 원자로에 사용되는 핵연료는 원자로의 종류에 따라 경수로와 중수로, 두 가지 종류가 있다. 중수로는 핵연료로 U-235 농축도가 0.7%인 천연우라늄을, 경수로의 경우는 농축도가 2~5%인 농축우라늄을 사용한다. 두 종류 모두 핵연료 초기에는 우라늄만 존재하나 원자로 내에서 핵분열 연쇄 반응이 진행됨에 따라 사용후핵연료 내에는 많은 방사성 핵종들이 존재하게 된다.

핵분열 연쇄 반응이 진행되면 최초에 장전된 우라늄은 원자로 내에 존재하는 중성자를 흡수하여 넵튜늄^Np^, 플루토늄^Pu^, 아메리슘^Am^,

퀴륨Cm 등으로 변하게 되며, 이들은 반감기가 길어 지속적 관리가 필요하다. 우라늄, 플루토늄을 제외한 원자번호 92번 이상의 초우라늄 원소는 중수로 사용후핵연료의 경우 약 0.02%, 경수로 사용후핵연료의 경우 0.2%가 생성된다. 또한 핵분열을 통해 쪼개지면서 생성된 원소를 핵분열 생성물이라 하며, 중수로 사용후핵연료의 경우 약 0.8%, 경수로 사용후핵연료의 경우 약 5.6%를 차지하는데 초기 열 및 방사선 발생의 대부분을 유발한다. 그리고 사용후핵연료 내에는 아직도 연소되지 않고 남아 있는 대부분의 우라늄과 새로이 생성된 플루토늄을 함유하고 있어 이를 회수하여 다시 사용하는 것이 논의되고 있다.



■ 사용후핵연료 구성비(경수로)

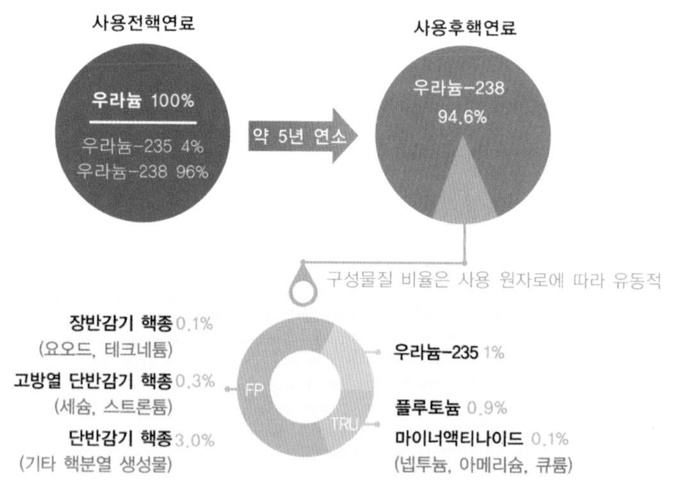


* TRU(Transuranic element): 초우라늄-인공적으로 만들어진 우라늄보다 무거운 원소
* FP(Fission Products): 핵분열 생성물-핵분열 과정에서 생성된 물질

자료: 산업통상자원부, 「사용후핵연료 핸드북」, 2013

### 사용후핵연료의 특성

원자로에서 인출된 사용후핵연료는 그 자체로 핵분열 반응을 지속하지 못하므로 핵폭발을 일으킬 위험은 없으나, 방사선 조사에 의한 초우라늄 원소와 핵분열 생성물들이 안정된 원소로 붕괴하면서 긴 시간에 걸쳐 많은 열과 방사선을 내게 된다. 따라서 이에 대한 충분한 냉각과 방사선 차폐와 같은 적절한 조치를 취해야 한다.

사용후핵연료는 우라늄 찌꺼기가 대부분을 차지한다. 핵분열 생성물을 비롯하여 극미량인 플루토늄과 초우라늄원소는 200년 이상의 반감기를 가지고 방사선을 방출하고 있어 원전에서 인출 후에도 오랜 기간 특수 차폐 용기에 보관·관리한다. 특히 초우라늄 원소와 핵분열생성물 중에 불안정한 핵종들이 안정한 핵종으로 방사성 붕괴를 일으키며 많은 열과 방사선을 발생시킨다.

이때 발생하는 붕괴열은 초기 10년 정도에는 급격히 감소하다가 그 이후에는 서서히 감소한다. 사용후핵연료가 원자로에서 발생된 후 초기의 열량은 대부분 전체의 5% 미만을 차지하는 핵분열생성물에 의한 붕괴열이며 100년 정도 지난 후에는 수 % 이내로 존재하는 초우라늄 원소아메리슘, 플루토늄에 의한 붕괴열이 주가 된다. 사용후핵연료를 장기적으로 안전하게 관리(처분 포함)하는 측면에서 붕괴열은 매우 중요하게 작용하여 냉각 성능의 유지가 필요하다. 특히 초기에 발생하는 붕괴열의 특성을 보면 세슘Cs 및 스트론튬Sr에 의한 붕괴열량이 최대 70%까지 차지하여 이 두 핵종을 사용후핵연료에서 제거하면 사용후핵연료 관리가 매우 수월해진다.

또한 사용후핵연료에서는 불안정한 핵종들이 안정한 핵종으로 붕괴하면서 방사선을 방출하는데 시간에 따른 변화는 붕괴열의 변화와 유사하다. 사용후핵연료의 방사능은 초기에 급격하게 감소하고 오랜 시간이 지나면 아주 적은 양의 방사선을 배출하여 안정된 물질로 변하게 된다. 이는 초기에 많은 양의 방사선을 내는 반감기가 짧은 방사성물질이 급격하게 줄어들기 때문으로, 이 기간 동안 방사선을 차폐하고 관리하는 것이 중요하다. 반감기가 긴 방사선핵종의 경우 전체 사용후핵연료 중에 차지하는 비중이 아주 적어, 이를 분리하여 오랜 시간 동안 심지층 등에 처분하여 관리하거나 고속증식로, 가속기 등을 이용하여 핵 변환과 같은 방식으로 방사성 붕괴를 인위적으로 유발함으로써 반감기를 줄이는 방법이 필요하다.



**사용후핵연료 임시저장**

사용후핵연료 관리는 사용후핵연료의 임시저장, 중간저장, 운반, 처리, 처분 및 이를 위한 모든 활동을 말한다.

사용후핵연료 임시저장은 사용후핵연료 발생지인 각 원전에서 방사성폐기물 처분시설로 이동하기 이전까지 원전 내에서 저장하는 것을 말하며, 중간저장은 방사성폐기물 처분시설에서 재처리 또는 영구 처분하기 전까지 일정 기간 저장·관리하는 하는 것이다. 원전 운영국인 대분분의 국가들은 원전 부지 내 또는 원전 부지 외에 중간저장 시설을 운영하고 있다.

사용후핵연료를 발전소 내 저장 시설에 임시저장하는 방식으로는 크게 습식저장과 건식저장이 있다. 습식저장은 물을 이용하여 사용후핵연료의 붕괴열을 냉각시키고 방사선을 차폐하는 방식으로, 초기열 발생량이 많을 때는 필수적인 방식이다. 모든 원전 내에는 사용후핵연료 저장을 위한 습식저장 시설인 저장 수조를 갖추고 있다.

건식저장은 냉각재로 기체 또는 공기를 콘크리트 용기나 금속 용기에 넣고, 다시 저장 창고에 보관하는 방식으로 큰 냉각 성능이 요구되지 않는 경우에 적절한 방식이다.

중수로 원전인 월성의 경우는 습식저장조 내에서 일정 기간 저장하여 핵연료에서 발생하는 붕괴열을 건식저장이 가능한 수준으로 낮춘 후 발전소 내 맥스터와 같은 건식저장 시설로 옮겨 관리하고 있다.

| 원전 내의 사용후핵연료 습식저장 시설인 저장 수조

**사용후핵연료 발생량**

현재 가동 중인 원전에서 연간 약 750톤씩 사용후핵연료가 발생하고 있기 때문에 2016년부터는 고리원전부터 포화 상태가 될 것으로 전망하고 있다. 습식저장의 경우 조밀저장을 활용해 저장 능력을 확대하거나 원전과 같은 부지 내 다른 저장 시설로 옮겨 저장한다면 2024년까지상황에 따라 약간의 변동은 가능함 저장할 수 있을 것으로 보인다. 그러나 이 역시 결국 포화 상태가 되면 부지 내의 건식저장 시설을 최대한 확보하거나 별도의 중간저장 시설 혹은 영구 처분시설을 필요로 하게 된다.

■ 사용후핵연료 발생 현황(2015년 말)

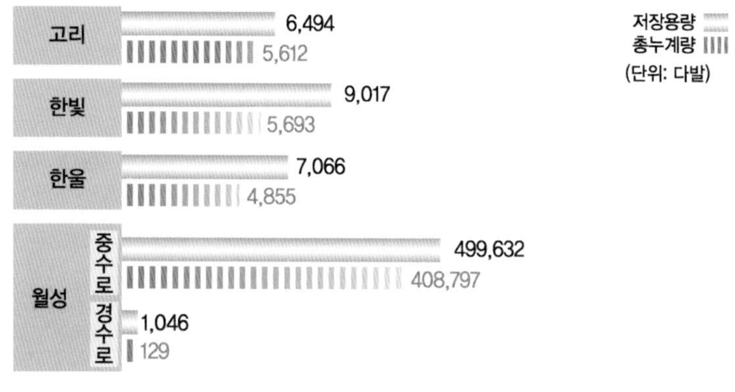


* 저장용량 = 시설용량 - 비상노심량

자료: 한국수력원자력(주)

**사용후핵연료 중간저장**

중간저장은 폐기물 사업자가 발생자로부터 사용후핵연료를 인수받아 최종 처분재처리/재활용 후 처분 혹은 직접 처분하기 이전까지 40~80년 동안 중장기적으로 저장·관리하는 것이다.

중간저장 방식은 임시저장과 동일하게 습식저장과 건식저장이 있는데 최근 세계적으로 건식저장 시설을 선택하는 경향을 보이고 있다.

### 사용후핵연료 재처리/재활용

사용후핵연료 재처리란 사용후핵연료를 물리적·화학적 방법으로 처리하여 사용 가능한 물질과 장반감기의 방사성물질을 분리하는 것을 말한다. 재처리를 통해 방사성물질, 특히 긴 반감기를 가지는 물질을 분리하여 사용후핵연료 처분장의 면적을 크게 줄이고 관리를 쉽게 하는 것과 함께 유용한 핵연료 물질을 분리 추출하여 다시 연료로 사용할 수 있기 때문으로 재활용이라고도 한다.

사용후핵연료의 재처리는 1940~1950년대 핵무기 제조 목적으로 시작되어 핵보유국을 중심으로 진행되어 왔으나 핵확산 우려 속에 일부 국가들만 제한적으로 상업적 연구를 진행해 왔는데 최근 고준위 폐기물 처분 문제와 맞물려 관심이 높아지고 있다.

우리나라의 경우 핵비확산 문제로 재처리가 불가능하기에 고속로와 건식 재처리 기술인 파이로프로세싱Pyrocemical Processing을 결합한 순환형 핵연료주기 시스템을 개발하여 사용후핵연료의 재활용과 장반감기 고준위 폐기물을 크게 줄이고자 노력하고 있다. 건식 재처리 기술은 사용후핵연료를 산화·분말화한 후에 고온 상태에서 전기화학적 방법으로 우라늄을 포함한 금속 물질을 분리하는 기술이다. 이 기술은 플루토늄만 독립적으로 분리하지 않아 핵비확산성을 가지며, 이를 바로 고속로에서 태워서 방사성물질의 반감기를 크게 줄일 수 있을 것으로 기대된다.

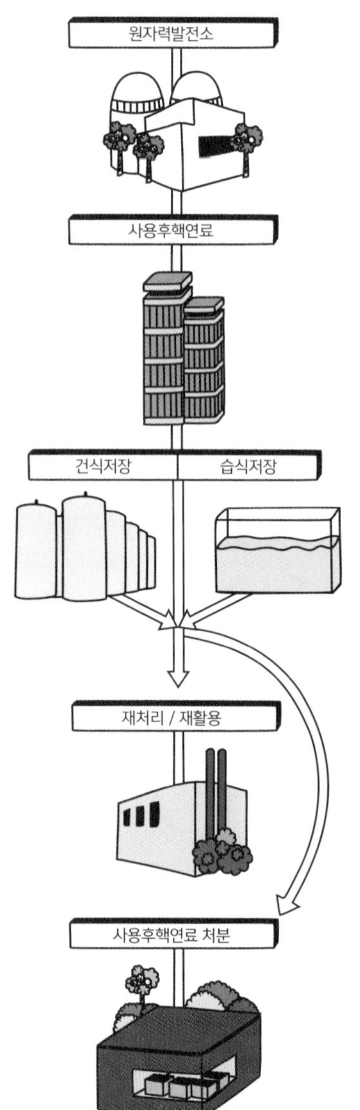


## 사용후핵연료 처분

사용후핵연료 처분은 인간의 생활권으로부터 영구히 격리하기 위해 부식과 압력에 장기간 견딜 수 있는 처분 용기에 넣고 지하 500~1,000m 깊이의 암반층에 처분하는 것을 말한다.

사용후핵연료의 처분에 대해 1950년대부터 다양한 방식이 연구되어 왔고 현재 대부분의 국가들이 심지층 처분 방식을 선호하고 있으며, 핀란드와 스웨덴이 고준위 처분장 부지를 확보한 상태이다. 처분장은 재처리/재활용 직접 처분 등의 사용후핵연료 관리 정책에 관계없이 모두 필요한 시설물이지만, 처분 대상은 사용후핵연료 직접 처분과 사용후핵연료 재처리/재활용 후 발생하는 고준위 방사성폐기물의 처분으로 달라질 수 있다.

**외국의 사용후 핵연료 관리**

전 세계적으로 현재 30개국에서 438기의 원전을 운영하고 있으며, 이 중 원자로 격납건물 안에 위치한 임시저장 시설을 제외하고 사용후 핵연료 저장 시설을 운영 중인 나라는 25개 국이다. 25개국 중 13개국, 즉 52%가 원전 안에 저장 시설을 두고 있으며, 28%에 해당하는 7개국은 원전 밖에 저장 시설을 갖고 있다. 일본, 중국, 영국, 독일, 스위스 등 5개국은 원전 안과 밖에 모두 저장 시설을 갖추고 있다. 저장 방식도 건식과 습식이 함께 사용되고 있으며, 대부분의 나라들은 각국 사정에 따라 다양한 저장 방식과 관리 구조를 운용 중이다.

별도로 운영 중인 중간저장 시설의 경우 직접 처분을 추진하는 나라를 중심으로 건식저장을 주로 사용하고 있는데 미국의 경우에는 야외에 저장 용기가 바로 설치되어 있고, 일본, 독일, 스위스 및 벨기에 등의 국가에서는 저장 건물 내에 용기를 설치하여 운영하고 있다. 건식저장 용기에 대하여 미국을 기준으로 현재 60년의 사용 수명에 대한 인허가가 발급되고 있으며, 120년 이상 초장기 저장에 대한 연구가 미국 원자력규제위원회NRC와 국립연구소를 중심으로 진행되고 있다.

장기 관리의 경우도 나라별로 다르다. 스웨덴과 핀란드는 40년간 중간저장 기간을 거친 후 심지층 처분하기로 결정하였다. 프랑스는 사용후핵연료를 재처리하여 MOX 연료로 만들어 경수로에서 재활용하고 있으며, 재처리 후 나온 최종 부산물을 포함한 고준위 방사성폐기물을 처분하기 위한 심지층 영구 처분시설을 준비하고 있다. 영국과 러시아와 같은 핵 보유국은 재처리 시설을 운영하고 있으며,

■ 외국 사용후핵연료 관리 현황

| | 처분 준비 관리 주체[1)] | 저장시설 위치 | 저장방식 습·건식[2)] | 공론화 주체 | 장기 관리 방안 |
|---|---|---|---|---|---|
| 미국 | 에너지부 (DOE) | 소내 | 건식 | 블루리본위원회 | 중간저장 2025년~ 처분 2048년~ |
| 프랑스 | 방사성폐기물 관리기관 (ANDRA) | 소외 (La Hague, Marcoule) | 습식 | 국가공론위원회 (CNDP) | 재처리 처분 2025년~ |
| 일본 | 원자력발전환경 정비기구 (NUMO) | 소외 (Aomori) | 습식 + 건식 | 원자력발전환경 정비기구 (NUMO) | 재처리 처분 2035년~ |
| 캐나다 | 방폐물관리기구 (NWMO) | 소내 | 건식 | 방폐물관리기구 (NWMO) | 적응형 단계별 접근에 의한 심지층 처분 방식 |
| 독일 | 방사선방호청 (BfS) | 소외 + 소내 | 건식 | 방사선방호청 (BfS) | 직접 처분 2031년~ |
| 핀란드 | POSIVA (발전회사들이 출자) | 소내 | 습식 | POSIVA (발전회사들이 출자) | 원전 사업자 책임 하에 40년간 저장, 처분 2020년~ |
| 스웨덴 | 스웨덴 핵연료·폐기물 관리 회사(SKB) | 소외 (오스카샴) | 습식 | 스웨덴 핵연료·폐기물 관리회사(SKB) | 처분 2025년~ |
| 영국 | 원자력해체기관 (NDA) | 소외 + 소내 | 습식 + 건식 | 방사성폐기물 관리위원회 (CoRWM) | 재처리 지층처분시설 건설 시까지는 중간저장 추진 |

자료: 공론화위원회 전문가검토그룹, '사용후핵연료 관리방안에 관한 이슈 및 검토의견서'

1) 전 세계적으로 발전소 부지 내 사용후핵연료 저장 관리 주체는 발전사이다.

2) 모든 발전소는 기본적으로 습식저장조가 존재하므로 '건식'이 기입된 것은 원전 내 습식저장조 외에 건식저장 시설이 별도로 있다는 것을 의미하고, '습식'으로 기입된 것은 별도로 습식저장 시설이 있거나, 원전 내 습식저장조에 저장하고 있다는 것을 의미한다.

비핵보유국 중에 유일하게 일본이 재처리 시설을 건설하여 시운전 중이다. 핵 보유국 중 미국은 현재까지 나온 사용후핵연료를 중앙집중화된 중간저장 단계를 거쳐 추가적인 처리 없이 처분하기로 결정하였다. 그러나 첨단 연료주기와 원자로에 대한 연구를 지속하면서 향후 사용후핵연료 관리의 대안으로서 재처리도 배제하지는 않는 것으로 알려지고 있다. 결국 장기 관리 정책의 경우 재처리는 핵비확산 정책에 크게 영향을 받고 있다.

**사용후핵연료 장기적 관리 방안**

사용후핵연료의 장기 관리 방안으로 영구 처분, 재처리/재활용, 위탁 재처리 등의 다양한 방법을 고려할 수 있으나 어떤 방안도 현재 이용 가능한 상황이 아니다. 원자력발전소에서 발생하고 있는 사용후핵연료의 발생량과 현재 저장 시설의 포화 시점을 고려할 때 발전소 부지 내 혹은 외부에 저장 시설을 건설하는 것은 불가피한 선택이다. 새로운 저장 시설은 장기 관리 방안의 틀 속에서 하나의 과정으로 고려되어야 하는데, 기술적으로 기존의 원전 부지 내에 저장 시설을 건설할 경우 원전 건설 시 관련 규정과 절차가 이미 적용된 것이므로 실현 가능성이 높은 중기 관리 방안의 하나라고 할 수 있다. 부지 외 별도의 저장 시설을 건설하기 위해서는 부지 선정, 주민 의견 수렴, 부지 조사와 인·허가 절차 및 건설 공정을 고려해야 하므로 국가 정책 결정이 시급히 이루어져야 할 것으로 판단된다.

장기 관리 방안과 관련해서 우리나라는 직접 처분을 중심으로 고려하고 있으나 처분장 규모, 기술 발전의 추이 등을 고려하여 아직 관리 정책을 수립 중이다. 미국을 중심으로 한 국제사회의 핵비확산

정책 방향에 따라 습식 재처리는 불가능한 선택이므로, 핵변환용의 고속로 기술과 연계하여 플루토늄을 분리하지 않으면서 핵연료 물질을 재활용하고 방사성 독성을 크게 줄일 수 있는 파이로 프로세싱을 국가 계획으로 진행하고 있다. 새로이 개정된 한미 원자력 협정을 통해 한미 공동 연구를 전제로 하여 재활용 기술은 고속로 기술과 연계하여 기술적·경제적 실용화를 목표로 연구 개발에 노력하고 있다.

재활용 연구는 사용후핵연료 관리 방안의 다양한 시나리오를 고려한 정책 결정에 대비하여 지속할 필요가 있으며, 연구 개발 목표를 달성한다면 장기적으로는 연료의 재사용, 사용후핵연료 최종 처분장 면적 감소와 안전성 증진에 기여할 수 있을 것이다. 또한 사용후핵연료를 외국에 위탁 재처리하는 방법도 높은 비용과 우리 원자력발전 정책이 해외에 종속될 수 있다는 우려가 있음에도, 국내 중간저장과 최종 처분의 기술적 부담을 일부 감소시킬 수 있다는 점에서 검토해 볼 수 있다.

어느 경우이든 장반감기 고준위 폐기물의 최종 처분을 위한 심지층 처분은 양적인 변화는 있을 수 있으나 꼭 필요한 기술이다. 선진국에 비해 처분 관련 준비가 취약한 우리나라의 현실을 고려할 때, 처분 부지 확보, 인·허가, 설계 건설 등에 수십 년이 걸리므로 지하 처분 연구 시설 확보, 처분 기술 실증과 함께 법과 제도를 정비하여 처분장 확보 체제를 갖추어야 한다.

최종 처분시설을 언제까지 확보해야 하는가는 사용후핵연료를 언제까지 안전하게 경제적으로 저장할 수 있는가에 달려 있어 중간저장 시설 확보 이후로 미루는 선택을 할 수도 있다. 더 이상의 중간저장이 안전과 경제적 측면에서 바람직하지 않다고 판단되는 중수로를 고려한다면, 건식 저장시설 사일로Sileo 종료 시점2042년에 중수로 사용후핵연료 처분을 시작할 수 있도록, 늦어도 2050년부터는 본격적인 최종 처분장의 운영이 필요하다. 이를 위한 부지는 운영 시점으로부터 2020년 이전에 확보하여야 한다는 것이 2015년 제시된 사용후핵연료공론화위원회의 권고안이다.

### 사용후핵연료는 어떻게 관리하고 있나?

원전에서 발생한 사용후핵연료는 원전 내의 관계시설인 임시저장 시설에서 저장·관리하고 있다. 현재 가동 중인 원전 24기 중 경수로형인 20기는 사용후핵연료 저장조(습식시설)에, 중수로형 4기는(월성) 사용후핵연료 저장조 및 건식저장 시설에 저장·관리되고 있다.

습식저장 시설은 물을 이용하여 사용후핵연료를 냉각시키고 방사선 누출을 차폐하는 원전 내 수조 형태의 시설물이다. 건식 시설은 공기 또는 불활성 기체를 이용하여 사용후핵연료를 냉각시키고, 콘크리트 또는 금속을 이용하여 방사선 누출을 차폐하는 시설이다.

우리나라는 2016년 고리원전부터 임시 저장조 포화가 예상되고 있는데 조밀 저장을 활용해 저장 능력을 확대하거나 원전과 같은 부지 내 다른 저장 시설로 옮겨 저장해도 2024년에 포화되므로 별도의 중간저장 시설 혹은 영구처분 시설이 필요하게 되었다. 중간저장은 최종처분 이전까지 40~80년 동안 중장기적으로 안전하게 저장하는 것을 말하며, 최종처분은 인간생활과 영구히 격리시키는 것으로 초장기(10만 년 이상)의 지질 안전성을 요구한다.

사용후핵연료 처분은 지하 500~1,000m 깊이의 심지층에 처분하는 것으로 현재 대부분의 국가들이 심지층 처분 방식을 선호하고 있으며, 핀란드와 스웨덴이 고준위 처분장 부지를 확보한 상태이다.

사용후핵연료의 처분시설을 추진하는 과정에서 사회적 갈등을 피할 수 없고 우리나라와 비슷한 고민을 안고 있는 프랑스, 영국 등에서 이 문제를 해결하기 위해 다년간 국민의견을 수렴하는 공론화 과정을 통해 관리 방안을 수립하고 있다. 우리나라 또한 사용후핵연료에 대한 국민적 공감대를 조성하고 관리 방안을 함께 찾아가고자 공론화위원회를 설립하여 운영하였고, 2015년 6월 최종권고안이 제출되었으며, 정부는 이를 바탕으로 관리 계획을 수립 중이다.

원전의 해체란 원전의 운전을 정지하고
방사성물질을 제거하는 단계에서 시작하여
최종적으로 부지의 무제한적 사용 허가까지를 의미하는 것으로
제염, 절단, 방사성폐기물 관리 및 감시 등의
모든 관리 및 기술적 업무를 포함한다.

# 원전 사후 관리

**원전 해체 개념**

원자력발전소는 운전을 영구 정지한 이후에도 안전한 해체를 위하여 지속적인 사후 관리를 하게 된다. 국제원자력기구IAEA에서는 원자력 시설의 해체를 "해당 원자력 시설 종사자, 그리고 일반 공공의 건강과 안전에 대하여 적절한 고려를 하면서 원자력 시설의 수명 마지막에 취해지는 모든 기술적이고 관리적인 작업"이라고 정의하고 있다. 즉, 원전의 해체란 원전의 운전을 정지하고 방사성물질을 제거하는 단계에서 시작하여 최종적으로 부지의 무제한적 사용 허가까지를 의미하는 것으로 제염, 절단, 방사성폐기물 관리 및 감시 등의 모든 관리 및 기술적 업무를 포함한다.

원전의 해체 시에는 안전성의 확보가 필수적이다. 따라서 해체 작업자의 건강과 안전은 물론 해당 지역 주민과 주변 환경의 안전성 확보를 전제로 삼아야 한다.

**원전 해체 절차**

원전의 해체 절차는 원전 정지 후 해체 준비 단계, 원전을 직접 해체하는 단계, 해체 완료 후 폐기물 처리와 부지 재활용을 하는 해체 완료 단계 등 3단계로 나뉜다.

해체 준비 단계에서는 방사성물질의 재고량을 평가하고 방사선 측정을 통해 시설의 오염 특성을 조사한다. 이에 따라 해체 계획을 수립하고 규제 기관의 승인을 받게 된다. 해체 준비가 완료되면, 원전 설비 및 건물의 오염된 방사능을 제거하는 제염 작업을 거친다. 제

염이 완료되면 전체 시설을 절단하여 제거하는 해체 작업을 진행하며, 이때 발생하는 폐기물을 처리 후 처분한다. 마지막으로 시설 및 부지에 남아 있는 미세한 양의 방사성물질을 제거해 원래의 상태로 되돌리는 부지 복원을 수행하면 해체 작업이 완료된다.

원전의 해체 과정에서 안전성 확보는 해체를 수행하는 국가나 기관에 일차적인 책임이 있지만, 국제원자력기구IAEA는 1997년 제정한 '사용후핵연료와 방사성폐기물 관리 안전에 관한 공동 협약'에 해체의 안전 관리를 위한 요건들을 포함시킴으로써 해체 과정에서 유지되어야 하는 안전성을 국제사회에서 검증받도록 하였다. 이러한 요건들은 본 조약 제26조에 포함되어 있는데, 그 내용으로는 해체 비용과 인력의 확보, 방사선 방호, 방사성물질 배출 관리, 비상 대응 및 해체에 필요한 기록 유지 등이 있다. 이와 같이 국제사회에 해체에 관한 안전성 검증이 요구되면서 원전의 운영자가 수행하는 해체의 안전 관리에 대한 감독은 국가의 업무가 되었다.



**원전 해체 방식**

원자력시설의 해체 방식은 해체 전략 수립의 기초가 되는 요소로서 그동안의 국제적 경험과 논의를 통해 즉시해체, 지연해체, 영구밀봉의 3가지 기본적인 대안으로 정립되었고, 현재는 거의 모든 국가가 이들 중 하나의 방법을 선택하고 있다.

즉시해체는 운전 정지 후 바로 해체를 시작하여 가능한 빠른 시일 내 해체 작업을 완료하는 방식으로 대개 10년 전후의 기간 동안 이루어진다. 유지 비용과 안전 관리 비용이 적게 들지만 해체 작업자의 방사선 피폭이 많은 편이다. 프랑스와 일본의 규제 기관이 즉시

해체를 권고하고 있는 등 선진국은 처분장과 해체 재원이 확보되어 있다면 대체로 즉시해체 방식으로 해체를 실행하고 있다.

지연해체는 방사성물질의 반감기를 고려해서 10년 내지 60년의 기간 동안 원선을 안전한 방식으로 밀폐하여 방사능을 충분히 낮춘 후 해체하는 방식이다. 해체 사업 기간이 길어지는 단점이 있지만 해체 폐기물의 방사능이 줄어들고 해체 작업자의 피폭이 적다는 것이 장점이다.

영구밀봉은 체르노빌 원자력발전의 해체에 적용한 방식으로 콘크리트와 같은 구조물로 안전하게 밀봉하는 것을 말한다. 안전 밀폐 관리를 하여야 하는 시설의 범위를 최소화하여 최대한의 안전 조건을 확보한 후 최대 100년까지 안전하게 보관 기간을 연장할 수 있지만 완전한 해체 방법이 아니라는 한계가 있다.



모든 해체 방식의 공통점은 원전의 영구 정지 즉시 사용후핵연료를 원자로에서 제거한다는 점이다. 제거된 사용후핵연료는 원전 부지 내 저장 수조에서 5년 이상 냉각시킨 후 외부로 반출한다.

**부지 활용 사례**

수명이 다한 원전은 모든 관련 시설물들을 해체하고 부지는 방사선 환경에 대한 위해가 완전히 제거될 때까지 정화한 다음 국가 정책에 따라 녹지 또는 다른 시설물 부지로 활용하고 있다.

지금까지 세계적으로 해체가 완료된 원전의 부지 활용은 화력발전소 또는 풍력발전소 등의 발전소 부지로 재이용하는 경우와 박물관, 주차장, 녹지 등으로 사용되는 사례로 나눌 수 있다. 1989년 운전 정지되어 1996년 해체를 완료한 미국 포트세인트 브레인Fort St. Vrain 원전은 부지를 천연가스 화력발전소로 활용하였고, 쇼어햄Shoreham 원전은 해체 후 가스터빈발전과 풍력발전의 부지로 활용되고 있다. 그 외에도 란초 세코Rancho Seco 원전 부지는 천연가스 화력발전과 태양열발전에 활용되고 있다. 한편, 트로잔Trojan 원전의 경우는 전체 부지 중 2억 평방미터 부지에 대하여 공원화하는 것이 고려되고 있다. 메인 양키Maine Yankee 원전의 경우는 테크노파크로 개발 중이다.

해체가 완료된 일본의 동력시험로JPDR: Japan Power Demonstration Reactor 원전 부지는 미래의 상업원전 부지로 활용할 계획이다. 또한 영국은 UKAEA 소유의 윙후리즈Winfrith 부지에 대하여 해체 후 부지를 복원하여 비즈니스 파크로 활용하려는 계획을 갖고 있다.

■ 해외 해체 완료 원전 부지 활용 사례

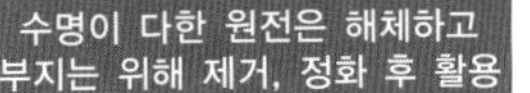
수명이 다한 원전은 해체하고
부지는 위해 제거, 정화 후 활용

발전소 부지로 재이용 / 녹지로 이용 / 박물관, 주차장 등으로 이용

| 부지 활용 사례 | 국가 | 발전소명 | 영구 정지 | 해체완료 |
|---|---|---|---|---|
| 녹지 | 미국 | Big Rock Point | 1997 | 2007 |
| | | CVTR | 1967 | 2009 |
| | | Haddam Neck | 1996 | 2007 |
| | | Saxton | 1972 | 2005 |
| | | Shippingport | 1982 | 1989 |
| | | Trojan | 1992 | 2005 |
| | | Yankee Rowe | 1991 | 2005 |
| | 독일 | Grosswelzheim | 1971 | 1998 |
| | | Niederaichbach | 1974 | 1995 |
| | | Vak Kahl | 1985 | 2010 |
| 발전소 | 미국 | Elk River | 1968 | 1974 |
| | | Fort St. Vrain | 1989 | 1996 |
| | | Pathfinder | 1967 | 2007 |
| | | Rancho Seco | 1989 | 2009 |
| | | Shoreham | 1989 | 1995 |
| 박물관, 주차장, 상업 용지 등 | 미국 | Maine Yankee | 1996 | 2005 |
| | | Bonus | 1968 | 1970 |
| | | Piqua | 1966 | 1969 |
| | 일본 | JPDR | 1976 | 1996 |

자료: 한국수력원자력(주)

**원전 해체 기술**

원전 해체는 장기간이 소요되는 거대 사업으로, 안전하고 경제적인 해체를 위해서는 철저한 준비가 필요하다. 통상적으로 원전 해체는 10년 이상의 기간이 소요되기 때문에 사업 수행과 소요 비용 조달을 위한 세밀한 계획이 필요하고, 원자력 관련 지식과 기술이 복합적으로 축적되어야 하며, 고방사능의 극한 환경에서 적용해야 하는 고난도의 기술이 요구된다.

해체 기술은 해체 공정과 자금 관리 및 해체 엔지니어링 등 해체 설계·관리 기술, 시설물의 방사능 오염을 제거하는 제염 기술, 원자로 등을 해체하는 절단 기술, 방사화된 금속과 오염된 콘크리트 등 폐기물을 감용 및 안정화한 후 포장하고 보관, 운반 및 최종 처분하는 방사성폐기물 관리 기술, 그리고 지하수 및 토양 내 잔류 방사능을 측정하고 오염 지하수를 복원하여 오염 토양을 제거 및 처리하는 부지 복원 기술로 구분한다.

■ 해체 기술 체계도

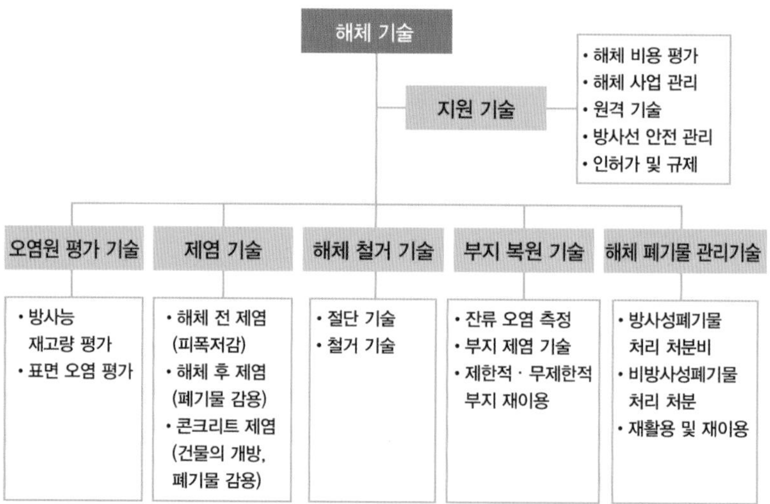

우리나라도 그동안 수행해 온 트리가TRIGA 연구로 1·2호기 및 우라늄 변환 시설 해체 경험을 기반으로 독자 기술 개발을 준비 중에 있다. 기술의 안전성과 친환경성 및 효율성을 높이기 위한 기술 고도화를 위해 1,500억 원이 투입되어 2021년까지 한국원자력연구원을 중심으로 원전 제염 해체 관련 기술 개발을 추진하고 있다.

한편, 2017년 고리 1호기를 시작으로 원자력발전소의 운영이 순차적으로 종료될 수 있어, 원자력발전소의 해체에 대비한 준비가 한국수력원자력(주)을 중심으로 진행되고 있다. 원전 제염 해체 및 환경 복원 분야는 해외 수출 산업화 전망도 밝아서 관련 기술 개발과 산업 육성에 대해 정부에서도 중장기적인 기술 개발 로드맵을 제시하고 지방자치단체를 대상으로 원자력 시설 해체 기술 종합 연구센터 유치 공모를 시도하는 등 많은 관심을 기울이고 있다.



**원전 해체 비용**

해체는 일반적으로 막대한 비용이 요구되는 원자력발전소의 수명 주기에서 가장 마지막 단계이다. 원자력발전소의 해체는 반드시 수행되어야 하며 최악의 경우에는 국가의 책무로 남게 된다. 이러한 이유 때문에 적정 규모의 해체 비용 확보와 이의 효율적인 사용은 국가의 감독하에 있어야 한다.

전 세계적으로 원전 사업자가 발생자 부담 원칙에 따라서 원전 해체를 책임지고 있으며, 수익금에서 일정 요율을 사후 충당금으로 적립한 기금에서 소요 시점에 지출될 수 있도록 관리되어야 한다. 필요한 재원은 원전 사업자의 충당부채, 신탁 펀드, 별도 적립 등 다양한 방법으로 확보하고 있다. 원자력 발전국 중 대략 절반은 원전 사업자가 충당금을 관리하고, 나머지 국가들은 제3자에게 다양한 방법으로 관리하도록 한다.

해체 비용의 추산은 대상 원전의 특성은 물론 동일 노형에 대해서도 여건에 따라 차이가 발생하는 어려운 문제로 인식되어 세계 각국에서 관심을 가지고 정확성 향상을 위해 노력하고 있다. 유럽연합 집행위원회의 경우 2006년 충당금 징수 및 관리를 합리화하는 지침을 제정하여 회원국의 이행 사항을 점검하고 있다.

원자력 시설의 해체는 초장기 사업이라는 점에서 시간에 따른 불확실성이 있으며, 특히 경제 변화에 따른 금전적 가치의 불확실성은 해체에 필요한 적정 수준의 재원 확보와 관리 방법에 대한 논란의 원인이 된다. 이러한 미래 불확실성은 일부 선진국들이 지연해체에서 즉시해체로 선회한 이유이기도 하다.

우리나라의 경우 원전 사업자인 한국수력원자력(주)이 2015년 현재 1호기당 6,437억 원의 해체 재원을 적립하고 있다. 한국수력원자력(주)은 방사성폐기물관리법에 따라 해체 비용 조달 계획을 매년 산업부에 제출하고 있으며, '주식회사의 외부 감사에 관한 법률'에 따라 충당부채 적립 현황을 외부 감사기관으로부터 감사받고 있어 재원 관리 과정을 투명하게 통제받고 있다. 또한 해체 재원을 합리적으로 산정하고 관리하기 위하여 '방사성폐기물관리법'에 따라 2년 주기로 추정 비용을 산정하여 그 결과를 정부 고시로 공개하고 있다. 2012년 프랑스 감사원의 보고서에 의하면, 원전 해체에 필요한 추정 비용은 원자로의 형태, 해체 방법, 물가 등에 따라 호기당 2,000억 원에서 9,000억 원의 국가별 편차가 있지만 평균적으로 원전 1호기당 약 6,500억 원으로 조사되었다.

**세계의 원전 해체 현황**

2014년 말 기준으로 전 세계의 원자력발전소 현황을 살펴보면, 지금까지 가동한 세계 588개의 원전 중 영구 정지된 원전이 150개이고 19개의 원전이 이미 해체를 완료한 상태이다. 가동 원전은 미국 99개, 프랑스 58개, 러시아 34개, 영국 16개, 우크라이나 15개, 독일 9개 등이다. 영구 정지된 원전은 미국 33개, 영국 29개, 독일 27개, 프랑스 12개, 일본 11개, 러시아 5개, 우크라이나 4개 등이다. 해체 완료된 원전은 미국에 15개, 독일에 3개, 일본에 1개 있다. 가동 중인 438개의 원전 중 30년 이상 가동한 원전은 224개인데, 1960년대에서 1980년대까지 건설한 원전의 설계수명이 임박함에 따라 2020년대 이후 해체에 들어갈 원전의 수가 크게 증가할 것으로 예상된다.

**고리 1호기처럼 영구 정지하는 원전은 어떻게 처리되나?**

영구 정지한 원전은 안전한 해체 후 부지까지도 지속적인 사후 관리를 하게 된다. 운전을 정지하고 방사성물질을 제거하는 단계에서 시작하여 최종적으로 부지의 무제한적 사용 허가까지를 원전 해체라 하며 제염, 절단, 방사성폐기물 관리 및 감시 등의 모든 관리 및 기술적 업무를 포함한다.

고리 1호기가 영구 정지하면 최소 5년간 사용후핵연료를 냉각하고 제염 및 해체 작업을 통해 방사능을 제거한다. 이때 발생한 방사성폐기물은 방사성폐기물 처분시설로 이송한다.

해외 사례를 보면 모든 관련 시설물들을 해체하고 방사선 환경에 대한 위해가 완전히 제거될 때까지 정화한 다음 국가 정책에 따라 녹지 또는 다른 시설물 부지로 활용하고 있다.

현재까지 세계적으로 해체가 완료된 원전의 부지는 화력발전소 또는 풍력발전소 등의 발전소 부지로 재이용하거나 박물관, 주차장, 녹지 등으로 사용되는 사례가 있다.

## 방사성폐기물

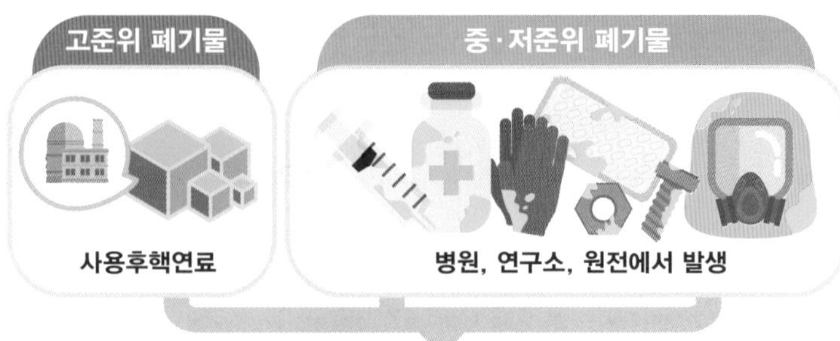


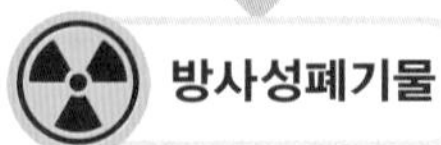


방사성폐기물 ▶ 원자력을 이용하는 과정에서 발생하는 부산물
사용후핵연료, 방사선 관리구역에서 사용한 작업복, 장갑, 덧신, 걸레, 기기 교체 부품과
연구기관, 병원 등에서 사용하는 시약병, 주사기, 튜브 등의 폐기물
반감기와 방출핵종, 농도, 열발생률을 기준으로 고준위, 중준위, 저준위, 극저준위 폐기물로 구분

## 처분 방법

## 사용후핵연료 처분

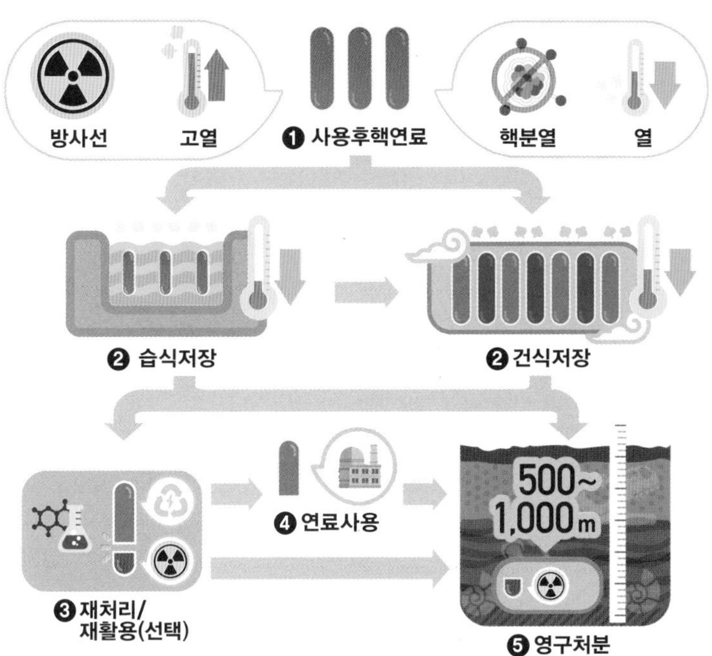


## 원자력시설 해체

국제원자력기구
해당 원자력 시설 종사자, 그리고 일반 공공의 건강과
안전에 대하여 적절한 고려를 하면서 원자력 시설의
영구정지 이후에 취해지는 모든 기술적이고 관리적인 작업
승인
OK
❶ 정리 후 해체준비
❷ 직접해체/
폐기물처리
❸ 해체 후 부지 복원

원자력
상식사전

# 방사선 이야기

1. 방사선·방사성·방사능
2. 방사선의 인체 영향
3. 원전 주변 방사능 영향
4. 후쿠시마 사고, 우리나라 영향
5. 방사성물질 관리

/

방사능과 방사선의 관계는 전구의 소모 전력과
그것이 내는 빛과 대비된다. 방사능은 소모 전력, 빛은 방사선에 해당한다.
소모 전력이 큰 전구가 더 밝은 빛을 내듯
방사능이 큰 방사성물질이 더 많은 방사선을 낸다.

/

# 방사선·방사성·방사능



**방사선이란**

방사선은 일종의 에너지 흐름이다. 에너지가 너무 높은 물체가 안정을 되찾으려 에너지를 내보내는 수단으로서 그 형태는 입자예: 알파, 베타 방사선나 전자파예: 감마선, X선, 가시광선이다. 전구가 내는 빛이나 난로가 내는 적외선도 방사선이고 통신에 사용되는 전파도 방사선이다. 빛이나 전파는 물질에서 이온을 만들지 않는 비전리방사선인 반면, X선이나 감마선 등은 이온을 만들 능력이 있는 전리방사선이다. 여기서 전리란 중성인 원자 또는 분자에서 전자를 방출시켜 이온을 생성하는 과정을 말한다.

알파 방사선알파입자은 양성자 둘과 중성자 둘이 뭉친 헬륨의 원자핵과 같으며 양전기를 띤다. 알파입자는 크고 무거워 투과력이 매우 약해 인체 피부의 보호층을 투과하지 못한다. 베타 방사선베타입자은 에너지가 높은 전자이다. 베타입자는 작고 가볍기 때문에 물이나 인체 조직의 1cm 정도까지 침투할 수 있다. 감마선은 에너지가 높은 전자파여서 물질 투과력이 강하다. X선도 그것이 발생하는 위치만 다를 뿐 그 본질은 감마선과 같다(감마선은 원자의 핵에서 발생되고 X선은 원자의 전자궤도에서 발생함). 중성자는 원자핵에서 방출되는 입자로서 전기를 띠지 않아 물질 속을 자유롭게 다닐 수 있고 그래서 투과력이 강하다. 중성자가 다른 원자에 흡수되면 그 원자를 방사성핵종으로 변환시킬 수 있다.

**방사성물질** | 방사선을 내는 원천을 방사선원(또는 줄여서 선원)이라 부르는데 본성적으로 방사선을 내는 방사성 원자를 함유한 물질예: 방사성물질이 있는가 하면 방사선을 내도록 인공적으로 만든 기계장치예: X선 장치도 있다.

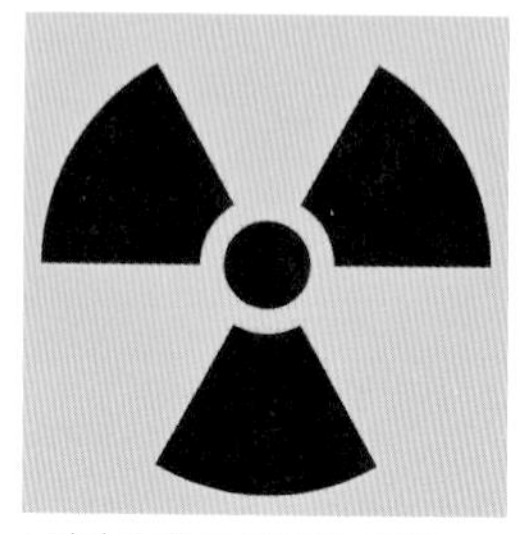

| 방사선 위험이 있음을 알리는 국제표준 방사선원 표지

원자의 종류를 '핵종'이라 부른다. 핵종은 그 원자핵 속에 있는 양성자와 중성자 수에 따라 결정된다. 보통의 수소는 핵에 양성자 하나만 있어 기호로 $^{1}$H로 적고, 삼중수소는 핵에 양성자 하나와 중성자 둘양성자와 합쳐 3을 가진 수소이므로 $^{3}$H또는 H-3로 나타낸다.

불안정하여 방사선을 내는 성질이 있는 원자가 '방사성핵종'이다. $^{1}$H는 안정된 보통의 수소이지만 $^{3}$H는 불안정하여 베타 방사선을 내고 안정된 $^{3}$He헬륨으로 바뀐다.

방사성핵종의 농도와 총량이 기준을 넘는 물질이 '방사성물질'이다. 공식 용어는 방사성물질이지만 종종 '방사능물질'이라고도 부른다. 방사성물질이 되는 기준은 방사성핵종의 위해도 등급에 따라 차이가 있으며 법규에서 그 값을 정하고 있다. 인체를 포함해서 세상의 모든 물체는 천연 방사성핵종이 다소 포함되어 있어 방사선을 내지만 대부분 기준치 미만이므로 방사성물질이라 부르지 않는다.

### 방사능과 방사선의 관계

방사능이란 어떤 물체가 방사선을 방출할 수 있는 능력 또는 방사성동위원소의 강도(세기)를 말한다. 방사능의 기본 단위로 베크렐(Bq)이 사용되는데, 1Bq(베크렐)이란 방사성동위원소가 1초 동안 1회 붕괴하는 방사능의 크기를 말한다.

주어진 물체의 방사능은 그 안에 있는 방사성핵종의 원자 수와 그 핵종의 붕괴확률(이를 '붕괴상수'라 함)의 곱이 된다. 붕괴상수는 방사성핵종마다 다르며 고유한 값을 갖는다. 1kg인 나무토막에는 $^{14}$C 방사능이 약 130베크렐 들어 있는데 $^{14}$C의 붕괴상수가 초당 $3.83 \times 10^{-12}$이므로 이 나무토막에는 $^{14}$C 원자가 $3.4 \times 10^{13}$개(34조 개) 들어 있다는 의미이다($3.4 \times 10^{13} \times 3.83 \times 10^{-12} = 130$Bq).

방사능과 방사선의 관계는 전구의 소모 전력과 그것이 내는 빛에 대비된다. 방사능은 소모 전력, 빛은 방사선에 해당한다. 소모 전력이 큰 전구가 더 밝은 빛을 내듯 방사능이 큰 방사성물질이 더 많은 방사선을 낸다. 전구도 종류에 따라 같은 소모 전력에서 내는 빛의 강도가 다르듯이(LED 전구는 백열구보다 훨씬 밝은 빛은 냄) 방사능이 같아도 방사성물질 안에 있는 방사성핵종의 종류에 따라 내는 방사선의 종류나 수가 달라진다.

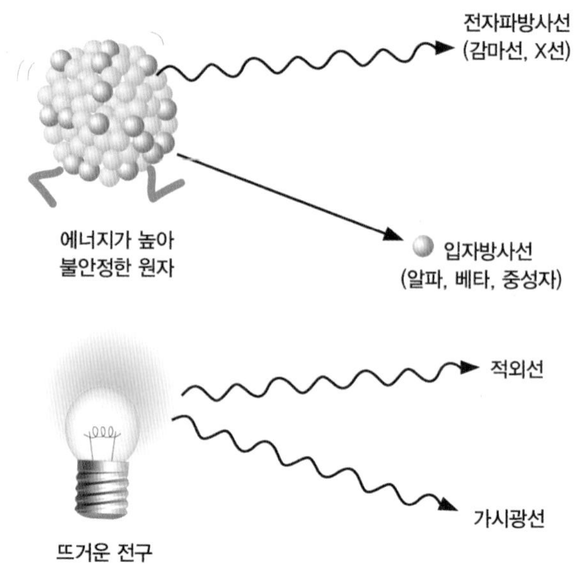


| 방사성 원자의 방사선 방출. 뜨거운 전구가 빛을 내는 것과 유사하다.



방사성 원자는 언젠가는 방사선을 내면서 붕괴하여 안정 핵종으로 변환되므로 주어진 물체 안에 있는 방사성 원자의 수는 점차 감소한다. 따라서 방사능도 비례적으로 감소하는데, 그 방사능이 처음 방사능의 절반으로 줄어드는 데 걸리는 시간을 '반감기'라 한다. 반감기도 방사성핵종마다 다르다. $^{238}U$우라늄의 반감기는 45억 년으로 매우 길며, $^{14}C$탄소는 5,730년, $^{137}Cs$세슘은 30년, $^{131}I$요오드는 8일이다.

## 자연방사선과 인공방사선

모든 방사선은 에너지의 흐름인 자연현상이다. 다만, 그것을 내는 방사선원이 천연적인 것인가 인공적인 것인가를 구분하기 위해 '자연방사선',

'인공방사선'이라고 부른다. 암석에 천연으로 함유된 우라늄이 내는 방사선은 자연방사선인데 같은 우라늄이라도 핵연료로 사용하기 위해 정광하여 농축한 우라늄은 인공적으로 가공하였기 때문에 이것이 내는 방사선은 인공방사선이 된다. 병원의 X선장치가 내는 X선은 인공방사선이다.

천연에 존재하는 방사성핵종으로는 땅속의 광물인 우라늄, 토륨 및 이들이 붕괴하여 생성하는 여러 가지라듐, 라돈, 폴로늄 등가 있고 그밖에도 $^{40}$K칼륨, $^{3}$H삼중수소, $^{7}$Be베릴륨, $^{14}$C탄소 등이 있다. 이러한 천연 방사성

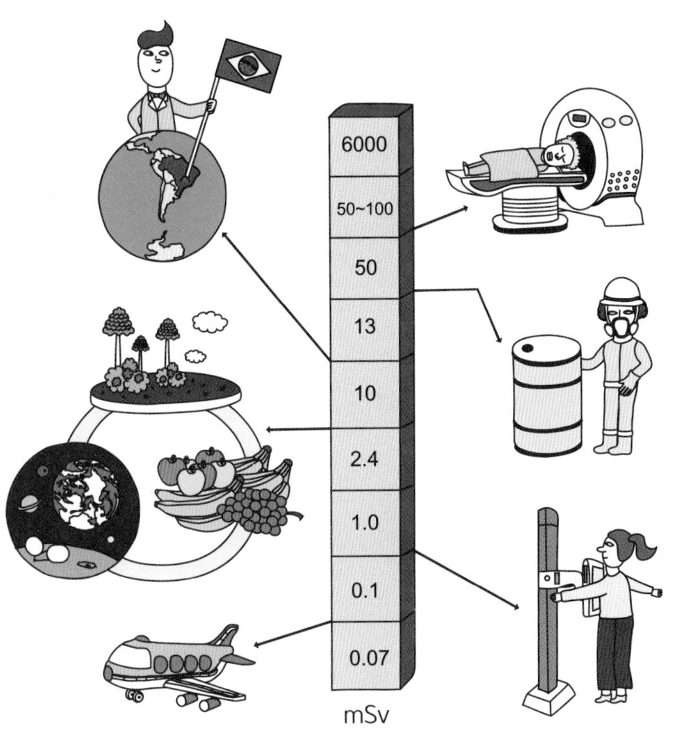

핵종이 땅이나 공기 중에 존재하기 때문에 물에도, 동식물 몸속에도 들어가게 된다. 오늘 먹은 음식물에도, 지금 숨 쉬고 있는 공기 중에도 천연 방사핵종이 있기 때문에 지금 내 몸속에도 방사능이 있다. 특히 라돈은 가장 중요한 방사선 피폭원 중 하나이다.

우주의 별태양을 포함한 항성의 에너지원은 핵융합 반응이므로 별은 빛과 함께 다양한 방사선을 낸다. 이 방사선이 우주방사선이다. 공기의 차폐 효과 덕분에 지표에서 우주방사선의 강도는 미미하지만 국제선 항공기 운항 고도약 12km에서는 지표보다 10배 정도 높아 항공 승무원에게 유의한 피폭을 준다. 대기권 밖 우주정거장에서는 공기 차폐가 없으므로 우주방사선 강도가 훨씬 강하여 사람이 장기간 머무를 수 없다. 인공위성이 수명을 다하는 것도 주로 우주방사선에 의해 전자 부품이 손상되어 통신이 두절되기 때문이다.



### 인공방사선과 자연방사선의 위험성

방사선의 원천방사선원은 자연적인 것과 인공적인 것으로 구분할 수 있지만 그것이 내는 방사선은 본질적으로 같다. 따라서 방사선 자체는 어느 것이 더 위험하다고 말할 대상이 될 수 없다. 사람이 낸 산불이나 자연적으로 발화된 산불이나 모두 같은 산불이다. 위험은 방사선원의 유형이 아니라 그것이 내는 방사선에 얼마나 많이 노출되는가가 결정한다. 무엇이 산불을 냈느냐가 아니라 산불에 얼마나 가까이 있느냐가 위험을 결정하는 것과 같다.

인공적 방사선원은 어딘가 이용하기 위해 만든 것이므로 일반적으로 그 선원의 강도가 자연적인 것보다 강하기 때문에 같은 거리에서 같은 시간 동안 노출되면 노출량방사선량이 더 많고 따라서 위험도 높다. 이 때문에 흔히 인공방사선이 자연방사선보다 위험하다고 말하는 경우가 있다. 그러나 인공방사선도 노출량이 적으면 안전하고, 자연방사선도 노출량이 많으면 위험하다. 일부 지역의 특정 주택은 실내 공기 중 라돈(자연방사선) 농도가 높아 폐암 위험이 용인하지 못할 정도로 높은 경우도 있다.

**방사선 활용** | 방사선을 잘못 사용할 경우 사람을 해칠 수도 있다는 것은 오래 전부터 알려져 왔다. 그러한 위험에도 불구하고 방사선을 사용하는 이유는 그 위험보다 훨씬 큰 이득이 있기 때문이다. X선 없는 병원을 생각할 수 있는가? X선, CT 등 방사성핵종으로 질병을 바르게 진단하거나 암을 치료함으로써 생명을 구한 사람 수는 가늠하기 힘들 정도로 많다.

가장 활발한 방사선 이용은 의료 분야이지만 그 밖에도 방사선은 여러 방면에서 우리의 삶을 뒷받침하고 있다.

금속판이나 종이의 생산, 캔 음료 생산을 포함하여 많은 제조업에서 방사선을 게이지로 사용하고 있고, 철골 구조물이나 도시가스관 용접부 건전성을 검사하는 데도 방사선 투과 촬영이 이용된다. 물질의 구조를 밝혀 신소재를 개발하거나 신진대사를 추적하여 신약을



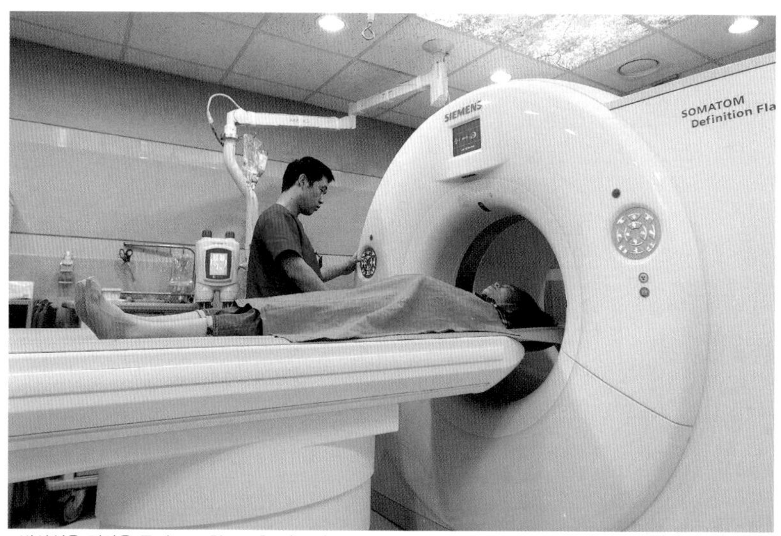


방사선은 진단을 목적으로 한 CT 촬영(사진) 등 의료 분야와 산업, 농업 등 다양한 분야에서 활용되고 있다. ©연합뉴스

개발하는 데도 마찬가지이다. 주사기나 붕대와 같은 의료 용품이나 화장품은 방사선으로 멸균하여 세균의 감염을 막는다. 방사선 육종으로 병충해에 강하거나 수확이 많은 농작물 품종을 개발하고 아름다운 화훼 작물도 만든다.

현대 문명의 꽃인 컴퓨터나 전자제품의 핵심 소재인 반도체를 제조하는 데도 방사선이 필요하다. X선 검색기가 없어 보안 요원이 수하물을 열어 일일이 검사한다면 프라이버시 침해는 물론이고 공항에 두 시간 전이 아니라 하루 전에 가야 할지도 모른다. 배기가스나 폐수를 정화하는 데도 방사선이 이용되며 공기나 물, 식품에 어떤 오염 물질이 얼마나 있는지 분석하는 데도 방사선을 이용하고 있다.

방사선은 우리 눈에 보이지도 않고 냄새도 나지 않는다. 그 실체를 사람의 오감으로 판단할 수 없는 불확실성으로 인해 방사선의 위험성이 실제보다 더 부풀려지기도 한다. 방사선은 인공적으로 발생하기도 하지만 천연에 늘 존재하는 일종의 에너지 흐름이다. 중요한 것은 어떻게 이용하느냐, 그리고 인체에 얼마나 영향을 미치는가를 판단하여 관리하는 것이다.

방사선 피폭이라고 모두 선량한도가 적용되는 것은 아니다.
선량한도는 피폭이 잘 예측되어 방호를 계획하여 이행함으로써
선량을 충분히 낮출 수 있는 정상적 상황에 적용하지만
의료피폭(질병을 진료하기 위해 환자가 받는 피폭)에 대해서는 적용하지 않는다.

# 방사선의 인체 영향



**방사선의 영향** 인체가 방사선에 노출되고 그 방사선량이 증가하면 우리 몸속의 사멸하는 세포 수가 증가하게 되고, 그 세포 수가 어떤 한계를 넘으면 장기의 기능에 이상이 나타나기 시작한다. 즉, 방사선 피폭에 따라 세포가 사멸하게 되는데, 세포 사멸로 나타나는 영향은 일정한 수준의 노출량까지는 임상적으로 관찰되지 않다가 한계를 넘으면 나타난다. 이 한계를 '문턱선량피폭자의 1%에서 영향이 나타나는 선량'이라 부른다. 문턱선량 아래에서는 증상이 없지만 일단 문턱선량을 넘으면 거의 확실히 영향이 나타나기 때문에 이를 '결정론적 영향'이라 부른다. 또 많은 세포가 사멸하거나 마비되어 나타나는 증상이기 때문에 '조직반응'이라고도 부른다.

전형적 조직반응으로는 피부 화상, 수정체의 백내장, 혈구의 감소, 생식선 부전으로 인한 불임 등이 있으며 주요 장기의 기능 부전으로 인해 사망에까지 이를 수 있다. 결정론적 영향은 세포 무리의 사멸이나 마비로 인해 일어나므로 대체로 급성피폭 후 수 주 이내에 발현이다. 그러나 백내장이나 심혈관 질환처럼 초기 영향의 파급으로 인해 지연되어 나타나는 영향도 있다.

문턱선량 이상에서 결정론적 영향의 심각도는 선량에 비례하여 증가한다. 예를 들어 피부선량이 5Gy그레이 정도일 때는 햇볕에 덴 것과 같은 홍반 정도가 나타나지만 선량이 20Gy 이상이 되면 조직 괴사가 진행된다. 결정론적 영향은 증상의 임상적 특성이 있어 다른 원인으로 인한 증상과 구분되므로 원인을 규명할 수 있다.

■ 결정론적 영향과 확률론적 영향의 발현 개념도

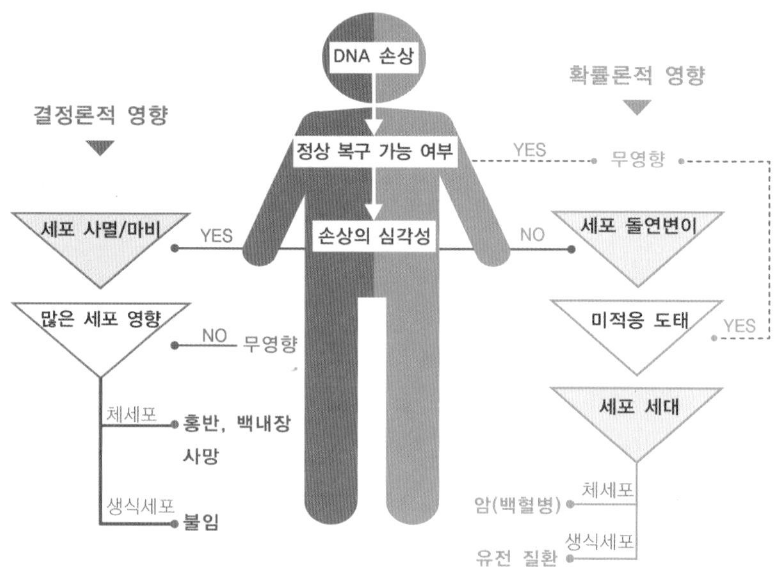




우리 건강에 유의한 결정론적 영향의 문턱선량은 약 0.5Gy인데, 이 값은 높은 선량이기 때문에 정상적인 피폭 환경에서는 이를 초과하지 않도록 관리할 수 있어 결정론적 영향은 방지가 가능하다. 사고

나 의도적으로 높은 선량을 조사하는 방사선 치료 분야가 이에 해당된다.

결정론적 영향과 확률론적 영향의 발현 개념도를 보면 모든 방사선 영향이 DNA 손상을 통해 일어남을 의미하지는 않는다. DNA 손상이 주도하지만 세포막이나 기타 세포인자의 변화도 보건 영향의 원인이 될 수 있다.

피폭된 세포가 후속 변이를 통해 악성으로 변환될 기회도 있어 암을 유발할 수 있다. 이러한 과정은 필연적 인과관계가 아니라 우연성이 지배하므로 이런 영향을 '확률론적 영향'이라 부른다. 확률론적 영향의 발생은 그 원인의 크기, 즉 방사선 피폭량에 비례하는 것으로 이해되기 때문에, 비록 원폭 피해 생존자 등의 역학연구 결과에서는 낮은 선량에서 암 증가가 분명하지 않지만 높은 선량에서 관찰된 것과 같은 비율로 증가할 것이라고 가정한다. 이런 가정으로 낮은 선량에서 방사선 유발 암 위험을 평가하는 모델을 '문턱 없는 선형비례 모델LNT Model: Linear Non-Thresold Model'이라 한다.

결정론적 영향은 한 조직 내 많은 세포가 영향을 받아 발현하는데 반해 확률론적 영향은 우발적으로 하나의 세포가 악성화된 결과로 나타난다. 확률론적 영향은 그 발생 확률이 선량에 비례하되 그 심각도는 선량과 무관한 것으로 본다. 방사선 피폭으로 암이 유발되었다면 선량이 10mSv인지 100mSv인지가 심각도를 결정하지 않기 때문이다.

방사선 보건 영향의 이런 특성 때문에 방호 목표는 '결정론적 위험은 방지하고 확률론적 위험은 합리적으로 최소화'를 위한 것이다.

**방사선 피폭의 위험도**

개인차는 다소 있지만 결정론적 영향은 문턱선량을 넘으면 발현하는 것으로 간주하면 보수적이다. 그러나 문턱선량이 상당히 높기 때문에 사고나 방사선 치료 상황이 아니라면 위험이 없다고 말할 수 있다.

문턱선량이 없다고 가정하는 확률론적 영향은 낮은 선량에서도 위험이 있다고 말할 수 있는데 그 위험은 구체적 조직이나 피폭자의 성별, 연령에 따라 상당한 차이가 있다. 예방적 방호를 위해서는 이와 같은 구체적 차이를 일일이 고려하기 어렵기 때문에 '평균적' 위험 관점에서 접근한다. 이렇게 여러 국가, 남녀노소 모두에 대해 평균한 위험을 '명목위험'이라 부른다. 현재 국제방사선방호위원회ICRP: International Commission on Radiological Protection가 평가하는 명목위험은 유효선량



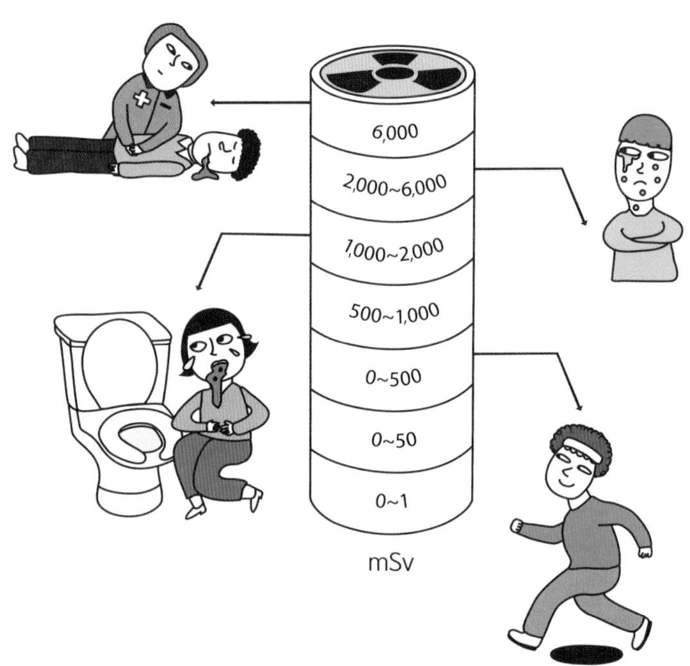

1Sv당 5%이다. 즉, 매우 근사적으로 평가하면 유효선량 10mSv당 0.05% 위험이 증가한다고 말할 수 있다.

그러나 특정 개인의 암 발생 위험이 0.05% 증가한다는 것은 별 다른 의미가 없다. 암이 발생하면 확률이 1이고 그렇지 않으면 영(0)이기 때문이다. 따라서 확률론적 영향의 위험은 비슷한 선량을 받은 많은 사람에 대해서만 의미가 있다. 특정 개인의 위험을 평가하려면 그 사람이 속한 사회(국가), 인종, 성별, 연령 및 관심 조직과 그 등가선량은 물론 나아가 유전적 소인까지 고려해야 한다.

### 선량한도 설정

선량한도란 특정 개인에게 일정 기간 용인할 수 있는 상한선으로서 국제방사선방호위원회가 그 값을 책정하여 권고하고 각국이 이를 받아들여 규정화함으로써 강제 규범이 된다. 선량한도는 확률론적 영향을 관리하기 위한 '유효선량 한도'와 특정 조직의 결정론적 영향을 방지하기 위한 '등가선량 한도'로 구분된다.

유효선량 한도는 개인에게 부과되는 확률론적 영향 위험이 '용인할 수 있는 위험'에 해당하는 선에서 설정된다. 이때 용인할 수 있는 위험은 직무 피폭처럼 방사선 피폭에 대한 '이해동의'가 있는 경우인지, 일반인 피폭처럼 이해동의 없이 피폭하는 경우인지에 따라 차이가 있다. 이해동의가 있다는 것은 어떤 위험을 이해하고 이를 수용하는 대신 어떤 혜택도 따름을 의미한다. 직무로 피폭하는 종사자나 질병 진료를 위해 의료 피폭을 받는 환자가 전형적 예이다. 따라서 이 경우는 수용할 수 있는 위험 수준이 다소 높을 수 있다.

일반인의 선량한도를 연간 1mSv로 설정하였을 때 사회 조사 결과 직무로 인한 위험 추가는 연간 1/1,000까지는 용인할 수 있는 반면, 이해동의가 없는 일반인 입장은 그 1/10인 연간 1/10,000로 나타난다. 직무 피폭이 인정되는 18세부터 매년 유효선량 20mSv씩 피폭하면 그로 인한 위험은 70대에 최고가 되어 1/1,000 수준에 이를 것으로 나타나 연간 20mSv정확히는 5년간 100mSv를 직무 피폭 선량한도로 책정하였다. 경험에 따르면 종사자의 실질 평균 선량은 선량한도의 1/10 수준이므로 실질 평균 위험은 연간 1/10,000 수준으로 예상된다.

일반인의 경우는 신생아부터 매년 유효선량 1mSv를 피폭하면 70대에 최고 위험이 연간 1/10,000 정도가 되기에 이를 선량한도로 책정하였다. 종사자와 마찬가지의 이유로 실질 위험은 연간 1/100,000 수준이 된다.

확률론적 영향 위험은 유효선량 한도로 관리하면서, 결정론적 영향은 피폭을 문턱선량보다 낮게 유지하여 방지한다. 유효선량이 선량한도를 넘지 않으면 인체의 주요 장기는 모두 그 문턱선량을 넘지 않는다. 다만, 피부와 손발, 눈의 수정체는 유효선량 관리만으로는 결정론적 영향이 방지되지 않을 수도 있어 따로 등가선량 한도를 정한다. 종사자의 등가선량 한도는 수정체에 5년간 100mSv, 피부나 손발에 연간 500mSv이다. ICRP가 권고하는 선량한도는 대개 그대로 각국 규정에 반영되어 준수해야 할 강제 규범이 되어 초과하면 제재를 받게 된다.

■ 일반인의 선량한도를 연간 1mSv로 설정한 배경

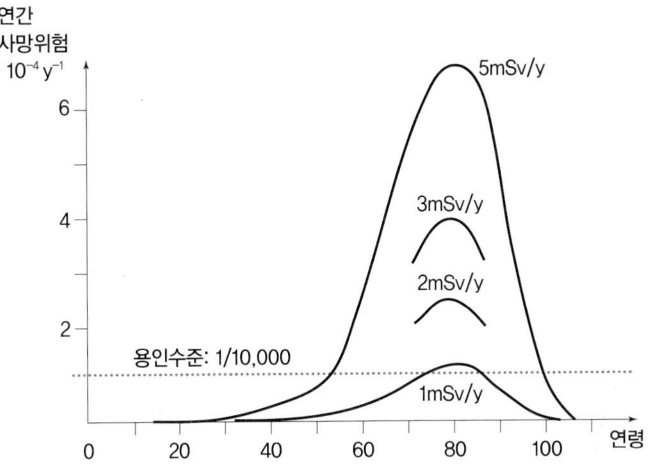


• 출생부터 매년 주어진 선량을 피폭할 때 연령에 따른 위험의 변화를 보인다.
• 매년 1mSv 이상을 피폭하면 노년기 위험이 용인할 수 있는 선을 넘는다.
• 경험에서 볼 때 실질 피폭은 선량한도의 1/10 수준에 머무르므로 일반인의 방사선 위험 수준은 연간 10만 명당 1인 정도가 된다.



## 선량한도 적용 범위

방사선 피폭이라고 모두 선량한도가 적용되는 것은 아니다. 선량한도는 피폭이 잘 예측되어 방호를 계획하여 이행함으로써 선량을 충분히 낮출 수 있는 정상적 상황에 적용하지만 의료 피폭질병을 진료하기 위해 환자가 받는 피폭에 대해서는 적용하지 않는다. 예를 들면 원전을 건설하여 운영하거나 병원에서 X선 촬영기를 도입하여 사용하는 경우 그 종사자나 주변 일반인의 피폭에 대해서는 선량한도를 적용한다. 병원에서 CT 촬영으로 진단을 받거나 방사선 암 치료를 받는 환자는 피폭의 모든 혜택이 환자 자신에게 있고 선량한도가 진료를 방해할 수도 있으므로 선량한도를 적용하는 것이 적절하지 않다. 사고의 처리나 인명 구조, 임무 수행을 위해 우주로 가는 우주인처럼 자신을 희생하며 중대한 특수 임무를 수행하는 사람에 대해서도 선량한도는 개념상 적절하지 않다.

가정의 실내 공기 중 라돈가스에 의한 피폭은 자기 책임이고 사유재산 문제이므로 당국이 선량한도로 개입하기 어렵다. 땅에서 오는 지각 감마선도 마찬가지이다. 그래서 일반인의 연간 유효선량 한도는 1mSv인데 비해 우리 국민의 연간 자연방사선량은 3~5mSv 수준이지만 규제하지 않고, 복부 CT는 1회에 10mSv나 받지만 규제하지 않는다. 일본 후쿠시마 현처럼 사고로 인한 오염으로 방사선량률이 높아진 넓은 지역에 거주하는 주민의 피폭도 선량한도를 직접 적용하지는 않는다. 항공기 승객이 받는 우주방사선 피폭은 선량이 제한적이고 본인의 선택으로 탑승하는 것이어서 선량한도를 적용하지 않음은 물론 아예 방호 대상에서 배제할 수도 있다.

이에 비해 우주방사선이라도 직무 피폭인 승무원 피폭은 선량한도 적용 대상이 된다. 고용주가 피폭과 관리에 책임이 있기 때문이다. 후쿠시마 현 오염 제거 종사자, 광산 근로자나 동굴관광 안내원라돈피폭의 피폭도 선량한도의 적용 대상이다.

일반인은 주변에 선량한도가 적용되는 피폭원이 여럿일 수 있다. 그래서 어떤 한 피폭원에 적용하는 선량제약은 선량한도의 일부(1/10~1/3)만 인정된다. 원전 부지 하나에는 6~8개 호기의 원자로가 있지만 지역 주민에게 주는 피폭은 모두 연간 0.25mSv까지만 인정한다.

**선량한도 이하의 안전성**

'안전'과 '위험'은 수면의 위와 아래처럼 구분되는 것이 아니라 한 직선 위에 있고 명확한 경계가 없다. 같은 일을 놓고 어떤 사람은 위험하다고 생각하고 다른 사람은 안전하다고 생각한다. 즉, 위험하다는 판단은 개인의 생각에 따라 다를 수 있다. 그래서 어떤 기준을 정할 때는 과학적이고 객관적인 데이터를 바탕으로 다른 위험과 비교하여 용인할 수 있다고 보는 수준에 맞춘다. 방사선 선량한도도 마찬가지이다. 우리가 일상적으로 자연계에서 받는 방사선량이 연간 평균 4mSv생활 환경에 따라 2~10mSv인 것과 비교하면 일반인에 대한 선량한도 연간 1mSv는 용인할 수 있는 수준으로 본다. 그러므로 선량한도 아래라도 위험이 없는 것은 아니지만 객관적 표현으로는 '선량한도 이하는 안전'하다고 말할 수 있다.

**방사능 체내 축적**

일부 중금속은 낮은 농도의 오염이라도 지속적으로 섭취하면 체내에 누적되어 나중에 건강에 악영향을 미치는 경우가 있다. 이런 이유로 방사능도 낮은 농도가 누적되면 위험할 수 있다는 주장이 있다.

그런데 방사선량은 연간 섭취로 인해 생애 동안 받을 선량을 산출하여 그것을 섭취한 그해에 받는 선량으로 간주하여 기준을 초과하지 않도록 관리하기 때문에 그러한 누적 효과가 반영되어 있다. 어떤 한 해에 섭취한 방사능으로 인한 실질 피폭 선량률은 점점 감소하지만 섭취한 연도에는 물론 다음 해에도, 그 다음 해에도 일어난다. 이러한 섭취가 매년 반복되면 점차 연간 선량은 증가한다. 그러나 이론적으로 이러한 누적의 결과로 미래의 특정 한 해에 받는 선량의 최댓값은 첫 해 섭취로 인해 일생 받게 될 선량예탁선량과 같아진다. 즉, 한 해 섭취로 인한 예탁선량이 연간 선량 기준을 만족한다면 미래에도 기준을 만족하게 되어 누적으로 인해 위험이 용인 가능한 수준을 넘지 않는다.

**연간 방사선량**

2014년을 기준으로 우리 국민은 평균적으로 매년 5.5mSv를 피폭받는 것으로 평가된다. 가장 주된 피폭원은 자연방사선으로서 평균 4.1mSv, 다음은 의료방사선으로서 평균 1.4mSv이다. 이 선량은 2004년에 평가한 값보다 상당히 증가한 것인데, 자연방사선은 라돈의 선량계수가 약 2배 증가한 영향이 있고, 의료방사선은 CT 선량이 약 3배 증가한 영향이 있다. 평균 피폭량에서 원전이나 병원의 방사선 작업 종사자들이 받는 직무 피폭이 보이지 않는 것은 이들 중 일부는 연간 10mSv 이상도 받지만 전체 종사자 수가 적어 전 국민 평균에 기여는 분산되기 때문이다.

■ 방사선량 비교

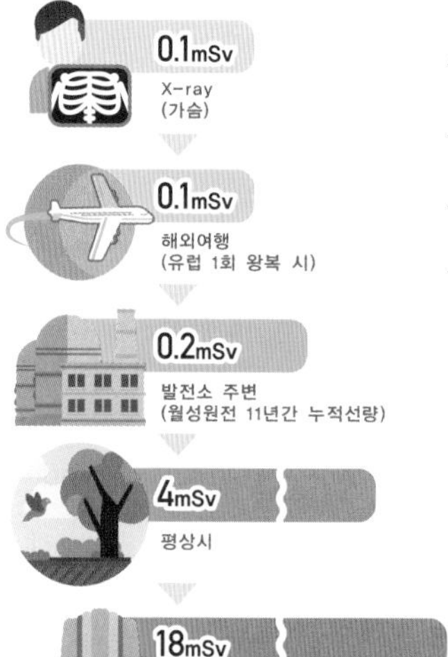


■ 우리 국민의 연평균 방사선 피폭량
(2014년 기준 근사평가치)

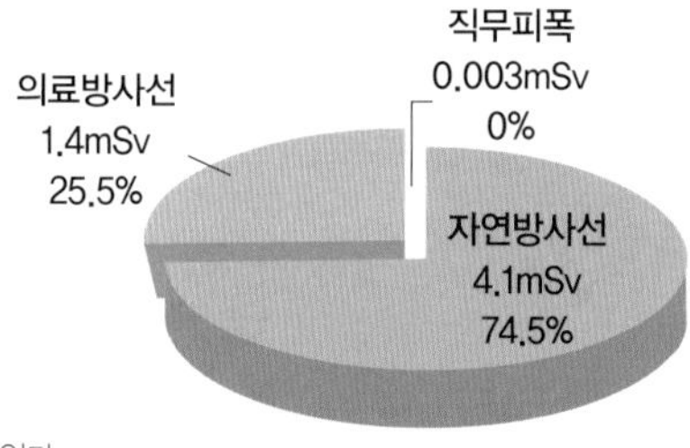


* 방사선량은 통상적인 수치로 약간의 차이가 있을 수 있다.

라돈은 가장 중요한 피폭원으로서 흡입에 따라 내부 피폭을 주는데 우리나라에서 평균 라돈 농도는 실내에서 42Bq/m$^3$, 실외에서 22Bq/m$^3$이다. 이를 선량으로 환산하면 연간 약 2.4mSv가 된다. 그 밖에 지각감마선과 우주방사선을 합쳐 연간 1.3mSv를 피폭하며 음식물의 천연방사능으로부터 0.4mSv 정도를 받는다.

개인적으로 보면 항공 여행 중 비행기 안에서 받는 우주방사선 선량도 상당하다. 북미나 유럽을 1회 왕복하면 약 0.1mSv 피폭된다. 항공 승무원은 연간 3~5mSv 피폭되는 것으로 나타나는데 이는 원전 방사선 작업 종사자 피폭에 못지않다.

**방사선은 조금만 노출돼도 위험하다고 하는데?**

방사선은 원전이나 방사성폐기물관리시설 등 원자력 관련 시설에서만 발생하는 인공방사선으로 알고 있으나, 지구상의 모든 사람들은 자연 속의 방사성물질로 인하여 언제나 자연방사선에 노출되어 있으며 매일매일 방사선을 받으며 살아가고 있다. 2014년을 기준으로 우리나라 국민은 평균적으로 매년 5.5mSv를 피폭받는 것으로 평가되었다. 자연방사선으로부터 평균 4.1mSv와 의료방사선으로 평균 1.4mSv를 받는다.

브라질의 가리바리 시는 일반인들의 연간 선량한도인 1mSv보다 10배 높은 10mSv의 자연방사선이 나오는 지역으로 이곳에 사는 사람들이 방사선 때문에 특별한 질병이나 건강상 문제가 있다고 보고 된 적은 없다. 항공 여행 중 비행기 안에서 받는 우주 방사선도 있는데 북미나 유럽을 1회 왕복하면 약 0.1mSv 피폭된다.

다량 피폭이 문제로 일시에 1,000mSv를 전신에 받을 경우 구역질과 구토 등의 증상이 나타나고, 일시에 6,000mSv를 전신에 받을 경우에는 사망한다. 그리고 자연방사선량의 수십 배인 250mSv는 인체에 별다른 증상이 없는 것으로 알려져 있다.

우리나라는 일본, 미국, 프랑스 등과 함께
원자력발전소 호기당 방사성물질 배출량이
상대적으로 적은 국가군에 속해 방사성물질 배출 관리가
비교적 잘 이루어지고 있다.

# 원전 주변 방사능 영향



**원전 방사성 물질**

방사성물질은 원자력발전 과정에서 불가피하게 발생한다. 이에 따라 '원자력안전법'에서는 국민 건강 및 환경의 위해 방지를 위해 엄격한 방사성 물질의 환경 배출 관리 기준을 정해 놓고 있다. 배출 기준치 이하라도 배출량을 가능한 줄이는 ALARA As Low As Reasonably Achievable의 개념을 적용하고 있다. 이에 따르면 배출 관리의 기본 요소에는 배출량의 정확한 평가, 반드시 감시 통제된 상태에서 계획적인 배출, 배출 경로 이외의 유출 금지 등이 있다.

그렇다면 과연 우리나라 원자력발전소에서 배출된 방사성물질의 방사능량은 어느 정도이며 원자력발전소를 운영하고 있는 다른 국가와 비교하면 어떨까? 최근 10년2004~2013년 동안 우리나라 원자력발전소에서 배출된 방사성물질의 방사능량은 액체 방사능 약 2,400TBq❶,

❶ TBq: Tera Becquerel(테라베크렐, $10^{12}$Bq). 베크렐은 방사능 강도의 단위로 단위 시간당 일어나는 원자핵의 붕괴수로 표시한다. 종래의 관용 단위 퀴리(Ci)는 $3.7\times10^{7}$Bq이다.

기체 방사능 약 3,500TBq 정도이며 기체 방사성물질은 불활성기체와 삼중수소❷ 가, 액체 방사성물질은 삼중수소가 주된 배출 핵종이다. UN방사선과학위원회UNSCEAR 보고서에 따르면 우리나라는 일본, 미국, 프랑스 등과 함께 원자력발전소 호기당 방사성물질 배출량이 상대적으로 적은 국가군에 속해 방사성물질 배출 관리가 비교적 잘 이루어지고 있다.

| 환경 중의 방사선 측정을 위해 원전 부지 내·외부에 환경방사선감시기를 설치하였으며(사진 왼쪽), 울산 등 전국의 주요 지점에 방사능측정소를 운영하고 있다(사진 오른쪽). ©연합뉴스

❷ 삼중수소($^{3}H$): 수소 동위원소 중의 하나로 보통 수소 질량의 3배, 반감기는 12.3년이며 원자력발전소에서 인공적으로 생성되기도 하지만 우주방사선에 의해 대기 중에서 자연적으로도 생성되기도 한다.

**원전 주변지역 방사선량**

우리나라는 원자력발전 사업자가 발전소 주변 방사선 환경 조사 및 주변 주민의 방사선량 평가를 매년 의무적으로 수행하고 규제 기관의 검토를 받도록 '원자력안전법[3]'으로 규정하고 있다. 이는 원자력발전소 내에서의 엄격한 방사성물질 배출 관리와 함께 발전소 운영으로 인해 주변지역 주민들이 받게 되는 방사선량이 연간 선량한도 이하로 충분히 낮게 유지되는지, 환경에 방사능이 축적되는지를 확인하고, 예기치 않은 오작동으로 인해 원전으로부터 방사선·방사능이 방출되는 사고를 감지하기 위해서이다. 원전 사업자 이외에도 규제 기관인 한국원자력안전기술원이 검증 차원에서, 그리고 지방자치단체 조례에 의해 설립된 민간환경감시기구도 시민 활동의 일환으로 발전소 주변의 방사선 환경 감시를 독립적으로 수행하고 있어 환경 감시의 투명성이 확보되어 있다고 볼 수 있다.

국내 원자력발전소의 최근 10년2004~2013년 동안의 방사능 환경 조사 결과는 다음의 몇 가지로 요약할 수 있다.

- 환경방사선의 단기적 변동 파악(의도되지 않은 누출로 인한 사고 조기 탐지 목적)을 위한 부지 주변의 공간감마선량률 변동폭은 원전의 영향이 없는 원거리의 대조 지역 대비 특이할 만한 차이가 없었다. 이는 원자력발전소의 운영 중 환경으로 배출된 기체 방사성물질이 인지할 수 없는 정도로 극히 미미한 수준이었을 것을 의미한다.

[3] 원자력안전위원회 고시 제2014호-12호: 원자력이용시설 주변의 방사선환경조사 및 방사선환경영향평가에 관한 규정

• 원전 주변지역의 여러 환경 시료에서 장반감기 방사성핵종인 $^{137}Cs$세슘 및 $^{90}Sr$스트론튬이 검출되었다. 그러나 관찰된 농도 수준이 발전소 영향이 없는 원거리 대조 지역과 차이가 없거나 오히려 대조 지역의 농도 값이 더 큰 경우도 있고, 장기적으로 시간의 경과와 함께 그 농도 수준이 점차 감소하고 있다는 점에서 이들 핵종의 기원은 원전이라기보다는 과거 대기 핵실험이 활발하였던 시기 바람을 타고 지구 전역에 퍼진 핵실험 잔유물로 여겨진다.

• 원전 주변 하천이나 해수 중에 원전에서 생성되는 단반감기 방사성핵종인 $^{131}I$요오드가 미량 검출되는 경우가 간혹 있으나 원전으로부터 원거리에서 오히려 더 높은 농도인 경우도 있고, $^{131}I$의 반감기8.02일가 매우 짧으며 발전소 배기 계통에서 고성능 필터로 거의 걸러진다는 점에서 그 기원은 갑상선암 환자가 복용한 치료용 방사성요오드가 환자의 배설물과 오·폐수를 통해 환경으로 유입된 것으로 추정된다.

• 중수로Heavy Water Reactor❹ 노형이 운영되고 있는 경주 월성원전 주변의 환경 중 삼중수소와 방사성탄소의 농도 준위가 원거리 대조 지역보다 확실하게 높게 나타나고 있으며 발전소 주변 주민에 대한 방사선 피폭의 주된 원인이 되고 있다.
이들 중수로 원전 운영으로 인해 주변지역 주민들이 받게 되는 방사선량이 연간 선량한도 이하로 충분히 낮게 유지되는지 확

❹ 중수를 감속재로 사용하는 원자로. 냉각재로는 중수, 경수, 탄산가스 등이 사용된다. 우리나라 노형은 중수를 사용한다.

인하기 위해 원전 주변 환경방사선조사와는 별도로 실제 방사성물질 배출량을 토대로 이론적(수학적)인 지역 주민의 방사선량을 평가하고 있다. 우리나라는 미국의 원자력규제위원회US NRC에서 적용하고 있는 방법과 국제방사선방호위원회ICRP의 권고를 혼용하여 평가하고 있다.

2004~2014년까지 11년 간 누적된 월성원전 주변 주민의 최대 방사선량은 약 0.2mSv인 것으로 평가되었다. 그러나 발전소 부지 경계에서 365일 동안 주민이 거주한 것으로 가정하는 등 비현실적인 가정이 평가에 적용된 것 등을 고려하면 인근 주민이 실제로 받은 방사선량은 이보다 작을 것으로 추정된다.

국내 원전 중 주민 방사선량이 가장 큰 월성 지역의 최근 11년간의 이론적인 누적 방사선량은 일반인 연간 선량한도1mSv의 약 20%, 연간 자연방사선량3.08mSv의 약 6.5%, 연간 국내 의료 방사선량1.4mSv의 약 14% 수준이다. 그러므로 원자력발전소 주변지역에서 장기간 거주하더라도 실제로 주민이 받는 총방사선량은 우리나라 보통 국민이 일상생활을 하면서 받는 방사선량과 비교하여 별 차이가 없는 것으로 볼 수 있다.

■ 발전소별 주민 방사선량(단위: mSv/yr)

(성인 기준 측정)

| | 고리원전 | 월성원전 | 한빛원전 | 한울원전 |
|---|---|---|---|---|
| 2004년 | 0.00520 | 0.00460 | 0.00600 | 0.00240 |
| 2005년 | 0.00512 | 0.00285 | 0.00301 | 0.00338 |
| 2006년 | 0.00664 | 0.00348 | 0.00485 | 0.00165 |
| 2007년 | 0.01510 | 0.00579 | 0.00604 | 0.00209 |
| 2008년 | 0.00460 | 0.00831 | 0.00957 | 0.00190 |
| 2009년 | 0.00226 | 0.00154 | 0.00432 | 0.00207 |

(유아(1세) 기준 측정)

| | 고리원전 | 월성원전 | 한빛원전 | 한울원전 |
|---|---|---|---|---|
| 2010년 | 0.00152 | 0.00520 | 0.00273 | 0.00333 |
| 2011년 | 0.00171 | 0.00481 | 0.00271 | 0.00330 |
| 2012년 | 0.00418 | 0.02231 | 0.01612 | 0.01568 |
| 2013년 | 0.00455 | 0.02859 | 0.00584 | 0.01205 |
| 2014년 | 0.00268 | 0.10520 | 0.00801 | 0.02610 |

• 이론적인 추정(계산)값



## 원전 주변지역 갑상선암 발생의 연관성

최근 우리나라의 한 원전 인근에 거주하는 주민이 발전 사업자를 상대로 한 암 발생 손해배상 소송에서 원고의 갑상선암 발병이 원전 운영과 관련 있다는 판결이 논란이 되고 있다. 원전 주변에 장기간 거주하는 것이 갑상선암과 관련이 있는 것일까?

2015년 한국원자력학회와 대한방사선방어학회에서 공동으로 발간한 「원전 주변 주민과 갑상선암 발생에 관한 과학적 분석」 보고서에 따르면 1) 해당 원자력발전소 주변지역과 원거리 대조 지역의 암 발생률의 통계적 차이점이 발견되지 않았으며, 2) 발전소 주변지역, 근거리, 원거리 대조 지역의 환경방사선량에 차이가 없고, 3) 원전 주변 거주 기간별 암 발생 상대 위험도 분석 결과 거주 기간에 따른 경향성이 없는 것으로 나타났다. 또한 4) 갑상선암 이외의 다른 방사선 관련 암에서는 거리에 따른 암 발생률 차이가 나타나지 않았고, 5) 여성과 달리 동일한 거주 지역의 남성의 경우 갑상선암에 대한 유의미한 통계적 관련성이 나타나지 않았고, 6) 방사선 피폭이 상대적으로 큰 원전 내부 종사자에게서 암 발생 증가가 없다는 점 등을 근거로 원전 운영과 주변지역 주민의 암 발생 사이에 인과관계가 있다는 주장은 과학적 증거가 부족할 뿐 아니라 방사선 이외의 요인일 가능성이 매우 크다고 결론 짓고 있다.

갑상선암의 발병 원인은 유전적, 갑상선 질환, 호르몬, 식이요오드 섭취 등 다양하며 방사선은 그 원인 중의 하나이다. 방사선에 의한 암 발생에서 가장 중요한 것은 방사선의 양이며, 같은 크기의 방사선량이라도 나이, 기간, 방사선의 종류, 인체 조직, 유전적 요인, 생활습관 등 수많은 요인이 암 발생에 기인한다. 우리나라 원전 주변에서 주민이 약 20년 정도 거주하였다면 발전소 운영으로부터 받는 누적 방사선량은 최근 데이터(월성원전은 11년 동안 0.2mSv)를 근거로 단순하게 추정하면 최대 0.4mSv 이하일 것이다. 이 정도 크기의 방사선량이 암을 발생시킨다는 과학적 증거는 아직 발견되거나 입증되지 않았다.

최근 우리나라에서 갑상선암 발견이 대폭 증가하는 것은 세계 의학계에서도 관심 사항이다. 이러한 발병률 증가 원인에 대해 검진 기술의 발달과 함께 과거에는 발견되지 않았던 임상학적으로 무의미한 미소암微小癌의 진단 증가, 생활수준의 향상과 함께 일반 국민의 갑상선암 검진 기회 증가가 주요 원인이라는 분석이 지배적인 의견이다.

특히 원전 주변지역 주민의 복지 차원의 건강 검진 횟수 증가와 국가 전체적으로 갑상선암 발견 증가에도 불구하고 갑상선암에 의한 사망률은 변화가 없다는 사실이 이를 뒷받침하고 있다.

## 원전 주변지역의 유아 사망률 및 암 발생률 논란

지난 2000년 미국 과학자와 의사들로 구성된 비영리 민간단체가 발표한 '방사선과 보건 프로젝트'라는 조사 보고서에서는 원전 주변지역의 태아와 유아, 소아 사망률과 암 발생률이 일반 지역보다 훨씬 높은 것으로 나타났으며, 원자력발전소 가동 전과 후, 폐쇄 전과 후의 통계를 비교해 보면 이것이 원전과 밀접한 관계가 있다는 것이 드러난다고 주장하고 있다.

이 조사는 2003년 뉴욕 타임지로부터 논쟁적이고 과학적 신뢰성이 부족하다는 평을 듣기도 하였다. 이들 주장에 대해 미국 국립암연구소, 국립보건연구소, 원자력규제청과 원자력산업계는 표본 수의 부족, 대조군 부재, 다른 암 위험 인자의 미 고려, 환경 자료 및 분석 부재, 스트론튬-90의 잘못된 반감기 적용 등 연구 방법론적 문제와 결과의 신뢰성에 의문을 제기하고 있다. 또한 2012년 발간된 미국 국립과학아카데미NAS 보고서에 의하면, 현재까지 미국 내 원전 및 핵 시설 주변 어린이에게서 방사선에 의한 암 발생률 증가나 건강상의 이상이 발견되었다는 연구 결과는 없다고 단정하고 있다.

**월성원전 주변 삼중수소 검출 여부**

2011년 3월 월성원전 인근 지역 주민의 소변에서 삼중수소가 검출되었다는 민간환경감시기구의 발표 및 언론 보도에 따라 삼중수소의 인체 유해성을 확인하기 위해 동국대학교, 조선대학교, 원자력의학원 3개 기관이 합동으로 2014년 6월부터 2015년 9월까지 15개월간 월성원전 주변 주민 246명, 경주 시내 주민 125명을 대상으로 삼중수소 노출 평가를 위한 요시료 분석, 방사선 피폭 위해 여부 판정을 위한 염색체 검사를 수행한 바 있다. 원전 주변지역 주민의 경우 삼중수소 농도는 평균 5.5베크렐/리터Bq/L, 최대 28.8베크렐/리터, 경주 시내 주민의 경우 체내 삼중수소 농도는 평균 3.21베크렐/리터로 나타났다. 또한 주민 50명을 대상으로 한 염색체 이상 빈도 조사 결과 경주 시내와 월성원전 주변과의 차이점은 없는 것으로 나타났다.

월성원전과 같은 중수로형 원전에서는 냉각재와 감속재로 중수重水를 사용하고 있어 경수로에 비하여 약 3배 정도 많은 삼중수소가 생성되는 것으로 알려져 있다. 환경으로 배출된 삼중수소는 공기 흡입을 통해 또는 강우로 토양이나 하천에 침적된 후 식수나 음식 섭취를 통해 인체 내로 들어오게 된다. 인체 내로 들어온 삼중수소가 이번 조사에서 관찰된 원전 주변 주민의 최댓값인 28.8베크렐/리터의 농도로 1년간 체내에서 계속 유지된다고 가정하여 방사선량을 계산하면 약 0.00061mSv 정도가 된다. 이는 일반인에 대한 연간 법적 선량한도 1mSv의 약 0.06%, 일반인이 일상생활에서 경험할 수 있는 흉부 X선을 촬영할 경우 받게 되는 약 0.05mSv의 1.2% 수준으로 매우 미미한 선량이라 할 수 있다. 삼중수소는 방사선 중에서 에너지가 낮고 투과력이 약한 베타 방사선을 방출하여 인체에 미치는 영향이 매우 작다. 체내에 흡수될 경우에도 빠른 시간생물학적 반감기 약 10일 내에 소변, 땀 등으로 몸 밖으로 배출되어 다른 방사성물질에 비하여 인체에 미치는 영향이 약 1/1,000로 매우 작다.

우리나라는 아직 식수에 대한 삼중수소 허용 농도 기준치는 없다. 미국의 경우 식수 삼중수소 제한치는 740베크렐/리터, 세계보건기구WHO는 10,000베크렐/리터로 정하고 있다. 최근 10년간 우리나라 원자력발전소 주변 환경 시료에서 관측된 삼중수소 최대 농도(월성원전 부지 내 빗물의 490베크렐/리터)가 미국의 식수 섭취 기준보다도 낮은 것을 감안하면 원전 운영으로 인해 발생된 삼중수소가 주변지역 주민의 건강에 미치는 영향은 미미한 수준일 것이다. 하지만 건강에 대한 주민의 불안감 해소를 위해 삼중수소 배출 저감화, 원전 주변지역의 삼중수소 환경 모니터링, 지역 주민을 대상으로 한 인체 모니터링의 지속적 수행과 함께 인체 흡수 경로를 보다 정확하게 파악할 필요가 있다.



## 원전 방사선 작업자 피폭 관리와 연간 유효 선량한도

우리나라 방사선 작업 종사자에 대한 연간 유효 선량한도는 연간 50mSv를 넘지 않는 범위에서 5년간 100mSv이다. 원전 종사자 외부 피폭평가는 개인선량계를 사용하여 1개월 단위로 실시하고 있으며, 고선량 지역에서의 특수 작업 종사자의 경우에는 작업 후 즉시 평가하여 작업 허가 선량한도의 초과 여부 확인과 차기 작업 시 허용 선량 결정에 활용하고 있다. 방사선 작업자가 방사성물질을 체내로 섭취하여 받은 내부 피폭평가는 전신체내오염검사기를 사용하여 매년 1회씩 측정한다.

종사자 개인 평균 선량은 2011년을 기준으로 감소하고 있으며, '원자력안전법'상 방사선 작업 종사자의 선량한도인 연간 50mSv를 초과한 원전 종사자는 2000년 이후 한 명도 없는 것으로 알려져 있다. 2013년의 경우 전체 종사자의 83%가 일반인의 연간 선량한도인 1mSv 미만의 방사선 피폭을 받았으며, 이 중 방사선 피폭이 전혀 없는 종사자가 약 76%를 차지하고 있다.

■ 연도별 원전 종사자 개인 평균 선량(단위: mSv)

| 연도 | 2007 | 2008 | 2009 | 2010 | 2011 | 2012 | 2013 |
|---|---|---|---|---|---|---|---|
| 종사자 개인 평균 선량 | 1.13 | 0.94 | 1.39 | 1.20 | 0.76 | 0.71 | 0.82 |

자료: 『2014 원자력발전백서』, 한국수력원자력(주)

**방사능 검출률의 과학적 배경**

원자력안전위원회 고시에서는 엄격한 환경감시를 위해 일정 수준 이하의 환경 시료의 방사능 농도라도 측정해 낼 수 있도록 검출하한치를 규정해 두고 있다. 검출하한치는 방사선의 인체 위해도를 기준으로 설정된 값이 아니고 검출기 성능에 대한 최소한의 요건을 정한 것이다. 검출하한치 이상의 방사능이 측정되었다고 하여 건강에 위험한 수준의 방사능에 오염되었다는 것을 의미하는 것은 아니다. 일례로 농수산물 내 방사성세슘의 경우 원자력안전법상 검출하한치는 0.1Bq/kg이나 식약처에서 정한 식품 중 방사능 허용기준은 100Bq/kg로 1,000배나 크다.

한편 최소검출가능농도MDA는 방사능계측기, 시료량, 회수율, 계측시간 등의 조건에 따라 분석 가능한 최소 방사능 농도를 의미하며, 환경 시료를 분석할 때 실제로 사용한 계측기의 특정 계측 조건에서의 방사능 분석 능력을 나타낸다. 따라서 최소검출가능농도는 법에 규정한 검출하한치보다 항상 작아야 한다.

일반적으로 계측기의 최소검출가능농도MDA는 다음과 같은 관계식을 가진다.

$$MDA = \frac{2.707 + 4.65\sqrt{B}}{ET}$$

여기서 B는 배경방사능준위, E는 계측기 효율, T는 계측 시간이다. B와 E는 계측기 자체의 성능이라 볼 수 있으며, T는 계측기 사용자가 시료의 특성에 따라 인위적으로 설정할 수 있는 조건이다. 위 관계식을 참고하면 계측 시간이 커지면 최소검출가능농도는 작아지게 된다. 즉, 계측 시간을 2배로 늘이면 최소검출가능농도는 반으로 줄어들어 보다 낮은 방사능 농도까지 검출이 가능해진다.

방사능 농도가 0.05Bq/kg인 시료 A가 있다고 가정하자. 최소검출가능농도가 0.01Bq/kg 수준이 되도록 계측 조건이 설정되었을 경우 이것보다 농도가 큰 시료 A의 방사능 농도는 당연히 0.05Bq/kg으로 계측되어질 것이다. 그러나 다른 동일한 조건에서 계측 시간을 줄여 최소검출가능농도가 0.1Bq/kg 수준으로 증가하였을 경우 시료 A의 방사능 농도는 최소검출가능농도 이하이므로 검출되지 않을 것이다. 이때 시료 A의 방사능 농도는 0.1Bq/kg 이하<0.1Bq/kg 또는 불검출(또는 미검출) 등으로 표현한다. 여기서 불검출이라는 표현이 일반 국민(정보를 전하는 언론 포함)과의 소통 과정에서 오해를 자주 발생시킨다.

### 방사성핵종 불검출의 기술적 의미

방사성핵종의 불검출이라는 기술적 의미는 핵종이 절대적으로 존재하지 않는다는 의미보다는 사용한 계측기의 최소검출가능농도보다 작은 크기의 방사능이 시료에 존재하므로 현재의 계측기 조건에서 핵종이 검출되지 않았다는 의미이다. 그러나 일반인 입장에서 보면 불검출이라는 표현은 상식적인 관점에서 방사능물질의 농도가 '0'라는 의미로 받아들이기 쉽다. 따라서 기술적으로 아무 조건 없이 불검출이라는 표현을 쓰는 것은 오류이다. 일반 대중과의 정확한 소통을 위해 법에서 정한 방식대로 최소검출가능농도 이하또는 <MDA와 같은 정확한 표현을 하여야 할 것이다.

앞서 설명한 대로 시료의 계측 조건에 따라 방사능 검출 정도는 매우 가변적이므로 시료 중 방사능이 측정된 시료의 비율을 나타내는 검출률도 계측기의 최소검출가능농도에 따라 매우 달라진다. 최소검출가능농도가 낮을수록 보다 낮은 수준의 방사능 농도도 검출 가능하고 당연히 검출률도 증가할 것이다. 따라서 시료의 방사능 검출률은 계측기의 계측 조건의 함수이다. 보다 상세한 시료의 정보 획득을 위해 최소검출가능농도를 낮출 경우, 소요되는 비용 및 시간이 크게 증가한다. 비용과 시간이 추가로 요구되어도 국민 건강 향상에 도움이 된다면 마땅히 시행해야 하지만 인체에 위험하지 않은 극미량의 방사능 농도라면 법에서 요구하는 검출 하한치를 만족하는 수준에서 최소검출가능농도를 결정하는 것이 기술적 관점에서는 지극히 합리적이라 볼 수 있다. 아울러 국민의 알 권리라는 공공성에서 요구하는 정보의 정확성 못지않게, 과학적 지식을 기반으로 법이 정한 규정 내에서 합리적인 기술을 선택하는 것 또한 한정된 자원을 효율적으로 활용하여 법을 이행한다는 측면에서 국민들에게 더욱 이로운 선택이 될 수 있다.

기준치 이하지만 인체에 축적될 경우 건강에 영향을 준다는 표현은 모순된 표현이다. 기준치는 그 정도 수준의 방사능이 인체에 축적된다고 하더라도 인체 건강에 위험을 줄 정도는 아니라는 과학적 사실을 토대로 도출된 것이기 때문에 '기준치 이하지만 인체에 축적되면 위험'이라는 표현은 과학적 사실과 맞지 않는다. 어떤 과학적 사실이나 증거 없이 방사능 안전기준치는 0뿐이라는 주장은 우주에 존재하는 배경방사선과 자연방사선의 영향을 고려하지 않은 것이다. 이는 자칫 방사능의 위험만을 경고하여 심리적 불안과 과학적 몰이해를 가져올 수 있다.

### 원전 주변 지역이 갑상선암 발생 확률이 높다고 하던데?

2015년 한국원자력학회와 대한방사선방어학회에서 공동으로 발간한 「원전 주변 주민과 갑상선암 발생에 관한 과학적 분석」 보고서에 의하면 원전 운영과 주변 지역 주민의 암 발생 사이에 인과관계가 있다는 주장은 과학적 증거가 부족할 뿐만 아니라 방사선 이외의 요인의 가능성이 매우 크다고 말하고 있다.

갑상선암 조사결과가 원전 방사선 영향과 무관한 근거로는 첫째 원전 주변 지역과 대조 지역의 암발생률의 통계적 차이점이 발견되지 않았으며, 둘째 원전 주변 지역과 근거리, 원거리 대조 지역의 환경방사선량 차이가 없었고, 셋째 갑상선암의 발생률이 원전 주변 거주 기간에 따른 경향성이 없는 것으로 나타났으며, 넷째 갑상선암 이외의 다른 방사선 관련 암에서는 거리에 따른 암 발생률 차이가 나타나지 않았고, 다섯째 여성과 달리 남성의 경우 갑상선암에 대한 통계적 관련성이 없었으며, 여섯째 방사선 피폭이 상대적으로 큰 원전 내부 종사자에게서 암 발생 증가가 없다는 점을 들고 있다.

방사능이 희석되고 가라앉아 우리 해역에서는
후쿠시마 영향을 검출하지 못할 수준이 된다.
한국원자력안전기술원이 우리 해역의 바닷물을 검사한 결과도
사고 후 4년이 넘은 2015년 말까지 방사능 증가가 확인되지 않았다.

# 후쿠시마 사고, 우리나라 영향



**후쿠시마 사고로 방출된 방사능**

2011년 3월, 동일본 대지진 여파로 후쿠시마 제1원전의 6기 원자로 중 3기가 중대사고를 일으켜 환경으로 다량의 방사성물질이 유출되었다. 후쿠시마에서 방출된 방사능이 1986년에 일어난 체르노빌 원전 사고보다 10배에 달한다는 주장도 있으나 객관적 평가는 체르노빌 방사능의 1/7 내외로 본다.

체르노빌의 경우에는 원자로 출력의 폭주로 원자로가 증기 폭발을 일으켜 원자로 건물까지 완전히 파괴되었을 뿐만 아니라, 후속 흑연 화재로 원자로심이 계속 타면서 며칠 동안 방사능이 아무런 장애물 없이 대기로 방출되었다. 이에 비해 후쿠시마 원전은 정전으로 냉각수가 고갈되어 핵연료가 과열, 손상되고 과압으로 생긴 틈을 통해 방사능이 방출되었다.

후쿠시마 원전에서도 폭발은 있었지만 이는 과열된 핵연료 피복관 재료가 화학반응으로 수증기를 분해시켜 발생한 수소가스가 틈을 통해 빠져나와 외부 원자로 건물에 집적되어 수소폭발을 일으킨 것으로 체르노빌 폭발과는 성격이 다르다. 즉, 체르노빌 폭발은 원자로 안에서 일어나 핵연료 파편까지 밖으로 날아갔지만 후쿠시마 폭발은 원자로 용기 밖에서 일어났으므로 원자로 용기와 내부 핵연료가 직접 파괴되지는 않았다. 결과적으로 후쿠시마에서 대기로 방출된 방사능은 요오드-131이 200PBq, 세슘-137이 16PBq 정도이다. 해양으로 누출된 세슘-137은 대기에서 바다로 침적한 양과 직접 바다로 흘러들어간 양을 합쳐 10.5PBq로 평가된다.

■ 원전 사고로 환경으로 방출된 주요 핵종의 방사능[1)]

| 구분 | | 방출 방사능(PBq)[2)] | | |
|---|---|---|---|---|
| | | I-131 | Cs-137 | Xe-133[3)] |
| 후쿠시마 | 대기방출 | 200(154~259)[4)] | 15.7(12.1~20.4) | 7721(4,040~14,757) |
| | 해양방출 | - | 10.5[5)](6.4~17.3) | - |
| 체르노빌 | 대기방출 | 1,760 | 85 | 6,500 |

1) 국제원자력기구, 후쿠시마 제1원전 사고, STI/PUB/1710(2015)

2) PBq(페타 베크렐) = $10^{15}$ Bq(천 조 베크렐)

3) Xe-133 방출량은 후쿠시마와 체르노빌이 비슷하나 반감기가 짧고(5.3일) 불활성기체여서 환경에 침적되지 않고 확산되므로 원거리 방사선 영향 관점에서는 큰 의미가 없다.

4) 괄호 안은 불확도 범위이다.

5) 이 중 6.4PBq 정도는 대기로 방출된 것이 태평양에 침적한 것이며 직접 해양방출은 3.8PBq 정도이다.

### 사고 당시 우리나라 방사능 영향

후쿠시마 원전으로부터 우리나라까지 직선 거리는 약 1,100km이다. 그러나 당시 바람이 동쪽으로 불어 직접 날아오지 않고 북극권을 돌아오거나 북반구을 한 바퀴 돌아 실질 거리는 매우 멀

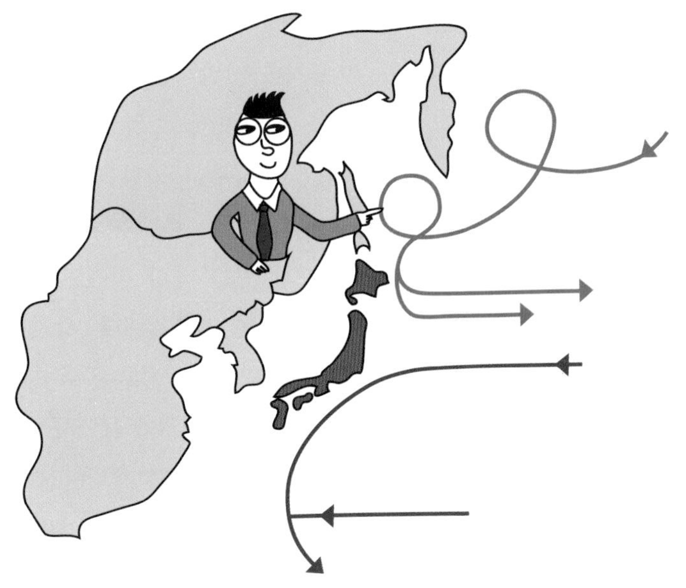



어 우리나라에 도달한 것은 사고 후 20일 정도 지난 3월 31일경이었다. 이렇게 먼 거리를 기류가 이동하는 동안 희석되고 침적하여 농도가 낮아졌는데, 국내 전국 방사능측정소에서 측정된 공기 중 최대 농도는 요오드-131이 3.12mBq/m$^3$ 2011년 4월 6일 군산, 세슘-137이 1.25mBq/m$^3$ 4월 7일, 부산이었고 빗물 중 농도는 요오드-131이 2.81Bq/L 4월 7일, 제주, 세슘-137이 2.02Bq/L 4월 11일, 제주이었다.

위와 같은 방사능 농도는 평소 공기 중 천연 방사성핵종의 농도 라돈 20~30Bq/m$^3$에 비해 무의미한 수준이다. 빗물 중 세슘-137 농도도 일반적으로 빗물에 있는 천연방사능 농도 베릴륨-7: 1~3Bq/L, 삼중수소: 1~2Bq/L 수준이었다. 따라서 이로 인한 방사선 영향은 의미를 부여할 수준이 아니었다.

#### 후쿠시마 오염 바닷물의 우리나라 해역 영향

바닷물도 바람처럼 지구를 순환한다. 후쿠시마 앞바다는 북쪽에서 오는 한류와 남쪽에서 오는 난류가 만나는 곳이어서 동쪽 태평양으로 밀려 나가 주류는 태평양을 건너 북미 대륙에 부딪힌 다음 남북으로 갈라져 북으로는 북태평양을 경유해 일본 쪽으로 돌아오고, 남으로는 적도 주변을 따라 필리핀 근처를 거쳐 우리 남해 방향으로 돌아오는 데 2~3년이 걸린다. 중간에 작은 흐름은 보다 가까운 거리로 돌 수 있지만 어느 경우든 우리 남해안에 올 동안에는 방사능이 희석되고 가라앉아 우리 해역에서는 후쿠시마 영향을 검출하지 못할 수준이 된다. 한국원자력안전기술원이 우리 해역의 바닷물을 검사한 결과도 사고 후 4년이 넘은 2015년 말까지 방사능 증가가 확인되지 않았다.



#### 일본 수입 수산물 방사능 검출 여부

후쿠시마 사고 후 우리 정부는 일본에서 수입하는 식품에 대해 방사능 검사를 실시하여 기준 미만인 경우에만 통관을 허용하였다. 특히 2013년 7월 후쿠시마 원전에서 방사능 오염수를 저장한 탱크에서 누설이 발견되어 일본산 수산물에 대한 국민의 우려가 높아짐에 따라, 일본산 수산물에 대해서는 세슘-137 방사능 관리기준을 기존 370Bq/kg보다 낮춘 100Bq/kg으로 낮춰 엄격히 관리하였다.

모든 식품에는 천연방사능이 상당히 들어 있는데, 예를 들면 수산물에는 칼륨-40이 수십~수백Bq/kg, 폴로늄-210이 수~수십

Bq/kg 들어 있다. 칼륨-40의 방사성 위해도는 세슘-137과 비슷하고 폴로늄-210은 세슘-137의 100배 수준으로 후쿠시마 사고와 관계없이 일상적으로 취식하는 수산물에는 kg당 세슘-137로 환산해 100~1000Bq/kg 정도 들어 있다.

후쿠시마 사고 이후 우리나라가 일본산 수산물을 검사한 결과를 보면 가장 높았던 것은 2011년 7월 대구 1건에서의 약 100Bq/kg이었다. 2014년부터는 100건 중 1건 정도에서 방사능이 검출되며 그 수준은 10Bq/kg 미만이다. 이는 천연방사능의 오차 수준 정도에 해당된다.

■ 후쿠시마 사고 이후 일본산 수산물 월별 검사 건수 및 방사능 검출 비율

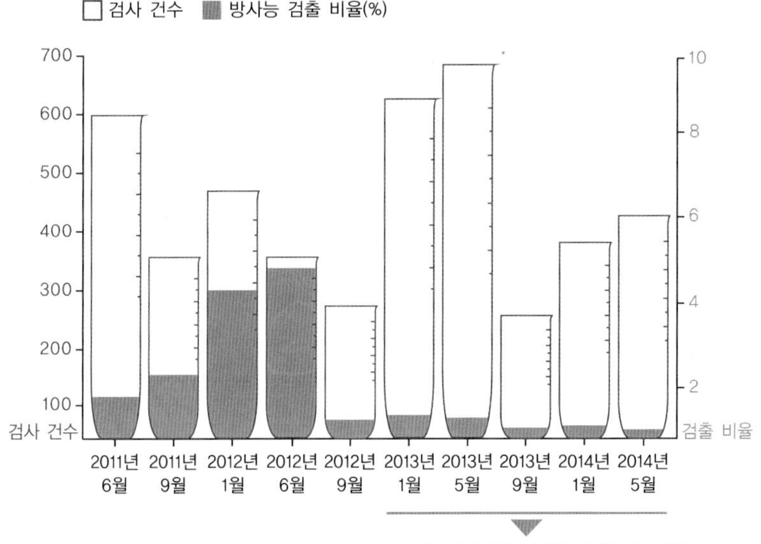


자료: 식품의약품안전처

■ 일본산 수산물의 세슘 방사능 수준 변동 추이

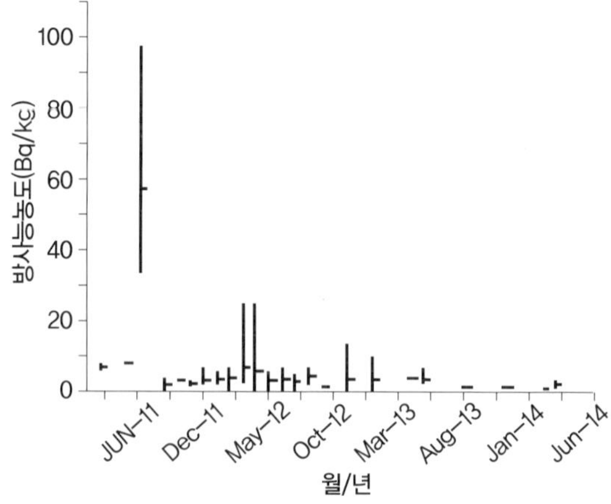


자료: 식품의약품안전처

• 막대의 양단은 최저, 최고를 나타내며 가로 마크는 평균이다. 2013년부터는 10Bq/kg 미만 수준에 있다.

**세슘 핵종 검사 이유**

원자로의 핵연료 안에는 수백 종의 방사성핵종이 있다. 그러나 사고로 인해 환경으로 방출되는 핵종은 물질의 휘발도에 따라 많은 차이가 난다. 불활성기체는 대부분 방출된다고 보며 다음으로는 휘발도가 높은 요오드가 많이 방출된다. 고체 입자 중에는 세슘이나 텔레늄(반감기가 짧아 수산물 방사능에는 거의 영향을 미치지 못함)이 많이 방출되며 스트론튬은 세슘의 1/10 정도가 방출된다. 플루토늄은 원자로 내 재고량도 작고 방출률은 더 낮다.

그런데 세슘Cs-137 및 Cs-134은 감마분석으로 쉽게 방사능을 측정할 수 있는 데 비해 스트론튬이나 플루토늄은 시료 하나를 분석하는 데 2주 이상 걸린다. 그래서 식품의 유통 과정을 고려할 때 스트론튬이나 플루토늄을 검사하여 식품의 유통을 결정하기는 어렵다. 또한 세슘 방사능 기준을 정할 때 있을 수 있는 기타 핵종의 추가적 기여를 고려하여 적절한 여유를 두어 높이 설정한다. 그러므로 세슘 방사능이 기준치 이하면 기타 핵종까지 고려하더라도 안전하다고 판단할 수 있다.

후쿠시마 원전 사고는 우리나라와 인접한 이웃나라에서 발생한 사고이기에 우리나라에 어떤 영향을 끼치느냐에 대해 관심이 매우 높았다. 사고 영향은 공기로의 전파 가능성과 빗물의 방사능 농도, 우리나라 해역의 영향, 그리고 일본 수입 수산물의 방사능 검출 여부 등 다방면에서 가능성이 제기되었다. 사고 이후 공기와 빗물, 바닷물의 방사능 농도를 주기적으로 평가하였고, 영향을 줄 정도에는 못 미치는 미미한 수준이었음을 확인하였다. 또한 일본 수산물에 대해서도 엄격한 기준을 세우고 관리하고 있다.

계획되고 통제되지 않은 상태로 방사능을 환경으로 방출하는 것은 일종의 '사건'이다. 비정상적으로 방출된 방사능이 심각하게 많다면 이는 사건이 아니라 '사고'가 된다. 지금까지 우리 원전에서 사고에 해당하는 비정상적 방사능 방출이 발생한 적은 없다.

# 방사성물질 관리



**정상 운영 원전 배출 방사능**

원전을 운영할 때 방사능의 환경 방출을 최소화하기 위한 관리 기준을 세우고, 이행하고 있지만 소량의 방사능이 대기나 해양으로 방출되는 것은 피할 수 없다. 관련 법규는 원전 운영자가 배기나 배수를 통해 환경으로 방사능을 배출하고자 할 때에는 그 성분과 방사능양을 분석하고 법규에서 정하는 양보다 훨씬 낮게 허가된 배출량을 넘지 않음을 확인한 후 지정된 배출 경로를 통해 배출하도록 규정하고 있다. 따라서 모든 배출은 방사선 관리자의 사전 승인을 받는다.

배출량은 원전 유형과 구체적 설계 특성에 따라 차이가 있다. 가압경수로인 한울원전에서 2014년도에 방출된 양은 총 6기로부터 연간 대기로 13TBq, 바다로 54TBq였다. 배출 핵종을 보면 거의 전부가 삼중수소$^{3}H$이다.

월성원전 1~4호기에서 배출된 양은 대기와 바다로 각각 170TBq과 50TBq을 방출하였다. 마찬가지로 삼중수소가 대부분이지만 가압경수로에 비해 탄소-14C-14와 불활성기체 방사능 배출량이 상대적으로 높았다. 특히 삼중수소 배출량이 가압경수로에 비해 월등히 많은데, 월성 1~4호기는 가압중수로형 원전으로 일반 물이 아닌 중수를 사용하기 때문에 삼중수소 생성량이 훨씬 많기 때문이다.

■ 2014년도 한울원전 부지 방사능 방출량(TBq)[1)]

| 구분 | 호기 | | | | | | 계 | 구성비 (%) |
|---|---|---|---|---|---|---|---|---|
| | 1 | 2 | 3 | 4 | 5 | 6 | | |
| 기체 | | | | | | | | |
| 삼중수소 | 2.72E+00 | 2.91E+00 | 6.58E-01 | 1.11E+00 | 1.83E+00 | 2.85E+00 | 1.21E+01 | 95.4 |
| C-14 | 7.06E-02 | 7.11E-02 | 9.82E-02 | 3.57E-02 | 1.57E-01 | 9.98E-02 | 5.32E-01 | 4.2 |
| 불활성기체[2)] | 6.09E-03 | 1.33E-02 | 1.54E-02 | 1.39E-02 | - | 4.00E-03 | 5.26E-02 | 0.4 |
| 미립자[3)] | 1.38E-09 | 5.24E-09 | 8.46E-07 | - | - | - | 8.53E-07 | ~0.0 |
| 계 | 2.80E+00 | 2.99E+00 | 7.72E-01 | 1.16E+00 | 1.99E+00 | 2.95E+00 | 1.27E+01 | 100 |
| 액체 | | | | | | | | |
| 삼중수소 | 9.27E+00 | 9.27E+00 | 1.40E+01 | 1.40E+01 | 3.69E+00 | 3.69E+00 | 5.39E+01 | 100 |
| 미립자[4)] | 3.13E-07 | 3.13E-07 | - | - | 5.15E-05 | 4.96E-05 | 1.02E-04 | ~0.0 |
| 계 | 9.27E+00 | 9.27E+00 | 1.40E+01 | 1.40E+01 | 3.69E+00 | 3.69E+00 | 5.39E+01 | 100 |

자료: 한국수력원자력(주), 「2014년 환경방사능 조사 및 평가 보고서」

1) TBq(테라 베크렐) = $10^{12}$ 베크렐(1조Bq)

2) Ar-41, Kr-85, Xe-133 등

3) Co-58, Br-82, Sr-90 등

4) Na-24, Mn-54, Co-58, Co-60, Ag-110m, Sb-124, Sb-125 등

■ 2014년 월성 가압경수(CANDU)형 원전 방사능 방출량(TBq)

| 구분 | 호기 | | | | 계 | 구성비 (%) |
|---|---|---|---|---|---|---|
| | 1 | 2 | 3 | 4 | | |
| 기체 | | | | | | |
| 삼중수소 | 1.39E+01 | 3.38E+01 | 4.21E+01 | 4.74E+01 | 1.37E+02 | 83.1 |
| C-14 | 6.76E-02 | 1.53E-01 | 4.92E-01 | 9.24E-01 | 1.65E+00 | 1.0 |
| 불활성기체 | 2.30E+00 | 1.57E+01 | 6.20E+00 | 2.04E+00 | 2.62E+01 | 15.9 |
| 계 | 1.63E+01 | 4.96E+01 | 4.88E+01 | 5.04E+01 | 1.65E+02 | 100 |
| 액체 | | | | | | |
| 삼중수소 | 1.35E+00 | 4.06E+00 | 2.68E+01 | 1.45E+01 | 4.84E+01 | 100 |
| C-14 | 3.94E-05 | 2.50E-04 | - | - | 2.89E-04 | ~0.0 |
| 용존기체[1] | - | 2.23E-07 | - | - | 2.23E-07 | ~0.0 |
| 미립자[2] | 9.78E-05 | 1.96E-04 | 8.19E-05 | 1.14E-04 | 5.00E-04 | ~0.0 |
| 계 | 1.35E+00 | 4.06E+00 | 2.68E+01 | 1.45E+01 | 4.84E+01 | 100 |

자료: 한국수력원자력(주), 「2014년 환경방사능 조사 및 평가 보고서」

1) Ar-41, Xe-133m

2) Sc-46, Cr-51, Mn-54, Co-56·58·60, Fe-59, Zn-65, Sr-89·90, Zr-95, Nb-95·97, Tc-101, Ag-110m, Sb-122·124·125, I-131, Cs-137, Eu-152, Gd-153·159, Gd, W-187 등

**비정상적 방사능 방출** 계획되고 통제되지 않은 상태로 방사능을 환경으로 방출하는 것은 일종의 '사건'이다. 극히 드물지만 기기의 고장이나 운전원의 실수로 이러한 비성상 방출 사건이 발생한다. 비정상 방출이 발생하면 여러 가지 상황 정보를 종합하여 얼마나 많은 방사능이 환경으로 방출되었는지, 그리고 그로 인해 부지 종사자나 지역 주민의 피폭이 얼마나 되는지를 평가하여 규제 기관에 보고하여 그 합리성에 동의를 받아야 한다. 이러한 사건으로 방출된 방사능 양은 당해 연도 방출량에 합산한다.

모든 사건은 그 경위와 결과를 상세히 분석하여 기록으로 남기고 이를 국내외 다른 원전에도 파급하여 유사한 사건의 예방에 활용해야 한다. 세계원전운영자협회WANO가 이러한 협력을 권장하고 있고, CANDU운영자그룹COG도 따로이 협력하고 있다.

비정상적으로 방출된 방사능이 심각하게 많다면 이는 사건이 아니라 '사고'가 된다. 지금까지 우리 원전에서 사고에 해당하는 비정상적 방사능 방출이 발생한 적은 없다.

**방사능 환경 배출과 생태계 영향** 원전은 건설허가 단계에서부터 그 운영으로 인한 방사선 환경영향을 평가하여 정상운영(가끔 발생하는 사건까지 포함하여)으로 인해 환경에 우려할 영향이 없을 것임을 보장해야 한다. 그래서 안전성분석보고서와는 별도로 '방사선 환경영향평가서'를 제출하여 규제 기관의 심사를 받는다.

원전이 운영을 시작하면 환경으로 방사능이 배출되는데 그로 인해 지역 주민이 받는 방사선량은 직접 측정할 수 없을 정도로 낮다. 현재 사용하는 개인 선량계는 대개 수십 마이크로시버트 이상인 방사선량만 직접 측정할 수 있는데 정상적인 경우 주민 선량은 그 한계보다 훨씬 낮고 선량계로 측정할 수 없는 내부 피폭도 있기 때문이다. 따라서 주민의 선량은 원전에서 배출한 방사성핵종과 방사능양 정보와 대기 또는 수계 확산 특성에 대한 정보를 적용하여 규제기관이 승인한 '소외선량 평가 매뉴얼ODCM: Off-site Dose Calculation Manual'에 따라 계산한다.

배기구를 통해 대기로 배출된 방사능의 영향을 평가하려면 배출 당시 현지 기상 자료가 필요하므로 원전 부지에는 독자적으로 운영하는 기상탑이 있다. 바다로 나간 방사능의 영향을 평가하는 데는 지역의 해류 정보가 이용되지만 정교한 평가는 어려우므로 보수적으로 단순화된 모델을 적용하는 경우가 많다. ODCM은 방사능의 환경 중 거동뿐만 아니라 그 결과 위치별 공기·수중 농도, 지역에서 생산되는 식품에 전이되는 양, 그러한 식품의 섭취량도 평가해야 하므로 사회지리 자료도 필요하다. 규제 기관은 원전 운영허가 단계에서 운영자의 ODCM을 검토하여 승인하며, 어떤 변경이 있으면 동일한 승인 절차를 밟아야 한다. 선량계수나 규제 기준 등 규제 입장이 변경되면 규제 기관이 운영자에게 ODCM의 수정을 요구한다.

ODCM으로 평가된 주민의 선량은 지역별로 차이가 있지만 가장 큰 값이 기준보다 낮아야 한다. 이때 적용되는 기준은 일반인 선량한도인 연간 1mSv가 아니라 그 일부에 해당하는 '선량제약치' 개념이다. 현행 국내 규정에서 한 발전소에 대한 선량제약치는 연간

0.1mSv 수준이다. 그러나 한 부지에 다수 원전이 운영되면 선량한도를 위협할 수 있기 때문에 한 부지에 동일 사업자 소관의 모든 시설에 대한 종합 선량제약치를 연간 0.25mSv로 규정하고 있다. 따라서 한 부시에 원전 수가 늘어나면 그만큼 환경보호를 위한 노력을 강화해야 한다. 0.1mSV는 우리나라에서 미국이나 유럽을 1회 왕복할 때 비행기 안에서 받는 우주방사선량으로 매우 낮은 선량이다.

일반인 선량한도나 선량제약치는 사람(주민)의 보호를 목표로 설정된 것이다. 근래에는 사람이 아닌 생물종의 보호에도 관심이 높아지고 있고 국제방사선방호위원회도 이에 대한 권고를 내고 있다. 그러나 극단적인 특수 상황이 아니라면, 사람이 적절히 보호되면 다른 생물종도 충분히 보호되므로 규제 입장은 사람의 보호에 초점이 맞춰져 있다.

**주민선량의 만족도**

물질의 환경 거동은 매우 복잡하고 개인의 습관도 다양하므로 모델에 의한 계산이 정확하다는 보장은 없다. 그러나 ODCM에 채택된 모델은 그러한 불확실성을 고려하여 보수적 접근을 따르므로 계산 결과는 실제 선량보다 상당히 과대평가될 것으로 본다. 과대평가한 결과가 기준을 만족하면 안전 여유가 있기 때문이다.

나아가 관리되지 않은 방출이 있었거나 배출된 방사능이 예기치 않게 환경에 집적되지 않는지를 확인하기 위해 원전 운영자는 시설 주변 환경에 대해 '환경방사선 감시' 프로그램을 운영해야 한다. 이 감시 프로그램은 사업자 임의로 정하는 것이 아니라 규제 기관이 정한 대상과 주기에 따른다.

환경방사선 감시는 원전으로 인해 어떤 비정상적인 방사능 상황이 없는지를 확인하는 증거이기 때문에 사업자 감시 프로그램에 추가하여 규제 기술 기관인 한국원자력안전기술원도 따로 독자적 프로그램에 따라 원전 지역 환경방사선을 감시한다. 나아가 원전이 있는 지방자치단체는 '민간환경감시기구'를 두어 자체 감시 프로그램을 운영한다. 규제 기관이나 민간환경감시기구는 자신의 감시 결과와 운영자가 제공하는 감시 결과를 비교함으로써 운영자의 감시 프로그램의 합당성을 확인한다.

2014년 한국수력원자력(주) 감시 결과를 보면, 가압경수로 원전이 운영되는 부지 주변에서는 빗물 중 삼중수소H-3가 비교 지점보다 약간 높게 나타나는 경향이지만 보건학적 의미를 부여할 정도는 아니다. 가압중수로형 원전이 운영되는 월성 부지 주변에서는 대부분 환경 시료에서 삼중수소 농도가 현저히 높게 나타난다. 삼중수소나

■ 국내 원전 환경방사선 감시 프로그램[한국수력원자력(주), 2015]

| 조사 대상 | 빈도 (회/년) | 시료채취 지점 수 | | | | 측정 수단, 측정 항목[1) |
|---|---|---|---|---|---|---|
| | | 고리 | 한빛 | 월성 | 한울 | |
| 집적선량 | 4 | 41 | 26 | 37 | 35 | 열형광선량계 |
| 감마선량률 | 연속 | 16 | 10 | 16 | 13 | 환경방사선감시기 |
| 미립자(공기) | 52 | 10 | 10 | 10 | 10 | 전베타, 감마 |
| 요오드(공기) | 52 | 10 | 10 | 10 | 10 | $^{131}I$ |
| 수분(공기) | 24 | 0 | 0 | 10[2) | 0 | $^{3}H$ |
| 이산화탄소(공기) | 12 | 0 | 0 | 3[2) | 0 | $^{14}C$ |
| 식수 | 4 | 4 | 2 | 4 | 3 | 감마, $^{3}H$ |
| 지하수 | 4 | 3 | 2 | 4 | 3 | 감마, $^{3}H$ |
| 지표수 | 12 | 4 | 2 | 5 | 3 | 감마, $^{3}H$ |
| 빗물 | 12 | 5 | 4 | 8 | 5 | 감마, $^{3}H$, 전베타 |
| 표층토양 | 2 | 5 | 5 | 4 | 6 | 감마, $^{90}Sr$ |
| 하천토양 | 4 | 5 | 2 | 3 | 3 | 감마 |
| 곡류 | 1 | 3 | 4 | 6 | 4 | 감마, $^{90}Sr$, ($^{14}C$, $^{3}H$) |
| 채소·과일 | 1~2 | 8 | 8 | 5 | 4 | 감마, $^{90}Sr$, ($^{14}C$, $^{3}H$) |
| 우유 | 12 | 2 | 2 | 2 | 1 | 감마, $^{90}Sr$, ($^{14}C$, $^{3}H$) |
| 육류 | 2 | 2 | 2 | 2 | 2 | 감마, $^{90}Sr$, ($^{14}C$, $^{3}H$) |
| 솔잎[3) | 2 | 5 | 5 | 5 | 4 | 감마, $^{90}Sr$ |
| 쑥[3) | 2 | 2 | 3 | 3 | 2 | 감마 |
| 해수 | 12 | 13 | 4 | 6 | 4 | 감마, 전베타, $^{3}H$, $^{90}Sr$ |
| 해저퇴적물 | 2 | 11 | 4 | 8 | 3 | 감마, $^{90}Sr$ |
| 어류 | 2 | 6 | 5 | 8 | 3 | 감마, $^{90}Sr$ |
| 패류 | 2 | 6 | 4 | 7 | 3 | 감마, $^{90}Sr$ |
| 해조류 | 2 | 8 | 4 | 7 | 3 | 감마, $^{90}Sr$ |
| 저서생물 | 2 | 7 | 3 | 5 | 3 | 감마 |

1) 1. 감마는 고순도 게르마늄 검출기에 의한 정량분석임

2. C-14($^{14}C$), H-3($^{3}H$)는 월성원자력발전소만 일부 시료에 대해 분석

3. 월성원자력발전소 환경방사선감시기 중 4개 지점은 한국원자력환경공단이 수행

2) 월성원전은 H-3와 C-14 배출이 상대적으로 많기 때문에 가압경수로(PWR)에 비해 추가로 감시한다.

3) 솔잎과 쑥은 입자를 잘 흡착하는 성질 때문에 대표 감시용으로 사용된다.

탄소-14는 주로 수증기나 물 또는 탄산가스 형태로 배출되므로 환경에서 자유롭게 이동하고 작물이나 인체 내 분포와 쉽게 평형을 이룬다. 그 결과 원전 지역에서 생산되는 식품의 방사능특히 삼중수소 농도이 원전의 영향이 없을 것으로 보는 원거리20km 이상 비교 지점에 비해 유의하게 높게 나타났다(다른 원전이나 다른 핵종은 차이가 없어 제시하지 않음). 따라서 주민의 소변을 분석하면 다른 지역에 비해 수 Bq/L 더 높은 삼중수소가 측정된다. 그러나 삼중수소는 약한 에너지의 베타 방사선만 내므로 방사선학적 독성은 매우 낮다. 그래서 체액에 삼중수소가 수 Bq/L 정도 있더라도 그로 인한 선량은 연간 0.01mSv 미만으로 위 선량제약치보다 충분히 낮고 자연방사선 내부 피폭의 편차보다도 낮다.



■ 비교 시료와 유의한 차이가 있는 식품 방사능(월성원전 주변 H-3/C-14)[1]

| 핵종 | | 쌀 | 보리 | 배추 | 과일 | 식수 |
|---|---|---|---|---|---|---|
| H-3(수분) | Bq/kg | 0.684~0.771 | 2.06~2.58 | 44~126 | 17.3~18 | 2.38~9.28 |
| | | (<0.10)[2] | (<0.103) | (<1.25) | (<1.05) | (<1.17) |
| H-3(유기물) | Bq/kg | 3.18~3.31 | 5.82~6.31 | 1.31~3.25 | 1.89 | - |
| | | (1.36) | (<0.62) | (<0.025) | (<0.1) | - |
| C-14 | Bq/g-C | 0.253~0.264 | 0.235~0.254 | 0.257~0.427 | 0.379~0.388 | - |
| | | (0.238) | (0.209) | (0.245) | (0.228) | - |

1) 다른 원전이나 다른 여러 식품에 대해 기타 핵종도 분석하지만 비교 지점과 차이가 없음

2) 각 값의 둘째 줄의 ( )는 원전에서 20km 이상 떨어진 비교 지점의 값임

## 원전 지역 환경 방사선 감시 결과 자료(2014년)

| 구분 | 항목 | 고리원전 | 월성원전 | 한빛원전 | 한울원전 |
|---|---|---|---|---|---|
| 선량률 | (μ R/h)<br>정상범위: 5~30 | 8.23~17.6 | 7.48~20.9 | 9.92~14.2 | 8.84~21.2 |
| 공기농도 | H-3(Bq/m3) | 불검출<br>불검출 | 0.003~13.3<br>(<0.003~0.05) | 불검출<br>불검출 | 불검출<br>불검출 |
| | C-14(Bq/g-C) | 불검출<br>불검출 | 0.251~1.04<br>(0.215~0.297) | 불검출<br>불검출 | 불검출<br>불검출 |
| | 전베타(mBq/m3) | 0.354~2.02<br>(0.329~1.95) | 0.262~2.16<br>(0.296~1.70) | 0.405~3.27<br>(0.384~2.70) | 0.489~3.01<br>(0.581~2.29) |
| | 기타 입자 핵종 | 불검출 | | | |
| 빗물 | H-3(Bq/L) | <1.08~50.5<br>(<1.08) | <1.21~1130<br>(<1.13~3.17) | <1.53~96.6<br>(<1.72~2.46) | <1.02~59.8<br>(<1.16) |
| | 전베타(Bq/L) | 0.009~0.234<br>(<0.008~0.115) | 0.003~0.269<br>(<0.012~0.104) | 0.008~0.414<br>(<0.009~0.137) | 0.029~0.359<br>(0.029~0.243) |
| | 기타 입자 핵종 | 불검출 | | | |
| 지표수 | H-3(Bq/L) | <1.07<br>(<1.04) | <1.08~8.67<br>(<1.16) | <1.53~2.29<br>(<1.71) | <1.01<br>(<1.14) |
| | I-131(Bq/L) | <0.0008~0.708<br>(<0.008~0.59) | <0.004<br>(<0.005~0.044) | <0.0003<br>(<0.002) | <0.005~0.277<br>(<0.007) |
| | 기타 입자 핵종 | 불검출 | | | |
| 지하수 | H-3(Bq/L) | <1.07<br>(<1.06) | <1.18~8.16<br>(<1.13) | <1.71<br>(<1.87) | <1.01<br>(<1.22) |
| | 기타 입자 핵종 | 불검출 | | | |
| 표토 | Cs-137(Bq/kg) | 0.406~9.06<br>(5.99~25.8) | <0.303~4.46<br>(0.361~4.29) | 0.566~3.54<br>(<0.386~0.696) | 0.315~6.54<br>(0.368~1.05) |
| | 기타 입자 핵종 | 불검출 | | | |
| 하천토 | Cs-137(Bq/kg) | <0.083~1.91<br>(<0.428~1.51) | <0.331~0.775<br>(<0.301~0.748) | 0.474~2.62<br>(0.731~1.25) | <0.333~0.672<br>(1.02~2.57) |
| 해수 | H-3(Bq/L) | <1.10~3.52<br>(<2.11) | <1.07~1036<br>(<1.04) | 1.7~2.78<br>(2.08~3.36) | <1.0<br>(<1.04) |
| | Cs-137(mBq/L) | <1.19~3.26<br>(<1.73~2.22) | 1.55~2.74<br>(1.77~2.66) | 0.824~2.51<br>(1.09~2.79) | 1.23~2.57<br>(1.48~2.46) |
| 해수퇴적물 | Cs-137(Bq/kg) | 0.148~3.35<br>(<0.278) | <0.135~2.23<br>(0.644~0.849) | 0.731~1.38<br>(0.514~2.26) | 0.225~0.676<br>(<0.204) |

* 각 값의 둘째 줄 ( )는 원전에서 20km 이상 떨어진 비교 지점의 값
* 탄소 방사능은 관례로 시료의 탄소 1g 당 방사능(Bq/g-C)으로 나타냄

자료: 한국수력원자력(주), 「환경방사능 연보」, 2014

## 원전 주변 지역이 일반 지역과 비교하여 환경방사선량이 더 높은가?

원전은 건설허가 단계에서부터 원전 운영으로 인한 방사선 환경영향을 평가하고 '방사선환경영향평가서'를 제출하여 규제기관의 심사를 받는다. 이는 원전 내에서의 엄격한 방사성물질 배출 관리와 함께 발전소 운영으로 인해 주변 지역 주민들이 받게 되는 방사선량이 연간 선량한도에 비해 낮게 유지되는지, 환경에 방사능이 축적되는지를 확인하고, 예상하지 못한 오작동으로 인해 방사능이 방출되는 사고를 감지하기 위해서다.

원전에서 발생하는 방사성물질은 기체·액체·고체로 분리하여 관리한다. 기체는 밀폐탱크에 저장한 후 고성능 필터로 걸러 깨끗한 기체만 대기로 내보내고, 액체폐기물은 여과 과정을 거쳐 깨끗한 물을 걸러낸 후 배출하는데 남은 폐기물은 고체로 만들어 다른 고체폐기물과 함께 철제 드럼에 밀폐 보관한다.

우리나라 원전의 최근 10년 동안(2004~2013)의 환경 조사 결과, 원전 주변의 공간감마선량률 변동 폭은 원전의 영향이 없는 원거리의 대조 지역과 대비하여 차이가 없었다. 이는 원전의 운영으로 인해 환경으로 배출된 기체 방사성물질이 극히 미비한 수준임을 의미한다.

원전 주변의 환경 시료에서 검출된 세슘과 스트론튬 또한 발전소의 영향이 없는 원거리 대조 지역과 차이가 없거나 오히려 대조 지역의 농도 값이 더 큰 경우도 있었다.

원전 주변의 하천이나 해수에서 검출된 요오드의 농도도 원거리에서보다 오히려 높게 나타났다. 이는 요오드의 반감기가 매우 짧고 발전소 배기 계통에서 고성능 필터로 거의 걸러지기 때문이다.

중수로 원전이 위치한 월성 지역은 국내 원전 중 주민방사선량이 가장 큰 지역으로 최근 11년간 누적 방사선량이 일반인의 연간 선량한도인 1mSv의 약 20%, 연간 자연방사선량 3.08mSv의 약 6.5%, 연간 국내 의료 방사선량 1.4mSv의 약 14% 수준으로 나타났다. 이는 원전 주변에 장기간 거주하더라도 실제로 주민이 받는 총 방사선량은 우리나라 보통 국민이 살아가면서 받는 방사선량과 비교하여 별 차이가 없는 것으로 볼 수 있다.

## 방사선·방사성·방사능

**방사선**

방사선 ▶ 에너지의 흐름

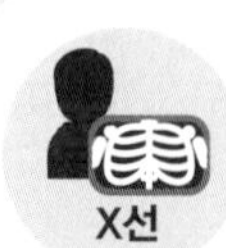

**X선**

**알파선($\alpha$)**

**베타선($\beta$)**

**감마선($\gamma$)**

**방사성물질**

방사선을 내는 원천물질

**방사능**

방사선 방출능력

## 자연방사선 인공방사선

**인공방사선**

인공적 발생

**자연방사선**

천연 물질

방사선 ▶ 에너지 흐름인 자연현상, 방사선원이 인공적인 것인가 자연적인 것인가로 구분

모든 방사선은 본질적으로 같음 ▶ 둘 다 지속적으로 한도 이상 노출되면 위험

## 선량한도

**선량한도**

개인에게 용인 가능한 상한선

**4.1mSv** 자연방사선

**+ 1.4mSv** 의료방사선

1년 **5.5mSv** 연간 국민 평균 방사선량 <

**6mSv** 미국

1년 **20mSv** 방사선 작업 종사자

방사선 작업 종사자 ▶ 연간 최대 50mSv

5년간 100mSv 범위 안의 선량한도

## 원전주변 방사능 영향

## 후쿠시마 사고 영향

| 공기 중 농도 | 빗물 중 농도 |
| --- | --- |
| 요오드 131 3.12mBq/m³ | 요오드 131 2.81Bq/L |
| 세슘 - 137 1.25mBq/m³ | 세슘 - 137 2.02Bq/L |

*2011년 부산 및 제주 기준

=

원자력
상식사전

# 원자력 기술과 미래

1. 원자력 기술 자립
2. 원전 수출
3. 원자력의 비전과 과제
4. 원자력의 안전 신뢰와 수용성

우리나라의 원자력 기술 자립은 1980년대 초반 시작되었다.
첫 번째는 30MW급 연구용 원자로를 독자적으로 설계·건설하는 사업을
두 번째는 중수로 및 경수로에 들어갈 핵연료를 국산화하는 것이며,
세 번째는 원자력기술의 핵심인 핵증기공급계통 설계 기술 자립과 원자로,
원자로냉각재펌프, 증기발생기 등의 주 기기를 포함하여
모든 기기의 설계·제조·공급을 국산화하는 것이다.

# 원자력 기술 자립



**원자력 시대의 개막**

우리나라에서 최초의 원자력 개발 노력은 1956년 정부 조직으로 원자력과를 신설하면서 시작되었다. 이후 1957년 국제원자력기구IAEA 회원국으로 가입하였고, 1958년 3월 11일 '원자력법'을 공포하였다. 1959년 서울 공릉동에 한국원자력연구소를 설립하였으며 이 부지에 미국 제너럴 애토믹사로부터 연구용 원자로를 도입하였다. 1959년 7월 14일 기공식이 열렸으며 이것으로 우리나라의 평화적 원자력 이용 개발이라는 희망이 본격 태동되었다.

흔히 원자력을 '머리에서 캐낸 에너지'라고 부른다. 원자력에너지를 개발하기 위해서는 인력 양성이 무엇보다도 중요하다. 이를 위해 우리 정부는 1960년대 초반의 어려운 경제상황에서도 연구용 원자로를 도입하였고 원자력 장학금을 만들어 200여 명의 젊은이들을 유학 보냈는데 이들이 우리나라 1세대 국비 해외 유학생들이며 향후 우리나라 원자력 기술 자립의 선봉장 역할을 수행하게 된다.

**1** 1962년 연구용 원자로 트리가마크2를 가동하며 본격적인 원자력 시대를 개막하였다. 원자로 기공식에서 이승만 대통령이 역사적인 시삽을 하는 모습 ©한국원자력연구원

**2** 트리가마크2 기공식 ©한국원자력연구원

**3** 공사가 한창인 1974년 당시의 고리원전 부지. 첫 상업용 원전 건설 부지로 현재의 부산 기장군 장안읍 고리가 선정되었고 고리 1호기는 1978년 가동을 시작하였다. ©국가기록원

**4** 2002년에 독자적인 기술로 제3세대 원전인 APR1400을 개발하였다. 최초의 APR1400 모델인 신고리원전 3호기 건설 현장에서 원자로를 설치하고 있는 모습 ©연합뉴스

1971년 3월 19일 경남 양산군 장안읍 고리에서 고리원전 1호기 기공식이 개최되었다. 국민소득 200달러 시대인 그 당시 총건설비가 1,560억 원으로 한 해 정부 예산의 1/4이나 되는 엄청난 예산을 필요로 하는 원자력발전소 건설에 착수한 것이다. 고리원전 1호기는 가압경수로로 미국의 웨스팅하우스가 일괄 도급 방식턴키 방식으로 건설하였다. 당시 국내 최대 규모의 단위 사업이었던 고리원전 1호기 건설 공사는 1978년 7월 20일 준공식을 가졌다. 이로써 우리나라에 원자력 시대가 개막되었으며, 우리나라는 세계에서 21번째 원자력발전 국가가 되었다. 1958년 연구용 원자로 기공식 이후 고리원전 1호기가 상업운전을 시작한 1978년까지 정확히 20년이 걸렸다. 우리나라는 2015년 기준 24기의 원자력발전소가 가동 중이고 4기가 건설 중이며 8기를 추가로 건설할 계획이다.



**원자력 기술 자립 1980년대 본격화**

미국, 영국, 캐나다, 러시아 등의 원자력 기술선진국들은 1950년대 원자력의 평화적 이용을 위해 상업용 원자력발전소를 개발하기 시작할 때 이미 2차 세계대전 때의 원자폭탄 개발에 엄청난 예산과 인력을 투입하여 핵자료 및 특수 재료 자료 등 기초 기술 자료를 모두 보유한 상태였다. 이들 국가들은 기존에 보유한 기술 및 시설을 활용하여 미국에서는 농축핵연료를 사용한 가압경수로를 개발하였으며, 영국 및 캐나다는 천연우라늄을 사용하는 가스냉각로와 가압중수로를 각각 개발하여 상용화하였다. 1950년대부터 개발에 착수한 원자력발전 기술은 지난 반세기 동안 원자력 선진국들이 수백 억 달러의 연구 개발비를 투자하여 이룩한 기술의 총 결정체라 하겠다.

이에 반하여, 우리나라는 원자력을 도입할 당시 경제적으로도 매우 어려운 환경이었고 원자력 기술 및 자료가 거의 전무한 상태였다. 이에 따라 우리나라의 원자력에너지 개발은 외국으로부터 기술과 완제품을 도입하는 것으로부터 시작하였다. 원자력 인력을 양성하기 위하여 연구용 원자로를 미국에서 도입하였으며 우리나라 최초의 상업용 원자력발전소인 고리원전 1·2호기는 외국 기업이 공사의 착공부터 완공에 이르기까지 설계, 구매, 시공, 사업관리, 시운전 등 모든 것을 책임지는 일괄 도급 방식으로 건설하였다. 이후 건설된 고리원전 3·4호기 및 한빛원전 1·2호기미국 웨스팅하우스, 가압경수로, 한울원전 1·2호기프랑스 프라마톰, 가압경수로, 월성원전 1·2호기캐나다원자력공사, 가압중수로도 모두 외국 기업이 전적으로 모든 것을 책임지

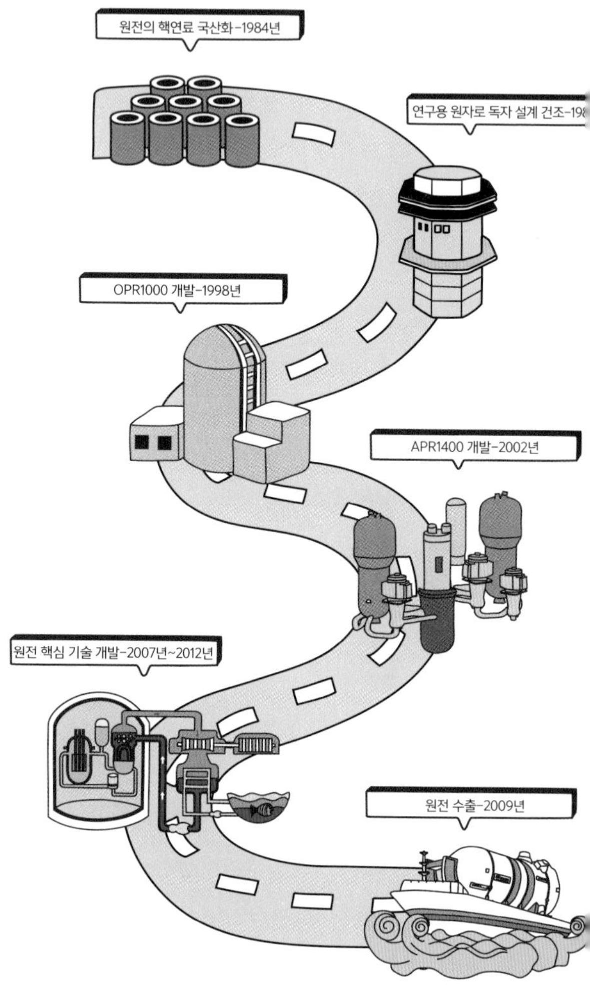

는 일괄 도급 방식으로 건설하였다.

우리나라의 원자력 기술 자립은 1980년대 초반 본격적으로 시작되었다. 첫 번째는 우리의 기술로 30MW급 연구용 원자로를 독자적으로 설계·건조하는 사업을 추진하고, 두 번째는 중수로 및 경수로에 들어갈 핵연료를 국산화하는 것이며, 세 번째는 원자력 기술의 핵심인 핵증기공급계통 설계 기술 자립과 원자로, 원자로냉각재펌프, 증기발생기 등의 주 기기를 포함하여 모든 기기의 설계·제조·공급을 국산화하는 것이다.

### 연구용 원자로 '하나로' 독자 설계·건조

우리의 독자적 기술로 30MW급 연구용 원자로를 설계·건조하는 사업은 1984년 한국원자력연구소 연구진들이 연구용 원자로의 경험이 풍부한 캐나다원자력공사에 파견되어 선진 기술을 습득하는 것으로부터 시작되었다. 한국원자력연구소는 습득한 기술을 바탕으로 1985년 독자적으로 30MW급 다목적 연구용 원자로의 설계·건조에 착수하였다. 다목적 연구용 원자로는 '하나로'로 명명되었으며, 1995년 30MW 전출력 운전을 시작하였다. 이후 여러 연구시설을 추가로 설치하여 현재는 세계에서 가장 연구 개발이 활발한 연구용 원자로로 평가받고 있다. 하나로의 성공적인 설계·건조 및 운영은 우리나라 연구용 원자로의 기술을 한 단계 진전시키는 결정적인 계기가 되었으며 이를 기반으로 우리나라는 연구용 원자로를 해외에 수출할 수 있게 되었다.

**원전의 핵연료 국산화**

원자력발전소의 성공적인 운영을 위해서는 안정적인 핵연료 공급이 필수적이다. 발전소의 핵연료를 국산화하기 위해 1976년 12월 1일 한국핵연료개발공단이 대덕연구단지 내에 설립되었다. 1978년 10월에 성형가공 시험 시설 준공을 필두로 핵연료 개발에 필요한 제반 시설을 갖추었다. 한국핵연료개발공단은 한국원자력연구소로 통합된 후 그동안의 연구 성과를 바탕으로 1981년부터 중수로핵연료 국산화 기술 개발에 본격적으로 착수하였다. 1983년 핵연료 개발의 마지막 단계인 노내 핵연료 검증 시험이 캐나다의 NRU 연구용 원자로에서 성공적으로 수행되어 국산 핵연료 성능이 입증됨으로써 세계적 공인을 획득하게 되었다.




1984년 9월 8일 최초로 국산 핵연료가 월성원전에 장전되어 1년간의 노내 조사를 마치고 성능을 확인한 후 1987년 7월 양산 공장을 준공하여 월성원전의 핵연료 전량을 국산 핵연료로 공급하였다. 중수로핵연료 국산화에 이어 경수로핵연료 국산화 사업도 착수하여 성공적으로 핵연료 개발을 완료한 후 양산 공장을 세우고 지금은 국내에 가동 중인 모든 원전의 핵연료를 한전원자력연료(주)에서 전량 생산하여 공급하고 있다. 특히 전량 해외에 의존하였던 핵연료 피복관을 한국원자력연구원에서 개발하였고 한전원자력연료(주)에서 생산하게 되어 명실공히 완전한 핵연료 국산화를 달성하게 되었다.

**한국 최초의 표준원전 OPR1000 개발**

원자력 기술의 핵심인 핵증기공급계통 설계 기술 자립은 1987년부터 1995년 사이 건설된 한빛원전 3·4호기 설계를 미국의 컨버스천 엔지니어링사와 한국원자력연구소가 공동으로 추진하는 공동 설계 방식을 채택하여 핵증기공급계통 설계 기술을 전수받아 추진되었다. 전수받은 기술을 바탕으로 우리나라는 한국표준원전 'OPR1000Optimized Power Reactor-1000'을 개발하였다. 최초의 한국표준원전은 1998년, 1999년 각각 완공된 한울원전 3·4호기이다. 한국표준원전은 한빛원전 3·4호기 설계를 기본으로 첨단 전자 계측장비를 동원해 운전의 편의성을 증대시키고 안전성을 강화한 개량형이라 할 수 있다.

이후 우리나라는 2007년 APR1400 모델인 신고리 3·4호기를 건설할 때까지 국내에 건설된 모든 원자력발전소를 한국표준원전으로 건설하였다. 1995년 3월 9일 한국·미국·일본 3국이 중심이 된 한반도에너지개발기구KEDO가 북한의 영변원자력발전소와 관련된 개발연구를 봉인하는 대가로 북한의 신포에 건설해 주기로 한 원자력발전소도 한국표준원전 OPR1000이다.



**원전의 핵심 기술 개발, 기술 자립 완성**

원자력발전소의 핵심 기술인 원전설계코드, 원자로냉각재펌프, 원전제어계측장치 설계·공급 등은 2007년까지 미자립 기술로 남아 있었다. 우리나라는 2007년 이 세 가지 미자립 핵심 기술에 대한 기술 개발에 착수하여 2012년 개발을 완료하였으며, 개발한 핵심 기술들은 2012년 착공한 신한울 1·2호기에 시범적으로 적용되었다. 이로써 한국표준원전의 설계, 기기 공급, 시운전 및 운영까지 모든 분야의 기술 자립을 완성하였다. 현재 우리나라는 원자력발전소 플랜트 설계 수행은 한국전력기술(주), 핵증기공급계통 기기 공급은 두산중공업, 핵연료 설계·제조는 한전원자력연료(주), 규제는 한국원자력안전기술원, 시운전 및 운영은 한국수력원자력(주)에서 담당하여 원자력발전소 설계에서부터 기기 공급, 건설, 시운선 빛 운영까지 모든 원자력 산업의 인프라를 구축하였다.

**한국형 원전 'APR1400' 개발**

한국표준원전 'OPR1000'은 미국 컨버스천 엔지니어링사의 경수로 설계 기술을 이전받은 개량형이므로 완전한 독창형이라고는 할 수 없다. 이에 따라 우리나라는 1992년 그동안의 국내 원전 설계 및 건설 경험을 토대로 최신 기술을 반영하여 안전성, 기술성 및 경제성을 획기적으로 개선한 우리 고유의 차세대 한국형 원전 개발을 위한 국가선도 기술 개발 사업에 착수하였다. 차세대 한국형 원전은 전기출력 1400MW급으로서 1999년 기본설계를 완료하고 APR1400Advanced Power Reactor-1400으로 명칭을 확정하였으며, 2002년 5월 7일 우리나라 정부로부터 표준설계인가를 취득하였다.

APR1400 개발은 국내 독자적인 기술로 10년에 걸쳐 수행되었으며, 한국수력원자력(주), 한국전력기술(주), 한국원자력연구원, 두산중공업(주) 등 산·학·연의 연인원 2,300여 명이 참가하였고 약 2,350억 원의 개발비가 투입되었다. APR1400의 개발에 따라 우리나라는 안전성과 경제성이 향상된 세계적으로 우수한 최신의 원전 보유국이 되었다. APR1400은 2007년 착공한 신고리원전 3·4호기에 처음 적용하였고 2009년 아랍에미리트UAE에 4기를 수출하였다.

APR1400은 OPR1000 건설과 운영 기술을 기반으로 개발되었으며, 가동률 90%, 설계수명 60년, kW당 건설단가 2,300달러 수준 2010년 기준으로 제3세대 원전 중 가장 경제적인 원전이다. 우리나라는 1978년 고리원전 1호기 가동을 시작한 이래로 원전을 지속적으로 건설한 세계 유일의 국가로 건설에 소요되는 기간을 꾸준히 줄여 왔는데, 특히 APR1400 모델인 신고리원전 3·4호기는 원자로 건물 격납철판 공사 등을 한 번에 시공 설치할 수 있도록 모듈화해 총 건설 기간을 52개월로 단축시켰다. 건설 기간을 줄이는 것은 원전의 경제성에 가장 중요한 요소이다.



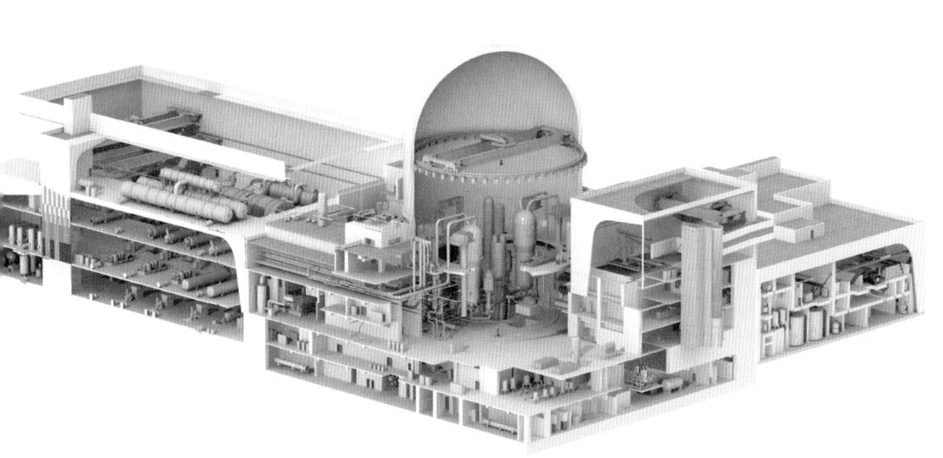

| 우리나라 주력 노형으로 세계에 진출한 APR1400의 내부 단면도

## APR1400, 가장 안전한 원전으로 평가

경제성과 함께 제3세대 원전에서 가장 강조하는 점은 안전성이다. APR1400은 안전정지 내진 설계값이 0.3g으로, 리히터 규모 7.0의 지진까지 견디도록 설계되었으며, 원자로 냉각 유로의 배관이 파단되어 연료를 냉각하는 냉각재가 모두 유출되어 버리는 최악의 가상 사고 상황이 발생할 경우 연료를 냉각하기 위해 설치한 비상노심냉각계통의 물이 원자로 용기에 직접 주입되는 방식을 채택하였다. 또한 APR1400은 원자로 격납건물 내의 중요한 밸브들을 데이터베이스화해 발전소의 비정상 상황이 발생할 경우 안전 조치 시간을 획기적으로 단축하였다.



원전의 두뇌와 같은 역할을 하는 APR1400의 주제어실은 인간공학 설계를 적용하여 발전소에서 올라오는 수많은 정보를 가공, 처리해 원자로 운전원에게 꼭 필요한 정보를 최적의 상태로 제공하여 실수를 원천적으로 배제토록 개발되었다. 이러한 설계 특성으로 인하여 APR1400의 안전성은 획기적으로 향상되었으며 동급의 제3세대 원전 중에서 가장 안전한 원전으로 평가받고 있다.

## APR+의 구조적 안전성

OPR1000과 APR1400에 이어 우리나라는 해외 수출시장 다변화를 위해 세 번째 한국형 원전 모델인 1500MW메가와트 차세대 신형 원전 'APR+' 개발에 착수하였다. APR+는 2007년 8월 당시 산업자원부(현 산업통상자원부)의 원자력융합원천기술개발사업의 일환으로, 2014년 8월 우리나라 정부로부터 표준설계인가를 취득함으로써 기술 개발을 완료하였다. APR+는 한국형 원전인 APR1400을 기반으로 개선한 모델로서 한국원자력연구원과 한전원자력연료(주)가 국내 기술로 독자 개발한 고성능 고유연료 'HIPER' 사용을 비롯하여 100% 우리 고유의 설계 기술로 개발하였다.

APR+의 중요한 특징은 다음과 같다. 먼저 APR1400 설계를 바탕으로 대형 항공기의 충돌처럼 엄청난 충격도 여유 있게 견딜 수 있도록 원자로 건물과 보조 건물을 비롯한 구조물 외벽을 강화하는 등 구조적 안전성을 더욱 높였다. 또 후쿠시마 사고의 교훈을 반영하여 피동형 수소제어계통 및 피동 보조급수계통 등 피동형 안전설비를 추가하여 안전성을 제고하였으며, 모듈형 건설 등 최첨단 공법을 활용해 건설 공기를 기존의 52개월에서 36개월로 크게 단축하여 경제성을 향상시켰다. 우리나라는 APR+ 기술 개발을 통해 이전보다 저렴한 비용으로 더 안전하고 강력한 원자력발전소를 건설할 수 있게 되었으며, 축적된 노형 개발 경험과 지속적인 원전 건설 및 운영 경험을 바탕으로 수출시장 다변화에 박차를 가할 수 있는 기반을 갖추게 되었다.



**원전 수출국으로 도약**

우리나라는 한국형 신형원전 APR1400을 개발하여 표준설계인가를 획득한 후 국내에 건설함과 동시에 해외 수출을 도모하였다. 2009년 UAE에 APR1400 수출, 2010년 요르단에 연구용 원자로 수출, 2015년 사우디아라비아에 스마트SMART 원전 수출을 성사시켜 원자력 수출국으로 도약하였다. 특히 중소형 원자로인 스마트SMART는 이 분야에서 단연 세계 선두주자라 할 수 있다.

UAE 원전 사업은 역대 최대 해외 공사이자 우리나라 최초의 원전 수출로서 2009년 12월 27일 계약을 체결하였다. UAE 원전 사업은 1,400MW급 한국형 원전 APR1400 4기를 건설하는 200억 달러 규모의 사업이며, 2017년 1호기 준공을 시작으로 2020년까지 4기의 원전을 연차적으로 건설하는 사업이다. 건국 이래 최대 규모의 UAE 원전 사업을 수주함으로써 우리나라는 세계 5위의 상용 원전 수출국으로 부상하였다. 특히 UAE 원전 수출은 현재 세계적으로 원전 산업을 선도하고 있는 프랑스의 아레바AREVA사 및 미국의 제너럴 일렉트릭GE사와 일본의 히타치HITACHI사 간의 컨소시엄과 경합 끝에 얻은 성과로 한국형 원전의 우수성이 세계적으로 인정받게 되어 그 의미가 더욱 크다고 할 수 있다. 원전 수주는 플랜트 수출로만 끝나는 것이 아니다. 원전이 완공되면 핵연료를 비롯해 다양한 부품 수출로 이어져 지속적인 수익을 창출할 수 있을 뿐만 아니라, 우수한 인력을 수출할 수 있다.

연구로 수출은 대표적으로 요르단 교육 및 연구용 원자로 건설 사업과 네덜란드 연구용 원자로 '오이스터Oyster' 개선 사업을 들 수 있다. 요르단 교육 및 연구용 원자로 건설 사업은 요르단 수도 암만 북쪽 70km에 위치한 요르단과학기술대학교에 2016년까지 열출력 5MW급 다목적 원자로와 동위원소 생산 시설 등을 건설하는 사업으로 2010년 3월 30일 계약을 체결하였다.

네덜란드 연구용 원자로 '오이스터' 개선 사업은 오이스터의 원자로 출력 증강 및 냉중성자 연구 시설을 설치하는 사업으로 2015년에 계약을 체결하였다. 세계를 상대로 우리의 연구로 기술이 주목받는 이유는 다른 어떤 이유보다 30MW급 연구용 원자로 '하나로'를 자력으로 설계·건설하고 운영하며 확보한 기술력과 노하우 때문이다.

스마트 원자로는 한국원자력연구원이 100% 국내 기술로 개발한 우리 고유의 일체형, 소형 원전이다. 스마트는 열출력 330MW로서 2012년 7월 4일 한국 정부로부터 표준설계인가를 획득하였다. 2015년 9월에는 사우디아라비아와 스마트 기술 수출 계약을 체결하였는데, 국내에 건설된 적이 없음에도 그 우수성을 세계 무대에서 인정받아 기술 수출을 하게 되었다. 스마트 원자로의 성공적인 데뷔는 원전 수출국으로서 우리나라의 입지를 다시 한 번 굳히는 계기가 되었다.

**원전 강국** 원자력은 가동 중 이산화탄소를 배출하지 않고 경제적인 녹색성장의 핵심 에너지원으로, 국제원자력기구IAEA는 이산화탄소 배출 감축 움직임, 재생에너지 개발 지연 등에 따라 오는 2030년까지 전 세계적으로 약 300여 기의 원전이 추가로 건설될 것으로 보고 있다. 현재 가동 중인 전체 원전438기에 버금가는 새로운 시장이 형성될 것으로 보이는데 세계원자력협회WNA는 연간 500~600억 달러 규모의 원전 건설 시장이 형성될 것으로 내다보고 있다.

우리나라가 현재 건설 중인 원전은 APR1400 모델로서 세계 최고 수준의 안전성을 갖추고 있다. 뿐만 아니라 우리나라는 원전 호기당 불시 정지 건수 연 0.22건2014년, 원전 이용률 85%로 대표되는 세계적 수준의 운영 능력을 보유하고 있으며, 원전 건설 능력에 있어서도 세계적인 경쟁력을 갖추고 있다. 1958년 원자력 연구를 시작한 지 반세기만에 세계 원자력 시장에서 미국, 프랑스 등의 원자력 선진국에 이어 원자력 수출국이 된 것이다.

원전 수출은 직접적인 수익 창출은 물론
전 세계적으로 우리나라의 원자력 기술력을 인정받았을 뿐만 아니라
국가 경쟁력과 이미지 제고 등 국가의 품격을
한 단계 격상시키는 효과를 거두었다.

# 원전 수출



**원전 수출 효과와 성과**

1978년 고리 1호기가 상업운전을 시작한 지 30여 년이 지난 2009년 12월 27일 우리나라가 아랍에미리트UAE에 원전을 수출하였다는 소식은 우리나라는 물론 전 세계의 원자력 선진국을 놀라게 하였다. 우리나라는 그동안 쌓아 온 기술과 경험을 바탕으로 한국형 원전인 APR1400 4기를 UAE에 수출함으로써 세계에서 6번째로 원전을 수출한 나라가 되었다.

원전 수출은 직접적인 수익 창출은 물론 전 세계적으로 우리나라의 원자력 기술력을 인정받았을 뿐만 아니라 국가 경쟁력과 이미지 제고 등 국가의 품격을 한 단계 격상시키는 효과를 거두었다. 원전 수출은 그동안 미국, 프랑스, 캐나다, 러시아 등 원전 선진국이 주도해 오던 분야로서 고도의 기술력과 국가 경쟁력이 뒷받침될 때 실현 가능한 국가적 차원의 거대 프로젝트이다. UAE 원전 수출을 통해 우리나라는 대외적으로 한국형 원전의 안전성을 인정받는 한편 인지도를 높이는 계기가 되어 추가적인 해외 진출의 가능성을 열었다. UAE 사업은 신고리 3·4호기와 동일 노형인 APR1400 4기의 수출로서 200억 달러에 이르며, 이는 3만 달러급 중형차 62만 대를 수출한 것과 동일한 규모이다.

원전 수출 성과는 상업용 원자로뿐만 아니라 연구 개발 분야로도 이어졌다. 2010년에는 요르단에 연구용 원자로를 수출하였으며, 세계 최초로 스마트 원자로를 개발하여 사우디아라비아와 10만kW급 중소형 원자로 '스마트SMART' 수출을 추진하기 위한 양해각서를 체결하였다.

■ 우리나라의 최근 원자력 산업 수출 실적

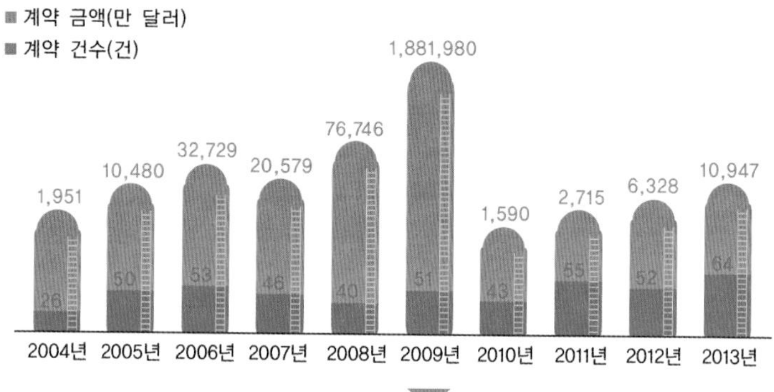


자료: 한국원자력산업회의 「제19차 원자력산업실태조사」 2015. 4.

**원전 건설 전망**

2011년 3월 동일본 대지진으로 인해 발생한 후쿠시마 원전 사고 이후 침체할 것으로 예상되었던 원전 시장이 최근 점차적으로 회복되고 있다. 현재 세계적으로 운전 중인 원자력발전소는 442기이고 건설 중인 발전소는 67기로 아시아, 중동, 중부 및 동부 유럽을 중심으로 건설이 활발히 추진되고 있다.[1]

세계 원전 시장은 불안정성이 있긴 하지만 단기적으로 2020년까지 약 82GW 규모의 신규 원전을 예측하고 있다. 이는 향후 매년 10GW 이상의 신규 원전이 건설될 것으로 전망하는 예상치이며 중국, 중동, 인도, 아프리카 등 신규로 에너지 수요가 급증하는 지역에서 원전 수요가 클 것으로 보인다.



■ 원자력발전소 신규 건설 전망

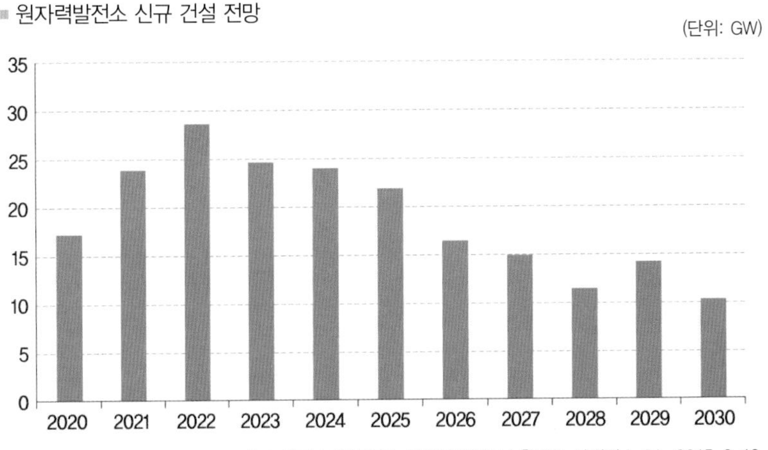


자료: 한국수출입은행, 해외경제연구소 「2015-산업이슈-01」, 2015. 2. 12.

[1] IAEA PRIS Database, 2016. 2.

2020년부터 2030년까지 세계 원전 시장은 보수적으로는 90GW에서 낙관적으로는 약 300~350GW 수준으로 전망되고 있으며 평균 예측치는 200GW 수준으로 이는 매년 1,000MW급 원전 20기의 건설을 의미한다. 원전 시장은 기후변화에 대응하는 세계적인 추세에 따라 온실가스 감축을 위해 화석발전의 대체 수단으로서, 향후 미래 원전 시장은 보다 낙관적인 전망에 가까울 것으로 예상된다.

이를 세계의 원전 시장 금액 기준으로 환산하면 2015년부터 2020년까지 약 6,410억 달러 정도가 될 것으로 예측할 수 있으며, 2020년까지는 연평균 약 984억 달러의 시장이 형성될 것으로 예상하고 있다. 금액 기준으로는 석탄3,260억 달러 및 가스3,640억 달러발전보다 큰 시장을 형성할 것으로 전망된다.

1978년 고리 1호기가 상업운전을 시작한 지 30년이 지난 2009년 12월 27일 우리나라가 아랍에미리트(UAE)에 원전을 수출함으로써 세계에서 6번째로 원전을 수출한 나라가 되었다. 사진은 아랍에미리트(UAE) 바라카에 건설 중인 APR1400 원자력발전소 ©연합뉴스

이제까지 원전 시장은 원천 설계 기술을 보유하고 있던 미국, 프랑스, 캐나다, 러시아 등과 같은 국가들이 원전 수출을 독점하여 신규 사업자의 진입이 매우 어려웠던 상황이었다. 우리나라가 UAE에 원전을 수주한 시점을 기폭제로 일본, 중국도 본격적으로 수출 시장에 뛰어들고 있어 경쟁은 날로 치열해지고 있는 상황이다.

러시아는 국영 원전기업이 정부 지원과 대규모 재원조달을 바탕으로 베트남, 터키, 헝가리 등에서 성과를 올리고 있으며 프랑스는 영국, 중국, 인도, 남아공, 브라질등과 다각적으로 원전 협력을 추진 중이고 수출 전담조직을 설립하여 더욱 박차를 가하고 있다. 중국은 대규모 원조를 바탕으로 파키스탄 원전을 수주하였으며 영국 신규 원전 건설사업에 적극적이다. 또한 일본도 총리가 직접 원전 세일즈에 나서 중동과 아시아를 중심으로 원전수주를 추진하고 있다.

이러한 세계 원자력 시장에서 원전 선진국들과 경쟁하며 원자력 산업계, 민관의 역량을 집중하여 원전수출을 지속적으로 추진하고 있다. 또한, UAE에 수출한 APR1400 노형을 발전시켜 개발한 APR+ 노형은 향후 원전 시장에서 더욱 경쟁력을 갖추었다고 볼 수 있다. 향후 국내 원전 신규 부지에 APR+ 노형을 건설할 계획으로 국내 원전의 안전성 강화는 물론, 건설 경험의 확보를 통한 대외 경쟁력 강화를 도모할 수 있을 것이다.



### 연구로·중소형 원자로

우리나라 원자력 기술은 연구로와 중소형로에 있어서도 국제적인 경쟁력을 갖추고 있다. 특히 중소형 원자로로서 국내 기술로 개발한 스마트SMART: System-integrated Modular Advanced ReacTor는 2012년 7월 원자력안전위원회의 안전 심사를 통과하여 세계 최초의 공식적인 안전 심사가 완료된 원전으로서 세계시장 진출을 위한 준비를 갖추었다. 이러한 노력에 힘입어 2015년 9월 우리나라는 사우디아라비아와 스마트 원전에 대해 1억 3,000만 달러 규모의 건설 전 상세 설계 협약을 맺었고, 3년간의 엔지니어링 과정을 거쳐 사우디아라비아에 최초 호기 건설 여부를 결정하기로 하였다. 중소형 원전 분야는 미국, 일본 등 원자력 선도국이 경쟁적으로 개발을 추진한 분야로 우리나라는 이 분야에서 세계 최초의 안전 심사 완료는 물론 해외시장에 진출할 수 있는 확고한 교두보를 마련하게 되었다.

스마트 원전은 전기용량 1000MW 이상의 상업용 대용량 원전과는 달리 열출력 330MW급의 일체형 원전으로서 전기출력은 물론 해수를 담수로 만들 수 있는 기능도 가지고 있어 중동, 아프리카 등 물 부족을 겪고 있는 국가에 강력한 수출 경쟁력을 가지고 있다. 또한 원자로, 증기발생기 등 핵심 기기가 일체형으로 설계되어 안전성도 뛰어나다.

국내 기술로 개발한 중소형 원자로 스마트 모형

현재 전 세계적으로 운영되는 소형 발전소의 경우 대부분이 석유, 석탄, 혹은 가스를 발전원으로 사용하는 노후 발전소로서 이들을 대체할 소형 발전소 시장이 부각되고 있다. 운영 중인 전 세계 12만 7,000여 기의 발전소 중 용량이 30만kW300MW 미만의 소형 발전소가 96.5%를 차지하고 있다. 또한 전력망이 작거나 막대한 초기 투자 비용 등으로 대형 원전 건설이 어려운 국가를 중심으로 소형 원전에 대한 수요가 증가하고 있다. 「Navigant Research Report(2013. 6.)」에 따르면 2030년까지 약 18GW의 중소형 원전 수요가 발생할 것으로 예측하고 있다. 이 정도의 양이면 우리나라에서 개발한 중소형 원전인 스마트 180기에 해당되는 수준이다. 따라서 향후 원전 시장의 한 축이 중소형 원전을 중심으로 이루어진다면, 스마트 원전은 중소형 원전의 수출 주역으로 부상할 것으로 기대되고 있다.

중소형 원전과 함께 우리나라 원자력 기술을 상징하는 또 다른 원자로는 연구용 원자로이다. 전 세계에서 운영 중인 246기의 연구로 중 60% 정도가 40년 이상 경과된 노후 연구로IAEA, 2014.로 향후 20년 이내 신규 연구로 및 노후 연구로를 대체할 수요가 30~50기 정도에 이를 것으로 추정되고 있다.

우리나라는 2009년 한국원자력연구원이 요르단에 연구로를 수출하였으며, 태국의 연구용 원자로 개선 사업, 2012년 말레이시아 연구로 디지털 시스템 구축 사업, 2014년 11월 네덜란드 델프트 공대의 연구로 개선 사업인 'Oyster Project'도 수주하여 연구로 분야에서 세계적인 주목을 받고 있다. 연구용 원자로의 세계시장 규모는 작으나, 꾸준한 수요가 있는 분야이다. 또 연구용의 특성으로 노형이 매우 다양하여 연구용 원자로 시장에 진출한다는 것은 그만큼 원전 기술력이 높다는 것을 의미한다.



### 한국형 원전의 수출 경쟁력

우리나라는 1970년대 원전을 처음 도입한 이후 지속적으로 기술 자립을 추진하여 왔으며 한국표준형원전OPR1000과 한국신형원전APR1400을 개발하고, 현재는 APR+ 노형을 보유하고 있다. 원전을 수출하기 위해서는 설계 기술과 병행하여 건설, 교육, 운영 및 유지보수 등과 같은 연계 기업 간 가치 공유 구조Value Chain가 경쟁력을 형성하고 있어야 한다. 우리나라의 경우 기술 자립과 꾸준한 건설 경험을 바탕으로 한 가치 공유 체계 역시 강한 장점으로 부각되고 있다. 또한 원전의 주요 부품을 생산하는 중공업 기업의 생산 능력이 매우 중요한데, 원자로 압력용기, 터빈 및 발전기 등과 같은 핵심 부품은 높은 기술 장벽으로 세계에서 일부 기업만 공급이 가능한 실정이다. 우리나라는 주기기업체인 두산중공업이 이러한 주기기에 대해 일괄 제작이 가능하며 자체적으로 주단조 공장을 보유하고 있는 등 강력한 경쟁력을 가지고 있다.

이렇듯 우리나라는 해외로 원전을 수출하는 데 필요한 기술력, 가치 공유 체계, 건설, 교육 및 운영 경험, 세계 굴지의 주기기 제조 능력과 더불어 해외 수주 실적에 바탕을 두고 원자력 수출 시장에서 경쟁우위를 점할 수 있게 되었다.

**원전을 수출했는데 우리나라의 원전 기술 수준은?**

2009년 12월, 원전 4기를 아랍에미리트에 수출하여 세계에서 6번째로 원전을 수출하는 나라가 되었다.
수출 규모는 200억 달러로 3만 달러급 중형차 62만 대를 수출한 것과 동일한 규모이다.
우리나라는 2012년에 원전의 핵심 기술인 원전 설계 코드, 원자로냉각재펌프, 원전제어계측 장치 설계·공급의 세 가지 원전 핵심 기술 국산화에 성공하여 기술 자립을 완성하였으며, 해외에서도 그 기술력을 인정받고 있다.
우리나라의 원전 산업은 지속적인 기술 개발 및 국산화에 이르렀으며, 한국 표준형 원전인 OPR1000을 바탕으로 안전성을 향상시킨 APR1400을 개발하여 UAE에 수출하였다.

원자력의 미래 비전은 국가의 미래 에너지 안보에 기여하고,
국가의 부(富) 창출을 위한 새로운 성장 동력을 제공하며,
기후변화에 대응하는 에너지원으로서의 역할을 하는 것이다.
원자력의 안전성 강화와 국민 수용성 제고는
원자력 미래 비전 달성을 위해 꼭 풀어야 할 과제이다.

# 원자력의 비전과 과제



원자력이 지난 반세기 동안 우리나라 경제 발전과 국민 삶의 질 향상에 기여한 바를 정량화한다는 것은 쉽지 않은 일이다. 측정하기 어려울 정도의 큰 공功에도 불구하고 한편으로는 국민과의 소통 부재, 안전문화 부족 등으로 원자력을 국민으로부터 멀어지게 한 과過도 적지 않다. 공과功過에 대한 평가 기준과 가치관은 시대에 따라 달라질 수도 있고 객관적인 평가도 다를 수 있다.

일본 후쿠시마 원전 사고는 원자력을 보는 국민의 가치관이 다양화되는 계기가 되었다. 이는 원자력 이용의 유익함, 편리함은 원자력 안전에 대한 정서적 안심과는 다소 거리가 있다고 여겨진다. 공과에 대한 성찰, 나아가 원자력의 발전적인 미래를 위해서는 풀어야 할 과제가 많다.

## 원자력의 미래 비전

헨리 키신저Henry Kissinger는 "모든 위대한 성과는 현실 이전에는 비전이었다."라고 말하였다. 비전은 실현 가능성이 있어야 한다는 것이다. 또 비전은 국민 모두가 동의할 수 있어야 한다. 그렇다면 원자력이 추구해야 하는 미래 비전은 어떤 것이 되어야 할까? 우리나라에서 원자력은 석탄, 가스와 함께 국가 경제를 이끌고 국민 삶의 질을 향상시켜 주는 3대 에너지원이다. 원자력의 미래 비전은 국가의 미래 에너지 안보에 기여하고, 국가의 부富 창출을 위한 새로운 성장 동력을 제공하며, 기후변화에 대응하는 에너지원으로서의 역할을 하는 것이다.



## 미래 에너지 안보

에너지 자원 최빈국인 우리나라는 에너지 자원의 96%를 해외로부터 수입하고 있다. 우리나라는 주력 수출 상품인 자동차, 반도체, 선박을 수출해서 벌어 온 수입2014년 기준 1,465억 달러, 통계청의 거의 대부분을 에너지 자원 수입에 쓰고 있어2014년 기준 1,436억 달러, 통계청 OECD 회원국 중 일본, 프랑스와 함께 에너지 자립도가 10% 미만인 국가이다. 정치, 경제, 사회, 문화, 체육 등 모든 분야가 세계화Globalization를 지향하지만 에너지 자원 분야는 반대로 가고 있다. 즉, 에너지 자원의 민족자본화로 지역화Localization되고 있다는 것이다. 중동 산유국이 원자력을 도입하였고, 몽골은 자원을 개발하던 프랑스 자본을 퇴출시키고 자원을 국유화하였다. 또한 러시아가 우크라이나에 가스 공급을 중단한 것은 에너지 문제에 관한 한 영원한 우방국은 없다는 것을 보여 주고 있다. 이는 에너지가 안보이고 지속가능의 필수 요소임을 일깨워 주는 좋은 예이다.

준準국산 에너지로 간주되는 원자력을 포함하면 우리의 에너지 자립도는 16% 수준으로 증가한다. 현재 원자력은 발전량으로 공급의 약 30%를 차지하고 있으며 완전 기저전력으로 생산되고 있다. 정부는 제2차 국가에너지기본계획2014년 1월에서 원자력 설비 비중을 2035년까지 29%로 증가하는 계획을 발표하였으며, 이에 근거하여 수립한 제7차 전력수급기본계획2015년 7월에서 안정적 전력 공급 및 온실가스 감축을 위해 2029년 기준으로 원자력발전 설비 비중을 23.7%로 계획한다고 발표하였다. 이는 26.7% 비중을 차지하는 석탄에 이어 두 번째로 높은 점유율이다. 원자력이 기저부하를 담당하므로 실제 전력 공급량은 30%를 웃돌 것이다. 이는 에너지 공급의 1/3 전후를 담당하는 원자력이 미래 에너지 안보에서 핵심적인 역할을 할 수밖에 없다는 의미이기도 하다.

### 경제성장 동력, 에너지의 중요성

세계가 놀란 한강의 기적으로 불리는 경제발전이 가능하였던 것은 중화학공업의 공이 절대적이다. 중화학공업은 에너지 집약 산업이다. 1960~1970년대 중화학공업 육성 등 경제개발 5개년계획을 가능하게 해 준 동력은 전력이었다. 우리나라는 석탄발전소 건설과 함께 원자력발전을 도입하기로 결정하고 막대한 재정을 투자하여 원전을 건설하기 시작하였다. 고리 1호기는 건설 당시1971~1978년 1,560억 원이 투입된 국내 최대 단위 사업이었다.[1] 그만큼 경제 발전의 견인 동력인 전력 확보가 국가의 최대 현안이었고 원자력발전이 국가

[1] 『한국원자력창업사』, 박익수, 1999.

전력 정책의 한 축으로 자리하였다.

반도체 산업과 같은 고부가가치 산업에는 최고 품질의 에너지가 요구된다. 우리나라 전체 에너지 소비에서 산업 분야가 50%를 약간 상회하고 상업 분야가 약 28%를 차지하여 그 뒤를 잇고 있는데, 이는 경제성장의 동력인 에너지 공급 안정성이 얼마나 중요한가를 단적으로 보여 준다. 원자력은 경제성과 공급 안정성 등에서 경쟁력이 있는 에너지로 알려져 있다. 경제적이고 우수한 품질의 에너지는 당연히 산업 경쟁력을 높이고 높은 산업 경쟁력은 세계시장을 점유할 수 있는 힘이 된다. 산업 경쟁력은 경제성장의 견인차가 되고 산업 경쟁력을 끌어가는 동력은 에너지이다. 원자력에너지는 에너지 안보, 기후변화 대응은 물론 경제성장 동력 에너지로서의 역할까지 담당하고 있다.



**기후변화 대응 에너지**

산업 활동과 사회적 생활에서 배출되는 온실가스가 지구의 평균기온 상승 및 기후변화를 일으키는 원인이라는 데 기후학자IPCC 포함들과 에너지 전문가들은 동의하고 있다. 산업혁명 이후 지구의 평균온도가 1℃ 가까이 급상승한 사실도 인정하고 있다. 북극의 빙하 면적이 계속 줄어들고 있고 엘니뇨와 라니냐 현상은 더욱 잦아지고 있다. 폭우와 가뭄, 폭풍의 규모도 커지고 있으며 피해 규모도 상상을 초월한다. 모두 기후변화로 인하여 나타나는 현상이다. 이 때문에 지구 대기 중 이산화탄소 농도를 450ppm 이하로 유지하면서 지구 평균 온도 상승이 2℃가 넘지 않도록 전 지구가 인류 공동의 과제인 온실가스 감축 방안을 찾기에 지혜를 모으고 있다. 이에 교토의정서 종료 후POST-2020의 신기후체제 기반 구축을 위해 2015년 12월 파리에서 개최된 기후변화협약 당사국 총회COP21는 각 당사국이 제출한 온실가스 감축 자발적 국가 기여INDC 목표를 바탕으로 파리협정Paris Agreement에 합의하였다. 이는 온실가스가 지구의 지속가능성에 대한 심각한 도전이라는 것에 대해서 전 세계가 공감하고 있다는 사실을 확인시켜 준 것이다.

우리 정부는 온실가스 배출량을 2030년까지 BAUBusiness As Usual: 배출전망치 대비 37% 감축하겠다는국내 감축분 25.7%, 해외 감축분 11.3% 목표를 UN에 제출2015년 9월하였다. 우리나라는 발전 산업38.9%과 제조·건설업26.2%이 온실가스 전체 배출량의 65.1%를 차지하고 있다.[2] 온실가스 감축 목표 달성을 위해서는 발전 산업 정책의 혁신적 변화가 필요하다. 발전

❷ 온실가스종합정보센터

원별 이산화탄소 배출량단위: g/kWh은 석탄991, 석유782, 가스549가 원자력10과 비교되지 않을 정도로 높다.[3] 현재의 발전 에너지원 믹스 전략으로는 목표 달성이 쉽지 않을 것으로 보인다. 전력 의존도가 매우 높은 산업 구조를 가진 우리나라가 온실가스를 감축하기 위해서는 발전 분야에서 신재생에너지인 풍력과 태양광이 제 역할을 할 때까지 원자력의 역할이 더욱 중요시되고 있다.

### 사용후핵연료 관리 현안 문제

현재 원자력계의 현안 문제 중 하나는 사용후핵연료 저장·처리·처분 이슈이다. 사용후핵연료에 대한 사회적 논의는 먼 미래를 대비하는 것이 아니라 당장의 문제를 해결하는 것이다. 현재 가동 중인 원전에서는 매년 750톤의 사용후핵연료가 발생하고 있다. 현재까지는 원전 내 저장건식 및 습식 시설에 안전하게 저장 관리되고 있지만 사용후핵연료를 저장하는 수조가 수년 내에 포화 상태에 이를 것이라는 분석이다. 저장 방법을 개선하거나 저장 시설을 확충하더라도 2024년 한빛원전을 시작으로 포화 상태가 될 것으로 보인다.

이 문제는 사용후핵연료 처분장이 있으면 해결할 수 있지만 실제로 사용후핵연료 처분장을 만드는 것은 쉽지 않은 문제이다. 사용후핵연료 처분장의 건설을 위한 부지 선정과 설계, 인·허가 및 건설에 많은 시간이 필요하기 때문이다. 처분장이 들어설 지역의 주민 수용성도 풀어야 할 난제이다. 이는 처분장 건설 이전에 장시간의 토론과 사회적 합의가 전제되어야 하는 이유이기도 하다.



❸ IEA

사용후핵연료 관리 문제는 우리 모두가 큰 틀에서 보는 혜안이 필요하다. 원전 해외 수출에 중요한 변수가 될 수 있다는 점과 사용후핵연료 관리 문제를 후손에게 물려주는 어리석은 과오를 범하지 않아야 한다는 국민적 공감대가 필요한 시점이다.

### 공론화를 통한 사회적 수용성 확보

이러한 문제를 사회적 합의 속에서 풀어 나가 보자는 움직임이 바로 공론화이다. 정부는 사용후핵연료 관리 방안을 마련하기 위해 공론화 준비 작업을 꾸준히 진행해 왔다. 공론화란 '특정 공공정책 사안이 초래하는 혹은 초래할 사회적 갈등에 대한 해결책을 모색하는 과정에서 일반 시민 및 이해관계자들과 전문가들의 다양한 의견을 민주적으로 수렴함으로써 정책 결정에 대한 사회적 수용성을 확보하고자 하는 일련의 절차'이다.[4] 즉, 공론화는 해당 주제에 대한 다양한 의견과 가치관을 토론의 장으로 이끌어 내어 의견과 가치관 간의 논쟁을 통해 의견을 수렴해 가는 방법으로 해석할 수 있다. 국민은 사회적 이슈를 논의하는 공론화에 참여하여 자신의 의견을 개진하고 다른 사람의 가치관을 들어 보면서 공감과 동의에 대한 자의식을 정립하는 기회로 활용할 수 있다.

2013년 10월 '사용후핵연료 공론화위원회(이하 위원회)'가 출범하여 사용후핵연료 관리 방안에 대한 국민적 논의가 시작되었다. 사용후핵연료 관리 정책 수립 과정에서 공론화를 위해 설치한 자문기구인 위원회는 인문사회, 시민사회, 원자력계, 원전 소재 지역 등 각계



❹ 「사용후핵연료 공론화를 위한 보고서」, 사용후핵연료공론화추진위원회

대표로 구성되었고, 사용후핵연료 관리에 관한 의견을 수렴하는 20개월의 공론화 과정을 거쳐 2015년 6월에 '사용후핵연료 관리에 대한 최종 권고안'을 정부에 제출하였다.

■ 공론화 과정

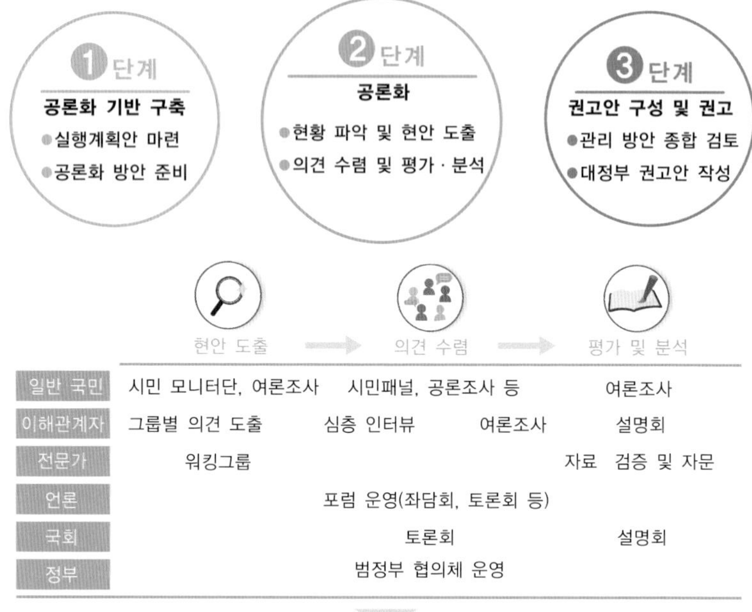


**2만 7천여 명의 의견 / 35만여 명의 목소리가 담긴 온라인 의견 10개 항으로 압축**
**'사용후핵연료 관리에 대한 최종 권고안' 정부에 제출**



## 사용후핵연료 안전 관리와 중간저장(처분 전 보관 시설)

원전 운영으로 발생하는 사용후핵연료는 현재 각 발전소 부지에 임시로 저장되어 있다. 고리, 월성, 한울, 한빛 등 4개 원전은 저장 용량을 확장해도 2024년 한빛원전, 2028년 고리원전의 임시저장이 포화된다. 위원회는 권고안을 통해 현재 개별 원전 등 임시저장 시설에 보관 중인 사용후핵연료의 저장 용량이 초과되거나 운영허가 기간이 만료되기 이전에 안정적 저장 시설을 마련할 것을 권하고 있다. 권고안에 따르면 사용후핵연료 처분시설이 마련되지 않더라도 정부가 2020년까지 처분 연구를 위한 지하 연구소URL 부지를 선정하여 2030년부터 처분 실증연구 시작을, 2051년까지 처분시설을 건설·운영할 것을 권고하였다.

특히 위원회는 임시저장 포화 문제 해결을 위해 처분시설이 운영되기 전이라도 URL 부지에 처분 전 보관 시설을 운영하여 사용후핵연료를 저장하도록 권고하였다. 그렇지 못할 경우 각 원전 안에 단기 저장 시설을 설치해 한시적으로 보관할 수 있어야 한다. '처분 전 보관 시설'이란 사용후핵연료를 처분하기 전에 필요한 검사를 진행

| 사용후핵연료 관리 방안을 마련하기 위한 공론화 준비 작업을 꾸준히 진행해 왔다. 사진은 '사용후핵연료 임시저장 현황 및 전망 그리고 쟁점'을 주제로 열린 '제2차 사용후핵연료 공론화 토론회' 모습

하고, 임시 혹은 단기 저장 시설에 보관하기 어렵거나 처분시설의 운영이 지연될 경우 안정적으로 저장할 수 있는 시설을 말한다.

사용후핵연료의 처분 전 보관과 최종 처분의 관건은 부지 확보와 지역 사회의 동의이다. 부지는 특정한 지질 조건을 만족하여야 함은 물론, 부지 선정에는 좁은 국토, 높은 인구밀도, 원자력에 대한 사회적 수용성, 지역 주민의 가치관 등 많은 변수를 고려해야 한다. 무엇보다도 지역 주민의 동의가 절대적으로 필요하다. 지역 주민이 바로 이해 당사자이기 때문이다. 불편과 편익을 공유하는 국민의 대승적인 공감과 동의를 얻고, 갈등을 해소하여 문제의 해결 방안을 찾아야 한다.

정부는 사용후핵연료에 대해 폭넓은 의견을 수렴해 만들어진 위원회의 권고안을 바탕으로 사용후핵연료관리 기본 계획을 수립할 예정이다.



**연구개발을 통한 안전성 향상**

후쿠시마 원전 사고는 안전성 확보가 원자력 에너지 이용의 최우선적 전제 조건이라는 명제와 함께 종합적인 안전성 평가를 통한 체계적이고 실질적인 안전성 개선 노력이 필요하다는 사실을 다시 일깨워 주었다.

특히 원자력 시설의 기본적인 안전 철학인 심층방어Defense-in-Depth 전략을 체계적으로 이행하고, 원자로 노심의 용융이 초래되는 중대사고의 예방과 사고의 완화 방안에 대한 균형 있는 기술 개발이 필요하다. 또한 중대사고 발생 시 방사선 환경 영향의 정밀 평가 및 비상

대책의 수립이 중요하며 이를 통해 가동 중 및 신규 건설 원전의 안전성 향상을 위한 기술 개발도 요구되고 있다.

실제로 후쿠시마 사고 이후 원자력 안전성 향상을 위한 세계적인 연구개발 동향 역시 원자로 노심이 용융되는 사고에 대비한 적극적인 완화 및 대응 조치가 가능한 방안 중심으로 연구개발에 집중하고 있다. 이러한 안전 향상 기술은 제3.5세대형 신형 경수로에 적용하고 있다.

또한, 안전 철학과 안전성 평가 체계의 재정립, 안전 문화 및 조직 요소의 안전 대책 반영 등 제도적·기술적·문화적 측면이 함께 고려된 종합 안전성 개선이 중요하다. 그리고 자연재해와 같은 극한 재해 상황에서도 적용 가능한 의사결정 시스템 구축 및 교육 훈련 강화, 지식 기반 및 정보 분석 시스템 활용 등을 통해 체계적 의사결정이 가능한 조직 구축의 필요성이 커졌다.

현재 우리나라는 후쿠시마 사고의 교훈을 반영한 원자력 시설의 안전성 강화 기반 기술 개발의 필요성을 인식하고, 지속 가능한 원자력 에너지의 이용을 위해 가동 원전과 신형 원전의 안전성 강화를 동시에 추진하고 있다.

가동 중 원전의 안전성 강화를 위해 지진·쓰나미·태풍 등의 자연재해 및 항공기 충돌 등의 인공재해와 같은 극한적 재해를 고려한 원자력 시설의 위험도Risk 평가 기술, 전원완전상실사고SBO 및 복합사고 대처를 위한 피동형Passive 안전 계통의 개발 및 적용 등의 연구개발을 진행하고 있다. 일례로 설계 기준 초과사고, 고위험·복합사고에 대한 안전성 향상을 위해 아틀라스 종합효과 열수력 실험장치를 활용한 OECD/NEA 국제공동연구를 유치하여, OECD 회원국 16개국이 참여하여 2014년부터 3년간 본격적인 실증적 연구를 수행하고 있다. 이와 함께 가동 원전의 계속운전 등과 관련된 안전 강화, 그리고 신형 원전의 안전성 평가 및 검증을 위한 안전 연구를 강화하고 있다. 더불어 가동원전 해체 기술 개발 계획을 수립 중에 있다.

또한 원자력 기술에 대한 국민 수용성의 증진을 위해 국제 안전 기준 변화에 능동적으로 대응하기 위한 고유의 안전 철학 설정, 핵심 안전 기술 개발 역량의 유지 및 지속적인 발전을 위한 노력을 강화하고 있다.

원자력 미래 기술의 경우, 2030년대 실용화를 목표로 제4세대 원전 기술인 소듐냉각고속로SFR: Sodium-cooled Fast Reactor 및 고온가스냉각로HTGR: High Temperature Gas-cooled Reactor를 개발하고 있다. 소듐냉각원자로는 기존의 발전용 경수로와는 달리 냉각재로 소듐(나트륨)을 사용하는 원자로로 SER에서 사용후핵연료를 재활용하여 사용후핵연료 처분량을 줄여 효과적으로 관리할 수 있다.

한편, 최근 수소를 깨끗하고 경제적으로 만들 수 있는 대안으로 원자력이 주목을 받고 있다. HTGR은 핵분열 과정에서 발생한 고온의 열을 물($H_2O$) 분해에 사용함으로써 수소를 경제적으로 대량 생산할 수 있는 원자로로 머지않아 원자력 기술과 물만으로 깨끗하고 경제적인 수소에너지를 생산할 수 있는 날이 올 것으로 기대한다.

이들 제4세대 원자로는 최신의 과학 기술 내용에 후쿠시마 원전 사고의 교훈을 반영함으로써 기존의 원자로 기술에 비해 안전성과 경제성이 훨씬 향상된 목표를 추구하고 있다.❶

❶ 한국원자력학회, 「후쿠시마 원전 사고 분석: 사고내용, 결과, 원인 및 교훈」, 2013년 3월.

**원전 수출을 위한 과제**

지난 2009년 이후 최근까지 원전 수주 현황을 보면 총 39기로 국가별로 러시아로사톰 15기, 중국CGN/CNNC 5기, 한국 4기, 프랑스EDF가 2기를 수주하였으며, 도시바-웨스팅하우스 9기, GE-히타치 2기, 아레바-미츠비시 2기 등은 국가 경계를 넘어 기업 협력 형태로 원전을 수주하였다. 원전 시장은 원전 도입국과 공급국 정부 간 협약으로 사업자가 선정되는 G2G정부 간 방식으로 변화하는 추세로 도입국은 원전 기술뿐 아니라 원전을 통한 인력 채용과 전문 인력 양성, 관련 산업 발전 등을 포함한 맞춤형 상품을 요구하고 있다.

재원 조달의 중요성 또한 더욱 높아져 원전 도입국들은 공급국의 대규모 재원 조달을 요구하고 있다. 신뢰도 높은 자본 조달이 원전 수주 전에서 우위를 점할 수 있으며, 이러한 세계적 추세에 맞춰 수출 시장에 뛰어든 나라가 바로 러시아와 중국이다.

러시아는 2007년 국영 원전기업 로사톰Rosatom에 전직 총리 출신 CEO최고경영자를 영입하여 정부 지원과 대규모 재원 조달을 바탕으로 러시아 해외 공관에 원전 수출 담당자를 파견하는 등 적극적인 수주 활동을 전개 중이다. 또한 사용후핵연료 회수 등의 조건을 제시하면서 전 세계 발주 원전의 약 3분의 1을 수주하고 있다.

중국 또한 대규모 원조 및 금융 지원을 바탕으로 파키스탄에서 원전을 수주하였으며, 남아공, 인도네시아, 태국 등에서 원전 수출에 적극적으로 나서고 있다. 2015년 10월 시진핑 주석이 영국 방문 기간에 힝클리포인트 원전 건설 사업에 10조 원 이상을 투자하는 등 선진국 시장 진입을 적극 추진하는 상황이다. 또한 2016년 초, 시진핑 주석이 방문한 기간에 사우디아라비아와 원전 건설을 위한 양해

각서를 체결하였고, 이란과는 원자로 2기 건설을 위한 투자협정을 체결하였다.

일본 정부도 총리가 직접 원전 세일즈에 나서며 중동과 아시아를 중심으로 수주 기반을 조성하고 있다. 2015년 하반기 인도 방문 시에는 인도 총리와 원전 분야에서 협력하기로 합의하였고, 베트남과 터키 원전 수주전에도 직접 나서 정부 간 원전 협력 합의를 이끌어 냈다. 또한, 일본 정부의 대대적인 지원 속에 선진국과의 원자력협정 및 파트너십을 강화하고 있다. 원전 기업인 히타치·도시바·미츠비시 중공업 등이 미국, 프랑스 기업과의 제휴 및 합병을 통해 기술 개발을 추진하여 수출 확대 기반을 마련하고, 터키·불가리아·핀란드 등 유럽과 아시아 대륙에서 원전 수주에 총력을 기울이고 있다.

프랑스는 원전 수출 전담 조직인 프랑스원전수출협회를 설립하고, 현재 영국, 중국, 인도, 남아공, 브라질 등과 다각적으로 원전 협력 사업을 추진 중에 있다. 세계 최대 원전 기업인 아레바 그룹은 원자력발전과 관련한 모든 단계에 참여하고 있으며, 특히 가압경수로 원전 부문에서는 미국의 웨스팅하우스와 함께 세계 시장을 양분하고 있는 상황이다.

세계 원전 시장은 2015년 이후 개발도상국의 수요 증가로 점차 회복세에 접어 들것으로 예상되며, 2050년까지 약 400기 이상의 원전이 신규로 건설될 전망이다. 주요 수요 국가는 중국, 중동 및 아프리카 지역이다. 경제성장을 위한 대규모 전력 공급이 필요한 개도국 입장에서 원전은 안정적인 전력 공급 수단으로 자리매김할 것이며 이로 인한 개도국 대상의 수출 경쟁은 더욱 치열할 것으로 보인다.

우리나라는 프랑스, 일본 등의 수출 경쟁국과 기술력에서 차이가 없지만 터키와 베트남에서 경험하였듯이 기술력보다 다른 변수에 의해 수출이 결정되고 있는 상황에서 수출 확대를 위해 해결해야 할 과제가 적지 않다.

먼저 수주국 특성을 감안한 맞춤형 수출 전략 수립이 필요하다. 우선 금융 분야 경쟁력 강화가 필수다. 향후 원전 발주국은 사업자가 자체적으로 재원을 조달하고, 사업비를 회수하는 방식의 터키 사례를 따를 가능성이 매우 높다. 일본의 터키 원전 수주 사례와 세일즈 전략을 볼 때 대규모 자금을 장기 저리로 조달할 수 있는 능력이 수주 성공에 절대적 영향을 끼칠 것으로 보여 대규모 재원을 저리로 조달할 수 있는 원전 금융 역량 강화가 꼭 필요하다. 이는 정부 차원에서 지원이 이뤄져야 할 부분으로 국가적 지원은 원전 사업의 대외신인도도 높다. 이제 원전 수주 이전에 경제, 에너지, 외교 분야의 협력과 지원이 불가피해졌다.

둘째 전략적 파트너십을 통한 원전 개발이 요구된다. 웨스팅하우스와 도시바, GE와 히타치, 아레바와 미츠비시 등 수출 경쟁 기술 공급 업체들은 이미 국가를 넘어 전략적 제휴를 하고 있으며, 이를 통해 수출금융 능력 강화, 신인도 강화, 시장 개척력 강화, 기술 위험도 감소 등을 지향하여 경쟁력을 더욱 높이고 있다. 국가 차원에서 대통령 방문을 계기로 협력이 기대되는 체코와 협력하여 유럽 및 제3국 원전 시장에 공동 진출할 수도 있을 것이다.

셋째, 맞춤형 상품이 필요하다. APR1400은 개발도상국 전력망에는 용량이 너무 클 수도 있다. 수출형으로는 100만kW급이 대세이며, 프랑스는 수출 목적의 100만kW급 원전을 개발하고 있다. 시장 요구 조건과 규제 요건을 만족하는 다양한 수출 원전과 패키지 상품이 필요하다.

넷째, 글로벌 전문 인력을 키워야 한다. 원전 기술 지식과 경험, 협상력 및 언어력이 뛰어난 전문가의 역할이 중요하다.

마지막으로 조직적인 수출 사령탑이 필요하다. 현재의 한국전력, 한국수력원자력(주)으로 나뉘어 추진되는 이원화 수출 체제는 그나마 부족한 수출 지원 환경을 더욱 열악하게 만들고 있다. 따라서 민간 영역을 참여시키고 분산된 자원과 역량을 집중시킨 중앙집중식 단일 수출 체제로의 정립이 필요하다.



### 수출 경쟁력 향상을 위한 기술 개발 노력

최근 우리나라는 상업로, 중소형로, 연구로 각각을 수출하는 방안이 추진 중에 있다. 우리나라는 1999년부터 국내 주도로 개발한 APR1400 상용 원전을 2007년 국내에 착공하였고, 2009년에는 UAE에 4기를 수출약 20조 원하는 성과를 거두어 세계 여섯 번째 해외 수출국가로 도약하였다. 이후 APR1400 수출 시장 다변화를 통한 경쟁력 강화를 위해 미국과 유럽 요건에 만족하는 US-APR1400과 UE-APR을 개발하며 각각 NRC와 EUR 표준설계인증을 추진하고 있다.

또한 2020년대 상용화를 목표로 제3.5세대인 APR+를 개발하여 국내표준설계 인가를 획득하였고, 이를 천지 1·2호기에 건설할 예정이다. APR+는 해외 기술에 의존하지 않은 독자적 원전으로 천지 원전의 성공적인 건설 및 운영을 통해 한국형 신형 원전의 국제 경쟁력을 지속적으로 확보하고자 하는 전략을 추진하고 있다.

후쿠시마 사고 이후, 안전성이 획기적으로 향상된 혁신적 안전 경수로의 개념을 정립하고 피동냉각 핵심 기술을 포함한 개념 설계 개발을 착수할 예정이다. 2030년대 상용화를 목표로 한 혁신적 안전 경수로는 전원을 공급할 수 없는 어떠한 사고 동안에도 7일간은 방사능의 대량 방출 가능성을 원천적으로 배제한 안전 강화 설계 개념이다.

중소형 원자로 SMART의 경우는 후쿠시마 사고 교훈을 반영하여 안전 강화 노력의 일환으로 완전피동형 신안전 개념을 도입하는 기술 개발을 추진 중이다. SMART는 사우디아라비아에 공급하기 위한 건설 전 프로젝트를 통해 상세 설계를 진행하고 있다. 이와는 별도로 선박용 부유식 원전 등 다목적으로 활용할 수 있는 소규모의 완전 피동형 모듈원자로 개발을 위한 핵심 기술도 개발 중에 있다.

한편, 수출형 연구로 개발 프로그램을 가동 중에 있으며, 이를 통해 국제 연구로 시장에서 충분한 기술 경쟁력을 확보하고자 새로운 원자로 형태 및 핵연료 기술 개발을 진행 중에 있다. 뿐만 아니라 국산 연구로인 하나로HANARO 원자로의 건설 및 운영 경험을 바탕으로 각국 연구로의 개량 사업에도 적극적으로 참여해 오고 있다.

신규 원자로 시스템 관련 기술은 장기간의 꾸준한 연구 개발을 통해서만 확보가 가능하다. 신규 원전의 해외 수출을 위해서는 우월한 기술력을 바탕으로 안전성을 확증하여야 하고 다양한 경험과 노력을 바탕으로 경제성이 충분히 보장한다. 이 과정에서 제3국에 상업용으로 제공 가능한 우수한 원전 기술을 보유하고 있는 것이 가장 중요하므로 지속적인 기술 개발 노력이 필수적이다.

**국민과의 소통 및 신뢰 회복**

국민의 80% 이상은 원자력발전의 필요성을 인정하지만, 원자력은 안전하지 않다는 의견이 58%, 향후 원전 수 축소 및 현상 유지 의견은 68%이다.[2] 원인은 원자력의 안전과 원자력계에 대한 국민의 신뢰 저하 또는 상실에서 찾을 수 있다. 국민은 기술적 안전에 대한 정서적 안심을 요구하고 있는 상황이지만 후쿠시마 사고 및 국내 사건들은 기술적 안전에 부정적인 영향을 끼쳤다. 원자력계는 국민의 알권리를 소홀히 하는 한편 부정과 비리로 국민의 정서적 안심에 부응하지 못했던 것이 사실이다. 국민이 알고 싶어 하는 정보 공개와 공유, 대화와 소통, 그리고 협력과 협조가 신뢰 회복을 위해 필요한 시기이다.

따라서 정부와 원자력 사업자는 현재의 상태를 투명하게 공개하고, 국민의 이해와 관계되는 부분은 항시 제공하여야 할 것이다. 또한 국민을 대하는 데 진정성이 있어야 하고, 국민과의 약속을 이행하겠다는 책임 의식이 있어야 한다. 이와 같이 정보 공개의 투명성, 정확성이 전제될 때 원전에 대한 안전성을 회복할 수 있다.

그리고 국민과 해당 지역 주민을 참여시켜야 한다. 국민은 문제를 함께 고민하고 해결책을 찾아내야 하는 이해 당사자이다. 이해관계가 다른 집단 또는 조직의 참여는 문제 해결에 많은 시간이 걸릴 수도 있다. 그럼에도 불구하고 함께 참여함으로써 민주적인 절차에 따라 논쟁하고 합의된 결정을 존중하여 불편과 편익을 공유하는 책임 의식을 가지도록 해야 한다.



❷ 한국원자력문화재단, 한국리서치, 2015년 3월 조사

## 원자력 비전 달성을 위한 제언

원자력에너지가 우리에게 주고 있는 혜택에도 불구하고 후쿠시마 원전 사고와 국내 원전 부품 공급 비리, 고장과 사고의 은폐, 부정적 부패 등이 중첩되어 우리 국민은 원자력을 부정적으로 보고 있는 것이 현실이다. 그렇다고 당장 원자력을 멀리 할 수 있는 환경도 안 된다. 그렇다면 국민들로 하여금 원자력을 인정하고 함께 가도록 하는 상황으로 만들어야 한다. 미래 에너지 안보, 경제성장 동력, 그리고 기후변화에 대응하는 에너지로서 가치를 보여 주어야 한다. 국민에게 안심을 주고 신뢰를 받을 때 원자력은 지속 가능한 에너지원이 될 수 있다. 원자력의 비전을 달성하기 위해서는 원자력의 안전성 향상, 원전 수출을 통한 경제성장 동력 제공, 그리고 국민 수용성 확보는 무엇보다도 중요한 과제이다.

| 원자력은 지역 주민과 상생하며 함께 갈 때 미래 비전을 달성할 수 있다. 사진은 프랑스의 노장쉬르센(Nogent-sur-Seine)

/

정보를 충분히 투명하게 이해관계자에게 제공하고,
주민의 참여를 유도하고, 사실관계를 확인하고,
논의를 통해 이견과 갈등을 해소하고,
사회적 합의를 도출해낼 수 있는
민주적 의사결정 과정 설계 및 집행 능력이 점점 중요해지고 있다.

/

# 원자력의 안전 신뢰와 수용성



지난 1978년 고리원전 건설 이후 40여 년이 지나는 동안 원자력 안전성의 기술도 진보하였다. 국민들은 원전 도입으로 인한 경제발전과 우리 삶의 질 향상에 대한 기여도는 인정하지만 원자력 시설의 잠재적인 위험성으로 인하여 당장은 포기할 수 없다 하더라도 종국에는 사라져야 한다는 이중적인 인식을 하고 있다. 또한 후쿠시마 원전 사고 이후 원자력의 안전성에 대한 부정적 인식은 훨씬 심화되었다.

이제 국민이 받아들이지 않는 사업을 정부의 의지에 따라 일방적으로 진행하기는 어렵다. 원자력 사업에 대한 국민과 원전 시설이 들어서는 지역 및 이해관계자의 사회적인 용인이 있을 때 가능하다.

원자력이 지닌 잠재적인 위험성에 대해 전문가들은 주로 객관성과 과학 기술적 합리성을 중심으로 설명한다. 그러나 국민들이 인식하는 위험은 정량적 평가의 대상 이전에 삶에 지대한 영향을 끼치는 변화이기 때문에 의사 결정의 중요한 문제로 인식한다. 전문가의 분석된 위험과 대중이 인식하는 위험에는 명확한 격차가 존재한다.

**국민의 원전에 대한 인식**

후쿠시마 원전 사고로 원전에 대한 관심이 증대한 이후 국민 인식은 어떻게 바뀌었을까? 한국정책학회에서 원자력발전 필요성에 대한 인식 조사를 실시한 결과에 의하면 2015년 조사에서는 응답자의 43%가 긍정적, 22%가 부정적이라는 입장을 보였다. 2010년 조사에서는 60%가 긍정, 11%가 부정적인 응답을 했었는데, 2015년 조사에서는 원전 필요성에 대한 긍정적 인식이 줄어든 것을 확인할 수 있다.

■ 원자력발전에 대한 필요성 인식 차이

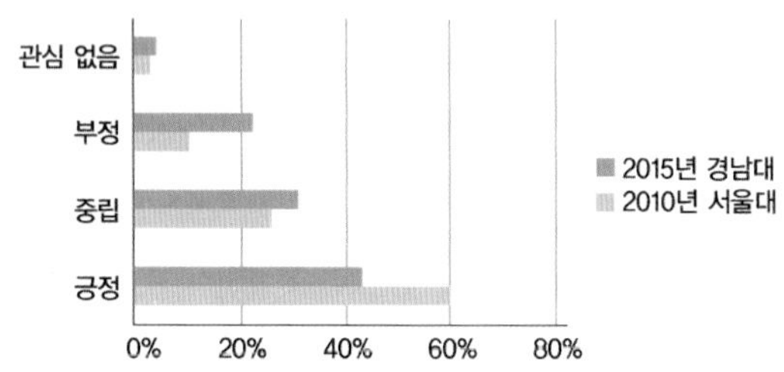


■ 향후 원자력발전소 추가 건설 의향

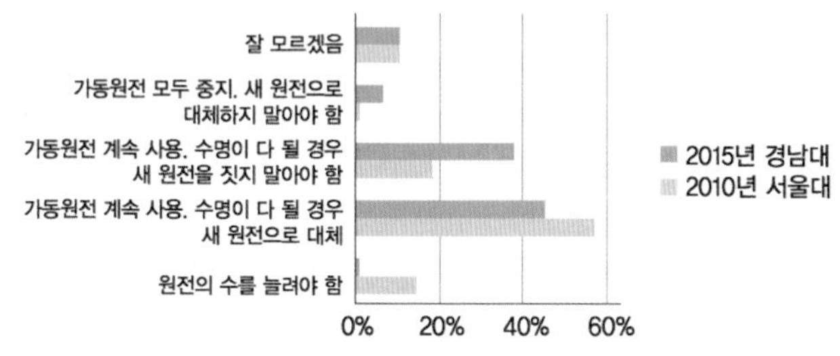


자료: 한국정책학회, 2010년 서울대학생, 2015년 경남대학생 대상

향후 원자력발전소의 추가 건설 여부에 대해서는 2015년 응답자의 0.8%만이 늘려야 한다고 답하였고 45.4%의 응답자가 "현재 원전을 유지해야 하며, 수명이 한계에 이르면 새로운 원전으로 대체해야 한다"라고 답하였다. 2010년 서울대 조사와 비교하여 봤을 때, 원전의 기수를 늘려야 한다는 응답자의 비율이 14%에서 0.8%로 현저히 줄어들었으며, 설계수명이 다하면 대체원전을 새로 짓지 말아야 한다는 비율이 18%에서 37.8%로 늘었다.

또한 한국리서치에서 조사한 결과를 보면 우리나라 원자력발전이 "필요하다"라는 응답은 89.4%로 대부분의 국민이 원자력발전이 필요하다고 인식하고 있으며, 원자력발전소를 "늘려야 한다"는 응답은 29.9%로 줄여야 한다는 의견 14.1%보다 5.8% 많다고 조사되었다.

한편 국민의 54.3%는 "현재 수준으로 유지해야 한다"라고 응답해, 2011년 이후 '유지' 의견이 '증설' 의견을 지속적으로 앞서고 있다. 또한, 원자력발전소가 "안전하다"는 의견은 39.1%이며, "안전하지 않다"가 57.9%로 18.8% 더 많아 여전히 원전 안전성과 관련된 불안감이 우세한 상황이다.

■ 주요 지표 결과 및 추이(단위: %)

| 연도 | | '95 | '00 | '08 | '09 | '10 | '11.4 | '12.3 | 12.11 | 13.12 | '15.3 (13년 대비) |
|---|---|---|---|---|---|---|---|---|---|---|---|
| 원자력발전 필요성 | | 85.5 | 84.4 | 89.8 | 83.7 | 89.4 | 78.2 | 71.8 | 87.8 | 89.9 | 89.4 (↓0.5%p) |
| 원전 안전성 | | 30.5 | 33.6 | 58.3 | 61.1 | 53.3 | 40.1 | 34.0 | 34.8 | 39.5 | 39.1 (↓0.4%p) |
| 원전 건설 | 증설 지지 | 55.5 | 48.3 | 41.4 | 50.6 | 45.9 | 30.0 | 32.0 | 39.5 | 34.3 | 29.9 (↓4.4%p) |
| | 현 수준 유지 | 27.1 | 34.0 | 51.2 | 39.7 | 43.0 | 42.3 | 34.7 | 47.8 | 48.5 | 54.3 (↑5.8%p) |

자료: 한국리서치 2015.3. 전국 만19세 이상 성인 1,009명 대상

**원전 시설 관련 사회적 수용성**

정부의 정책 내용이 아무리 좋아도 국민이 수용하지 않으면 시행되기 어려운 경우가 사회 곳곳에서 발생하고 있다.

수용성受容性, Acceptability 또는 Acceptance이란 '다른 대상이 가진 어떤 측면을 받아들이는 능력'을 말한다. 이런 의미에서 사회적 수용성이란 '사회구성원들이 인식의 공유 과정을 통해 받아들일 만한 것으로 인정하는 것'이라고 정의할 수 있다. 따라서 원전 위험에 대한 사회적 수용성은 '발전원으로서 원전의 운영 및 가동으로 인해 사회에 피해를 주거나 위협하는 위험을 사회 구성원들이 인식의 공유 과정을 통해 받아들일만한 것으로 인정하는 것'이라고 정의할 수 있다.❶

원자력 수용성이란 일반적으로 원자력발전소나 방사성폐기물 저장소 등과 같은 원자력 관련 시설물이 자신의 거주 지역에 건설된다고 할 때, 지역주민이 이를 받아들이는 정도를 의미한다.❷ 원자력 수용에 대한 정책은 과학기술과 위험, 분배의 형평성, 정치·경제적 편익 등 복잡하고 다층적인 이해관계 구조를 보이고 있기 때문에 원자력 시설물에 대한 수용 정도는 매우 다양하고 복잡하게 나타나게 된다.



❶ 이재은, 김영평, 정윤수, 「발전원 위험의 사회적 수용성 결정 요인 분석」, 한국행정연구, 2007.
신윤창, 안치순, 「원전의 사회적 수용성에 관한 연구: 지방정부 정책역량의 매개효과를 중심으로」, 한국정책과학학회보, 2009.
❷ 강동완, 「메타거버넌스 모델을 통한 원자력 수용성 증진 방안」, 2008.

## 사회적 수용성에 영향을 미치는 요인

원자력과 관련한 사회적 수용성의 대상에는 원자력발전소 건설, 방사성 폐기물 처분시설 건설, 방사성 관련 산업단지의 유치, 송전시설 건설 등이 포함된다.

■ 위험 인식

원전의 위험은 '광물질인 우라늄을 매체로 전력을 생산하기 위하여 사용되는 동력으로서의 발전원에서 발생하는 바람직하지 않은 사건의 발생 가능성'으로 정의할 수 있다.[3] 원자력에 대한 위험 인식은 사람들이 다양한 원자력 기술과 그에 수반되는 잠재적으로 위험한 활동들에 대해 어떻게 바라보고 있는가를 측정하는 중요한 지표가 된다. 원자력에서 위험 인식은 주로 원자력 시설에 의한 환경 피해, 사고 발생 가능성, 지역 이미지 손상, 인체에 미치는 위해 가능성 등을 포함한다.

■ 인식된 혜택

인식된 혜택은 위험 시설이나 기술이 제공하는 유형 및 무형의 이익에 대한 주관적 평가를 의미한다. 인식된 위험Perceived Risk과 인식된 혜택Perceived Benefit의 관계도 위험 시설이나 기술의 사회적 수용성에 영향을 미친다. 대부분의 위험한 기술에는 혜택에

❸ 이재은, 김영평, 정윤수, 「발전원 위험의 사회적 수용성 결정요인 분석」, 한국행정연구, 2007.

대한 인식과 위험에 대한 인식이 동시에 존재하며, 둘 간에는 음의 상관관계가 존재한다.[4] 즉, 인식된 혜택이 커질수록, 인식된 위험은 작아진다.

원자력 관련 기술이나 시설은 인식된 위험이 인식된 혜택에 의해 영향을 받는 대표적인 영역이다. 인식된 비용과 인식된 혜택 간의 관계는 원자력에 대한 위험 인식 및 수용성을 예측하는 데 기여한다.[5] 실제로 원자력발전소와 같은 시설이 해당 지역에서 차지하는 경제적 중요성에 의해 지역주민의 위험 인식은 상당한 영향을 받는다. 그 결과 원자력 관련 시설에 대한 경제적 의존도에 따라 지역 주민의 해당 시설에 대한 수용성이 달라진다.[6]

사람들은 자신의 신념들 간에 일관성을 유지하려는 강력한 욕구를 지고 있으며, 따라서 어떤 활동이나 기술이 커다란 혜택을 준다고 믿는 경우, 그 기술의 위험성을 낮게 평가함으로써 인지적 일관성을 유지하려고 한다. 나아가 혜택과 위험을 분리해서 체계적으로 평가하기 보다는 한꺼번에 뭉뚱그려 평가하는 것이 일반적이다. 또한 위험이 너무 커서 전혀 받아들일 수 없는 정도만 아니라면, 수용성은 인식된 혜택의 크기에 의해 결정된다.[7] 혜택이 많아 위험을 압도한다면 위험 시설에 대해서는 수용될 수 있다는 것이다. 혜택에 비해 비용이 지나치게 커지면, 그 기술은 사회에서 수용되기 어렵다. 원자력의 혜택에 비해 원자력



❹ Alhakami & Slovic, A psychological study of the inverse relationship between perceived risk and perceived benefit, 1994.

❺ 오미영, 최진명, & 김학수, 「위험을 수반한 과학기술의 낙인효과: 원자력에 대한 위험인식이 방사선기술 이용 생산물에 대한 위험인식과 수용에 미치는 영향」, 한국언론학보, 2008.

❻ Sjöberg, L. 「The Methodology of Risk Perception Research」, Quality and Quantity, 1998.

❼ Frewer, L. J., Howard, C., & Shepherd, R. Understanding public attitudes to technology, 1998.

의 비용이 훨씬 크다고 사람들이 주관적으로 평가할 경우 원자력은 위험한 기술이 되는 것이다.[8]

■ 신뢰

신뢰는 원자력 관련 정보나 기술 자체의 안정성에 대한 위험을 평가하는 대중이나 이해관계자들의 인식을 말하는 신뢰와, 이와는 달리 원자력 기술과 관련한 각종 정보를 관리, 생산 및 전달하는 기관 또는 사람에 대한 신뢰로 나뉠 수 있다. 현재의 과학기술의 수준으로 안전한 방사성폐기물 처분시설을 건설할 수 있다고 믿는 사람들은 원자력 관련 조직이나 기관에 대한 신뢰도가 낮은 사람들에 비해 자신들의 지역에 방사성폐기물 처분시설을 설치하는 문제에 덜 민감하다.[9] 그러나 대부분의 사람들은 원자력의 위험성에 대한 실체적 지식이 부족한 상황에서, 정부의 원자력 관리 능력이 미흡하거나, 공정하지 못하거나, 또는 정부가 자신들과 가치를 공유하고 있지 않다고 느끼는 경우 정부를 신뢰하지 않게 된다.[10] 그런데 신뢰는 매우 천천히 형성되지만, 붕괴될 때는 매우 급속하게 진행되는 특성을 지니고 있다.[11] 따라서 신뢰의 영향을 받는 위험 인식 역시 쉽게 나빠질 수 있지만, 개선되기는 쉽지 않다.



❽ 최인철·김범준, 「원자력 발전소 안전체감에 관한 연구: 안전체감지수 개발과 안전체감 수준」, 한국심리학회지, 2007.
❾ Freudenburg, Risk and recreancy weber, the division of laber, and the rationality of risk perception, social forces, 1993.
❿ 오미영, 최진명, & 김학수, 「위험을 수반한 과학기술의 낙인효과: 원자력에 대한 위험 인식이 방사선기술 이용 생산물에 대한 위험 인식과 수용에 미치는 영향」, 한국언론학보, 2008.
⓫ Slovic, P. Perceived risk, trust, & democracy. Risk Analysis, 13(6), 1993.

## ■ 정책 역량

정책 역량이란 개인이나 그룹, 조직 또는 사회가 장기간에 걸쳐서 효과적이고 능률적으로 정책을 수행할 수 있는 총체적인 능력을 말한다.⑫ 즉 역량은 어떤 가치를 새롭게 창조해낼 수 있는 잠재력이며 새로운 가치를 창조해낼 수 있도록 사람으로 구성된 시스템의 구성 요소들과의 새로운 관계의 조합이라 할 수 있다.⑬

원자력의 경우, 사업 추진 주체의 원자력 관련 비전과 전략, 절차적 정당성 확보, 설득과 공감 능력, 의사소통 능력, 추진력, 평가 능력 등이 원자력의 사회적 수용성에 영향을 미친다. 이와 함께 수용 주체의 정책 역량 역시 원자력 수용성에 영향을 미친다. 특히 과거에 비해 정보를 충분히 투명하게 이해관계자에게 제공하고, 주민의 참여를 유도하고, 사실관계를 확인하고, 논의를 통해 이견과 갈등을 해소하고, 사회적 합의를 도출해낼 수 있는 민주적 의사결정 과정 설계 및 집행 능력이 점점 중요해지고 있다.

일반적으로 추진 주체나 수용 주체의 리더십에 대한 신뢰가 높을수록, 비전과 전략이 분명할수록, 정책 수단이 민주적일수록, 계획과 프로그램이 구체적일수록, 집행 과정의 투명성이 높을수록 사회적 수용성은 높아진다. 경험적으로 볼 때, 원자력 수용성 역시 이런 일반적인 원리가 작동할 것으로 예상된다.



⑫ 신윤창, 안치순, 「원전의 사회적 수용성에 관한 연구: 지방정부 정책 역량의 매개효과를 중심으로」, 한국정책과학학회보, 2009.

⑬ 노화준, 「정책 역량 발전에 있어서 학회와 정부조직 간의 관계: 미국평가학회와 환경청 간의 관계를 중심으로」, 정책분석평가학회보, 2009.

**수용성 제고를 위한 과제**

첫째, 원전의 위험성에 대한 주관적인 위험 수준과 객관적인 위험 수준의 간극을 줄이는 노력이 필요하다. 원전 위험의 수용성은 기본적으로 기술과 정보에 대한 신뢰성에 전적으로 의존하기 때문에 소통 채널을 통한 신뢰 구조의 확립이 중요하다. 특히 기술 자체에 대한 신뢰성의 경우 논리적이고 객관적인 위험에 대한 정보보다 정서적이고 주관적인 인식에 더 의존한다. 정보에 대한 신뢰성의 경우에도 원전 관련 정책 결정 및 집행기관, 그리고 정보를 생산하고 유통·전달하는 행위자들의 역할이 중요하다.

둘째, 원자력의 사회적 수용력을 높이기 위해서는 이해관계자의 사회·경제적 편익의 증대가 불가피하다. 대중에게 제시되는 사회·경제적 편익의 크기에 따라 위험을 인식하는 정도가 달라지고, 인식된 혜택의 크기가 클수록 수용력은 높아진다. 이는 위험의 크기가 같은데도 경제적 보상만 커지면 대중이 이를 수용하는 것이 아니라, 사회·경제적 편익이 커질수록 대중이 느끼는 위험의 정도가 낮아지기 때문이다. 대중은 기술적이고 합리적인 차원뿐 아니라, 경험적이고 정서적으로 위험을 인식하기 때문이다. 특히 저발전된 지역의 경우 사회·경제적 편익이 위험 인식에 미치는 영향은 커진다. 따라서 원전 사업이 예상되는 지역에 지역 발전 프로그램 등을 제시하는 것은 매우 중요한 과제다.

셋째, 원자력 정책은 사회계층 간에 차별적으로 이루어져야 한다. 같은 상황에서도 위험에 대한 인식은 이해관계의 정도뿐 아니라, 계층, 연령, 성별, 지식의 정도에 따라 달라질 수 있다. 이런 차이가 갈등의 원인이 되기도 한다. 일반적으로 이해관계가 밀접할수록 위험 인식은 커지고, 사회적 지위나 영향력이 클수록, 여성에 비해 남성이, 일반인에 비해 전문가 집단에서 위험 인식의 정도가 낮고, 사회적 수용성이 높은 편이다. 따라서 원자력 정책은 다양한 계층에 맞게 이뤄져야 한다.⑭

넷째, 민주적 절차와 과정을 설계하고 집행할 줄 아는 정책 역량의 성숙이 필요하다. 사회적 수용성을 저해하는 주요 요인 가운데 하나는 대중과 이해관계자의 의사를 무시한 일방적인 추진이다. 부안 방폐장 입지 선정 과정에서 발생한 대규모 갈등이 이를 입증하고 있다. 따라서 정책 역량 가운데 이해관계자의 의견을 민주적으로 수렴할 줄 아는 역량이 매우 중요하다. 이를 위해서는 이를 과학적이고 합리적으로 설계하고 집행할 줄 아는 정책 역량을 제고해야 한다.



다섯째 정책 목표와 효과를 명확하게 제시하는 것이 수용성에 긍정적 영향을 미친다. 지자체가 설정하고 추진하는 정책, 즉 비전과 전략, 그리고 목표와 수단은 지역주민들로부터 지자체의 정책역량으로 평가되고 그 결과가 지역주민의 원전 수용성에 매개효과로 나타나기 때문에 무엇보다도 중요한 요인으로 판단된다. 즉 원전이란 정책 수단의 선택이 지자체에 의해 이미 설계된 비전과 전략, 목표와 수단의 정책틀 안에서 어떤 의미로 포지셔닝되는지, 그리고 그 결과 예상되는 파급 효과나 시너지 효과가 어떤 형태로 지역과 지역주민들에게 영향을 미칠 것인지를 파악할 수 있게 함으로써 원전의 사회적 수용성을 제고시킬 수 있다.⑮

여섯째, 사회적 수용성을 높이기 위해서는 합리적 설명뿐만 아니라 포괄적 접근이 필요하다. 원자력 위험에 대한 사회적 수용성을

⑭ 김영평, 「현대사회와 위험의 문제」, 한국행정연구, 1994.

⑮ 신윤창·안치순, 「원전의 사회적 수용성에 관한 연구: 지방정부 정책 역량의 매개효과를 중심으로」, 한국정책과학학회보, 2009.

높이기 위해서는 합리적·정서적·신뢰·의사소통·사회적 배경 변수 등 다양한 변수들을 고려하여야 한다. 왜냐하면 위험에 대한 과학적이고 객관적인 접근을 가능하게 하는 합리성은 감정적 요인에 의해 쉽게 무너지는 한계를 내포하고 있기 때문이다.[16]

### 함께 풀어가야 할 문제

원전을 바라보는 시각은 지역주민, 정책 관련자, 전문가, 이해관계자 등 자신이 위치한 상황에서 각각 차이가 존재한다. 무엇보다 원전의 잠재적인 위험성을 바라보는 시각의 차이에서 발생하는 신뢰성 문제는 앞으로 원자력 문제를 풀기 위해 가장 중요한 과제이다.

원전의 위험성에 대한 인식의 간극을 줄이기 위해서는 신뢰 구조의 확립이 필요하다. 원전 관련 정책 결정 및 집행기관, 그리고 정보를 생산하고 유통·전달하는 행위자들의 역할이 중요하며 이를 위해서는 국민들과 소통할 수 있는 채널이 기반이 되어야 한다.

또한 정책 결정 과정에서 국민들, 특히 지역주민과 이해관계자들의 의사를 반영하는 민주적인 의견 수렴이 정책으로 이어질 때 신뢰성 또한 확보될 것이다. 국민들도 함께 참여하고 이를 통한 합의된 결정 사항을 존중할 때 불편과 편익을 공유하는 책임 의식을 가질 수 있다. 함께 참여하여 공유할 때 공감할 수 있으며, 그것이 원자력의 신뢰 문제를 풀어가는 첫걸음이다.



[16] 안형기, 「과학기술적 위험의 사회적 특성분석: 원자력 기술을 중심으로」, 정책분석평가학회보, 2009.

## 원자력 기술자립의 역사

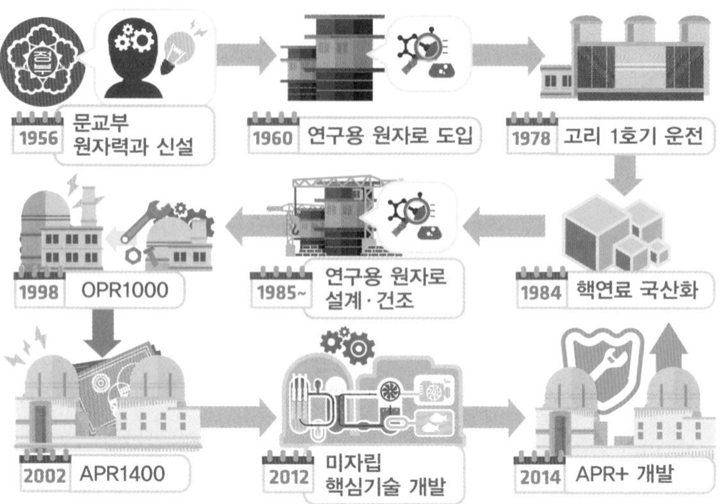


## 원전 수출

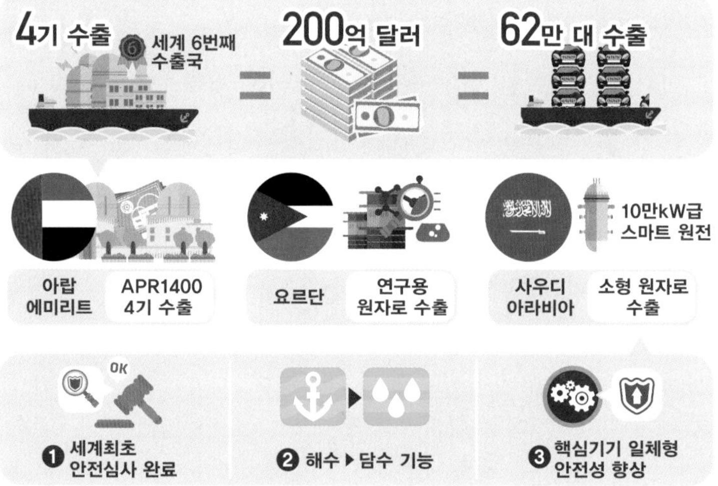

## 원자력의 미래와 과제

CO2
저탄소
에너지
경제성장 동력
기후변화대응 에너지
에너지 안보
향후 과제
❶ 안전성 향상을
위한 연구개발
❷ 사용후핵연료 관리
❸ 원전 수출

## 원자력의 안전신뢰와 수용성

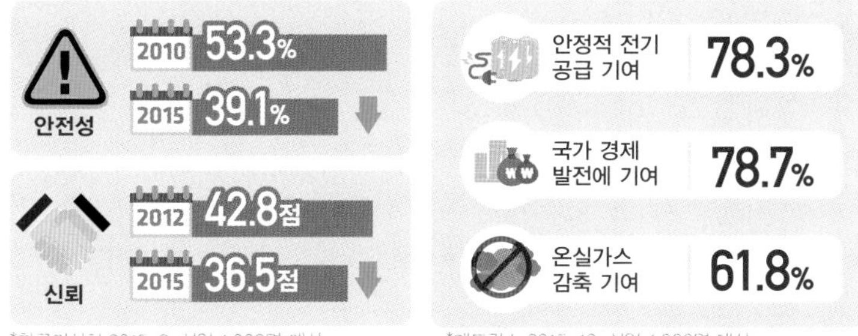
안전성
2010 53.3%
2015 39.1%
신뢰
2012 42.8점
2015 36.5점
*한국리서치 2015. 3. 성인 1,009명 대상
안정적 전기
공급 기여
78.3%
국가 경제
발전에 기여
78.7%
온실가스
감축 기여
61.8%
*메트릭스 2015. 12. 성인 1,000명 대상

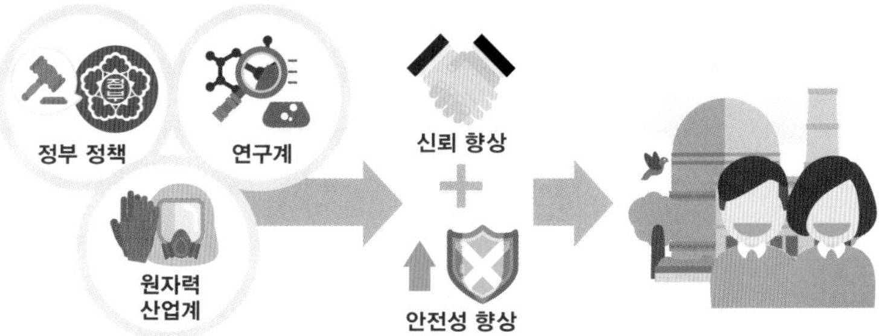
정부 정책
연구계
원자력
산업계
신뢰 향상
안전성 향상

## 참고문헌


- 김봉주 외, 신·재생에너지 공급의무 제도의 운용 현황과 과제, 국회입법조사처, 이슈와 논점, 제753호(2013. 12.)
- 김영평, 「현대사회와 위험의 문제」, 한국행정연구, 제3권 제4호, p. 5-26, 1994.
- 김진우, 「신기후체제하의 최적 전원구성」, 환경TV 뉴스 그린리더스 칼럼, 2015. 10. 26.
- 김진우, '원자력의 국민경제적 가치와 주요 정책이슈', 『원자력정책콘서트 2013』, 한길아카데미
- 김찬우, 「포스트 2012 기후변화협상, 발리에서 코펜하겐까지」. 서울: 에코리브르, 2010.
- 김태진·이재은·정윤수, 「원자력의 사회적 위험에 대한 인식분석: 타 발전원들과의 비교분석을 중심으로」, 국토연구, 55: 41-58, 2007.
- 노종환, 『기후변화협약에 관한 불편한 이야기: 가라앉는 교토의정서, 휴지가 된 탄소배출권』, 한울아카데미, 2014.
- 노화준, 「정책역량발전에 있어서 확회와 정부조직 간의 관계: 미국평가학회와 환경청간의 관계를 중심으로」, 정책분석평가학회보, 19(1): 1-34, 2009.
- 대한민국정부, 원자력 발전소 중대사고 정책, 2001. 8. 29.
- 도현재, 「세계 에너지시장 여건 변화에 따른 에너지 안보 리스크 평가와 대책」, 기본연구보고서 2014-19, 에너지경제연구원, 2014.
- 박정순, 「국제 신재생에너지 정책변화 및 시장분석」, 에너지경제연구원 기본연구보고서, 2014.
- 사용후핵연료 공론화위원회, 사용후핵연료 관리에 대한 권고(안), 2015.
- 산업통상자원부, 『원자력발전 백서』, 2014.

• 산업통상자원부, 제2차 에너지기본계획, 2014.

• 산업통상자원부, 제7차 전력수급기본계획, 2015.

• 신윤창·안치순, 「원전의 사회적 수용성에 관한 연구: 지방정부 정책역량의 매개효과를 중심으로」, 한국정책과학학회보, 13(3): 189-211, 2009.

• 안형기, 「과학기술적 위험의 사회적 특성분석: 원자력 기술을 중심으로」, 정책분석평가학회보, 20(4): 57-86, 2009.

• 에너지경제연구원, 「2015 에너지수요전망」, 2015. 3.

• 에너지경제연구원, 세계 에너지시장 인사이트, 2011~2015 각 호

• 에너지경제연구원, 에너지통계연보 각 호

• 연합뉴스, 「2070년엔 한반도 절반이 아열대기후」, 2015. 8. 28.

• 오미영·최진명·김학수, 「위험을 수반한 과학기술의 낙인효과: 원자력에 대한 위험인식이 방사선기술 이용 생산물에 대한 위험인식과 수용에 미치는 영향」, 한국언론학보, 2008.

• 오진규, 정윤경, 「기후변화협상 및 국제협력 지원 강화사업 활동보고서」, 에너지경제연구원, 2014.

• 원병출, 「후쿠시마 원전사고 이후 각국의 원자력정책방향 동향분석」, KAERI, 2013. 1.

• 원자력산업회의, 『원자력산업실태조사』, 2015. 4.

• 원자력안전위원회, 『알기 쉽고 읽기 좋은 원자력안전관리』, 2002.

• 이재은·김영평·정윤수·김태진, 「발전원별 사회적 위험도에 대한 상대적 심각성 분석: AHP 기법을 활용하여」, 한국행정학보, 41(1): 113-132, 2007.

• 이재은·김영평·정윤수, 「발전원 위험의 사회적 수용성 결정요인 분석」, 한국행정연구, 16(2): 189-217, 2007.

## 참고문헌


- 전력거래소, 「전력시장운영 통계」 각 호
- 정영식, 「원전 계속운전을 위한 안전성 평가」, 전기저널, 2015. 8.
- 조성진, 「원자력발전 외부비용의 이해」, 에너지경제연구원, 2015. 4.
- 차용진, 「위험인식과 위험분석의 정책적 함의」, 한국정책학회보, 16(1): 97-116, 2007
- 차용진, 「위험인식 연구: 심리측정패러다임의 신뢰성 및 타당성 검토」, 한국정책과학학회보, 10(4): 181-201, 2006.
- 최인철·김범준, 「원자력 발전소 안전체감에 관한 연구: 안전체감지수 개발과 안전체감수준」, 한국심리학회지: 사회문제, 13(3): 1-21, 2007.
- 한국수력원자력, 「원전의 경제성 평가」, 2013.
- 한국수력원자력, 「Nuclear Power Notes」, 2015.
- 한국원자력안전기술원, 「국내 원전 안전점검 결과 보고서」, KINS/AR-916, 2011. 5. 4.
- 한국원자력학회, 「후쿠시마 원전 사고  분석: 사고내용, 결과, 원인 및 교훈」, 2013. 3.
- 한국전력공사, 「한국전력통계」 각 호
- 한전경제경영연구원, 「독, 에너지전환 정책에 따른 전력산업의 위기」, 전력경제 Review, 2015년 제9호
- 한전경제경영연구원, 「전력경제경영 Insight」, 2014 4월호_종합
- 함철훈, 『원자력법제론』, 법영사, 2009.
- 허가형, 「원자력 발전비용의 쟁점과 과제」, 국회예산정책처, 2014. 3.
- 10 CFR Part100 App. A, Seismic and Geologic Siting Criteria for Nuclear Power Plants

- Alhakami, A. S., & Slovic, P. a psychological study of the inverse relationship between perceived risk and perceived benefit. Risk Analysis, 14, 1085–1096, 1994.
- Barke, R. P., & Jenkins–Smith, H. C. Politics and scientific expertise: Scientists, risk perception, and nuclear waste policy. Risk Analysis, 13(425–439), 1993.
- Carnegie Institution of Washington, Washington, D.C.
- Cha, Y. Environmental Risk Analysis: Factors Influencing Nuclear Risk Perception and Policy Implications. A Doctoral Dissertation of State University of New York, Albany, 1995.
- Chung, J., & Kim, H. Competition, economic benefits, trust, and risk perception in siting a potentially hazardous facility. Landscape and Urban Planning, 91, 8–16, 2009.
- Flynn, J., Burns, W., Mertz, C. K., & Slovic, P. Trust as a determinant of opposition to a high–level radioactive waste repository: Analysis of a structural model. Risk Analysis, 12, 417–429, 1992.
- Freudenburg, W. R. risk and recreancy: Weber, the division of labor, and the rationality of risk perceptions. Social Forces, 71, 909–932, 1993.
- IAEA Reference Data Series No. 1, 「Energy, Electricity and Nuclear Power Estimates for the Period up to 2050」, 2015 Edition
- IAEA, Safety Standards Series for Nuclear Power Plants
- IEA, 「Electricity Information 2014」

# 참고문헌


- IPCC, 5th Assessment Report, Summary for Policymakers, 2014.
- Kasperson, R. E., Jhaveri, N., & Kasperson, J. X. Stigma and the social amplificatyion of risk: Toward a framework of risk analysis. In J. Flynn, P. Slovic & H. Kunreuther (Eds.), Risk, Media and Stigma: Understanding Public Challenges to Modern Science and Technology. London and Sterling, VA.: Earthscan Publications. 2001.
- Maclay, Kathleen. 「Study Finds Climate Change Will Reshape Global Economy」 Berkeley News, 21 Oct. 2015.
- Mongabay Environmental News, 「Record Year for CO2 Emissions, Even with Economic Slowdown」, 17 Nov. 2009. Web. 28 Oct. 2015.
- National Centers for Environmental Information, Climate at a Glance, Time Series, Nature
- OECD/IEA, 『World Energy Outlook 2014』, Nov. 2014.
- OECD/NEA, 『Projected cost of Generating Electricity』, 2010.
- OECD/NEA, 「The Economics of Long-term Operation of Nuclear Power Plants」, No.7054, Report
- OECD, 「Projected Cost of Generating Electricity」, 2015.
- Pijawka, D., & Mushkate, A. Public opposition to the siting of high level nuclear waste repository: The importance of trust. Policy Studies Review, 10(4), 180-194, 1991.
- Siegrist, M. The influence of trust and perceptions of risks and benefits on the acceptance of gene technology. Risk Analysis, 20(2), 195-203, 2000.

- Sjöerg, L. “The Methodology of Risk Perception Research”, Quality and Quantity 34:407–418, 2004.
- Skowronski, J., & Carlston, D. Negativity and extremity biases in impression formation: A review of explanations. Psychological Bulletin, 105(1), 131–142, 1989.
- Slovic, P. Perceived risk, trust, and democracy. Risk Analysis, 13(6), 675–682, 1993.
- Slovic, P. 「Perception of risk. Science」, 236, 280–285, 1987.
- UNEP Korea, US Environmental Protect Agency, “Global Greenhouse Gas Emissions Data, Trends in Global Emissions”, Web. 28 Oct. 2015.
- WNA, Nuclear Power in China
- WNA, Nuclear Power in France

## 참고사이트

### 국내 기관

| 기관명 | URL 주소 |
| --- | --- |
| 산업통상자원부 | www.motie.go.kr |
| 미래창조과학부 | www.msip.go.kr |
| 원자력안전위원회 | www.nssc.go.kr |
| 사용후핵연료 공론화위원회 | www.pecos.go.kr |
| 국가기후변화적응센터 | ccas.kei.re.kr |
| 국가핵융합연구소 | www.nfri.re.kr |
| 아톰스토리 | atomstory.or.kr |
| 에너지경제연구원 | www.keei.re.kr |
| 전력거래소 | www.kpx.co.kr |
| 한국방사선진흥협회 | www.ri.or.kr |
| 한국수력원자력(주) | www.khnp.co.kr |
| 한국수출입은행 | www.koreaexim.go.kr |
| 한국원자력문화재단 | www.knea.or.kr |
| 한국원자력산업회의 | www.kaif.or.kr |
| 한국원자력안전기술원 | www.kins.re.kr |
| 한국원자력안전아카데미 | www.kans.re.kr |
| 한국원자력연구원 | www.kaeri.re.kr |
| 한국원자력의학원 | www.kirams.re.kr |
| 한국원자력통제기술원 | www.kinac.re.kr |
| 한국원자력학회 | www.kns.org |
| 한국원자력협력재단 | www.konicof.or.kr |
| 한국원자력환경공단 | www.korad.or.kr |
| 한국전력공사 | www.kepco.co.kr |
| 한국전력기술(주) | www.kepco-enc.com |
| 한전KPS(주) | www.kps.co.kr |
| 한전원자력연료(주) | www.knfc.co.kr |

## 국제 기관

| 기관명 | URL 주소 |
|---|---|
| IAEA(International Atomic Energy Agency)<br>국제원자력기구 | www.iaea.org<br>www.iaea.org/PRIS |
| WNA(World Nuclear Association)<br>세계원자력협회 | www.world-nuclear.org |
| OECD/ Nuclear Energy Agency(NEA)<br>경제협력개발기구/원자력에너지기구 | www.oecd-nea.org |
| ANS(American Nuclear Society)<br>미국원자력학회 | www.ans.org |
| CNEA<br>(The China Nuclear Energy Association)<br>중국원자력협회 | www.china-nea.cn |
| CNS(Chinese Nuclear Society)<br>중국원자력학회 | www.ns.org.cn/cn/index.html |
| ENS(European Nuclear Society)<br>유럽원자력학회 | www.euronuclear.org |
| JAIF(Japan Atomic Industrial Forum)<br>일본원자력산업협회 | www.jaif.or.jp |
| NRA(Nuclear Regulation Authority)<br>일본원자력규제위원회 | www.nsr.go.jp |
| NRC(Nuclear Regulatory Commission)<br>미국원자력규제위원회 | www.nrc.gov |
| NUMO(Nuclear Waste Management<br>Organization of Japan)<br>일본원자력개발기관 | www.numo.or.jp |
| WANO<br>(The World Association of Nuclear Operators)<br>국제원자력산업협회 | www.wano.info/en-gb |
| WiN(Women in Nuclear Global)<br>세계여성원자력전문인협회 | www.win-global.org |

## INDEX

ㅅ



ㅇ

INDEX

ㅈ



ㅍ



ㅎ